普通高等院校机械类“十三五”规划教材

机械制造装备及设计

牛永江 ◎ 编著

西南交通大学出版社
·成 都·

图书在版编目（CIP）数据

机械制造装备及设计 / 牛永江编著. —成都：西南交通大学出版社，2019.7（2025.1 重印）
普通高等院校机械类“十三五”规划教材
ISBN 978-7-5643-6969-9

Ⅰ. ①机… Ⅱ. ①牛… Ⅲ. ①机械制造－工艺装备－设计－高等学校－教材 Ⅳ. ①TH16

中国版本图书馆 CIP 数据核字（2019）第 136648 号

普通高等院校机械类“十三五”规划教材
机械制造装备及设计

牛永江 / 编　著

责任编辑 / 李　伟
封面设计 / 何东琳设计工作室

西南交通大学出版社出版发行
（四川省成都市金牛区二环路北一段 111 号西南交通大学创新大厦 21 楼　610031）
发行部电话：028-87600564　028-87600533
网址：http://www.xnjdcbs.com
印刷：成都中永印务有限责任公司

成品尺寸　185 mm × 260 mm
印张　12　　字数　298 千
版次　2019 年 7 月第 1 版　　印次　2025 年 1 月第 2 次

书号　ISBN 978-7-5643-6969-9
定价　36.00 元

课件咨询电话：028-81435775
图书如有印装质量问题　本社负责退换

QIANYAN ‖ 前　言

当前，智能制造技术迅猛发展，制造业升级换代加速，机械类专业的课程体系和教学内容也随之发生了重大改变。作为机械类专业的核心课程教材，本书在编写时按照“有用、有效、先进”的教学原则，对“机械制造装备及设计”课程的知识体系和教学内容进行了较大幅度的优化和整合，加强了对机械制造装备的主要类型、功能特点、结构组成、工作原理等基本知识的介绍，以便于学生能更好地学习掌握机械装备设计的基础知识、基本理论和基本方法，为今后从事机械制造装备领域的工作打好基础。

全书共分为六章，第一章简要介绍机械装备的地位、现状、发展趋势和主要类型；第二章介绍金属切削机床的基本知识，车床、磨床、钻床、镗床、铣床以及直线运动机床的工艺范围、结构组成和工作原理；第三章简要介绍数控机床与工业机器人的工作原理、常见类型和典型结构等基本知识；第四章系统介绍金属切削机床的总体设计、主传动系设计、进给传动系设计、控制系统设计以及典型部件设计的基本方法和步骤；第五章介绍组合机床的工艺特点、结构组成和基本的设计方法；第六章简要介绍物流系统的概念和最基础的上下料装置及运输装置，并对现代化立体仓库进行了简要介绍。

本书是普通高等院校机械类“十三五”规划教材，适用于应用型本科教育和职业技术教育，也可作为机电工程技术人员的参考书。本书建议学时为 72 学时，根据不同培养目标和专业的要求，教师和读者也可酌情调整学时分配。

本书由牛永江编写第一章，杨静编写第四章、第五章，张甜编写第二章、第三章、第六章。

本书在编写过程中，引用了部分报纸、期刊、书籍、网站的资料，由于时间仓促，未能与著作者一一联系，在此表示衷心的感谢。由于作者水平有限，书中难免存在不足之处，恳请读者批评指正。

作　者

2019 年 6 月

MULU ‖ **目　录**

第一章　机械制造装备概述

机械制造装备是人们在机械制造过程中所使用各类技术装备的总称，也被称为“工具机”“工作母机”，是制造业的重要基础。

第一节　机械制造装备在国民经济中的地位

制造业包括装备制造业和最终消费品制造业。装备制造业通常被认为是为国民经济进行简单再生产和扩大再生产提供生产技术装备的工业的总称，是制造业的核心，是国民经济各部门的发展基础和重要支柱，是国家积累资金的主要来源，是生产力的重要组成部分。

机械制造装备制造业是为装备制造业生产装备的行业，是装备制造业的核心，是“基础”的“基础”，其生产能力和发展水平更是一个国家综合制造能力的集中体现，是一个国家综合国力的重要标志。

据统计，在国民经济生产力构成中，制造技术占60%以上。当前，国际上普遍认为社会财富的68%来源于机械制造业。当今，作为四大支柱科学的制造科学、信息科学、材料科学、生物科学相互支撑，相互依存。信息、材料和生物科学必须依靠制造科学才能形成产业并创造社会物质财富，而制造科学也必须依靠信息、材料和生物科学的发展而得到长足的发展和进步。机械制造业是任何其他高新技术实现工业价值的最佳集合点。例如，快速原型成型机、虚拟轴机床、智能结构与系统等，已经远远超出了纯机械的范畴，而是集机械、电子、控制、计算机、材料等众多技术于一体的现代机械设备，并且体现了人文科学和个性化发展的内涵。

“工欲善其事，必先利其器”，机械制造装备就是这个“器”，关键的机械制造装备更是直接关系国家安全的重器。20 世纪 80 年代中期，北约各国的海军发现，苏联潜艇和军舰螺旋桨的噪声明显下降，跟踪难度加大，美国为此投入了大量人力、物力进行调查，但却一直没有取得进展。直到 1985 年 12 月，日本和光贸易公司职员熊谷独向“巴统”总部写信告发：日本东芝公司 1983 年私下卖给苏联几台“五轴联动数控铣床”，苏联将其用于制造核潜艇推进螺旋桨，极大地提高了螺旋桨的加工精度，大幅降低了螺旋桨转动时的噪声，它使得美国海军第一次丧失了对苏联海军舰艇的水声探测优势。这就是轰动一时的“东芝事件”。该事件充分说明了机械制造装备的重要地位。

第二节　我国机械制造装备业的现状

自 20 世纪 80 年代以来，随着改革开放政策的全面实施，我国的机械制造行业发展进入了快车道，机械制造水平有了明显提升，并且也由最初的单纯关注产品质量转变为在重视质量的基础上关注产品技术创新。经过近 40 年的发展，我国机械制造行业取得了显著成绩，有了长足的进步，但与发达国家相比仍然存在较大的差距，我国的机械制造行业整体水平仍然落后于西方发达国家，尤其缺乏核心制造技术，比如航空发动机、高端数控机床、高端光刻机等领域。

过去数十年，我国机械制造业之所以能够发展壮大，主要得益于在日趋激烈的市场竞争刺激下，先进技术的支持与推动。我们知道制造业的整个运作过程包括产品决策、产品设计、工艺设计、制造加工、销售、售后服务等诸多环节。先进制造技术体系包含了管理技术、设计技术、制造技术等方面。我们为之奋斗的制造强国绝不是仅仅基于传统技术和产品的强国，而必须是适应新时代、掌握新技术、满足新需求的制造强国。中国不仅要拥有强大的以家电和电子元器件为代表的轻型的规模产品制造能力，还要拥有强大的以发电设备、冶金石化设备和汽车生产装备为代表的重型的重大装备制造能力。制造业走向高技术，体现在制造业应用高技术成就、制造业为发展高技术提供装备、制造业与高技术结为一体融合创新等诸多方面。同时更要拥有强大的以微电子、光电子制造设备，微机电系统和生物工程为代表的新型的高技术装备制造能力。特别是这些高技术装备，构成了新时期制造产品的新的增长点，也是发达国家装备制造业竞争的核心，以及对其他国家保持技术竞争优势的关键所在。

因此，大力发展高端装备制造业，掌握关键零部件及设备的核心制造技术，用“中国装备装备中国”，是我国制造业发展的必由之路，是我国从制造大国走向制造强国的关键措施和重要途径。2018 年，中美贸易争端中美国对中兴公司断供芯片事件为我们敲响了警钟。

第三节　机械制造装备的发展趋势

当前，制造科学、信息科学、材料科学、生物科学的发展以及制造业生产组织模式的演变，对机械制造装备提出了新的要求，现代机械制造装备的发展呈现出以下趋势：

一、集成化

随着新世纪的到来，计算机集成制造逐渐成为机械制造行业中，最为常见的生产形式。计算机集成制造可以集成企业中存在一定关联的各个系统，如自动化制造系统、信息管理系统、信息质量系统、工程技术信息系统以及计算机网络和数据库系统等，都可以借助计算机集成制造实现统一管理。总之，计算机集成制造可以有效连接起机械制造企业生产过程中的各个系统，为机械制造企业的高效生产提供保障。

二、智能化

机械制造行业中智能机械的工作形式表现为智能系统，是一种由智能机器和人类专家共同组成的人机一体化制造系统，它在制造过程中能进行智能活动，如分析、推理、判断、构思和决策等。它把制造自动化的概念更新，扩展到柔性化、智能化和高度集成化。智能制造系统最终要从以人为主要决策核心的人机和谐系统向以机器为主体的自主运行系统转变。智能信息技术将改变机械制造业的设计方式、生产方式、管理方式和服务方式。

三、敏捷化

反应能力是否敏捷是判断机械制造业竞争实力的重要标准之一，因此机械制造企业必须提高自己的反应能力。机械制造企业各部门之间要通力合作，力争在最短的时间内准确了解使用者的具体需求，提高反应能力，只有这样才能使产品满足使用者的使用需求，才能提升企业的竞争实力。机械制造企业常常利用虚拟制造技术来提升反应能力，而虚拟制造技术也是机械制造领域中最核心的技术。对现代化机械制造企业来说，具备敏捷的反应能力是未来努力的方向。

四、虚拟化

虚拟制造理论是 21 世纪出现的一种新型制造理论。所谓虚拟制造，指的是在研发过程中利用计算机仿真技术和系统建模技术，使信息技术与机械制造工艺有效结合在一起。虚拟制造技术主要以计算机仿真技术和信息技术对现实中的机械活动的全过程状态进行全面仿真模拟分析，以提前获知实际制造过程中可能出现的问题，在实际生产前采取相应的技术预防措施，从而达到新产品的生产制造一次性成功。

五、绿色化

绿色制造已成为 21 世纪机械制造业的发展的必然趋势。它是指在保证产品的功能、质量和成本的前提下，综合考虑环境影响和资源效率的现代制造模式。它使产品从设计、制造、使用到报废的整个产品生命周期中不产生环境污染或使环境污染最小化，符合环保要求；节约资源和能源，使资源利用率较高，能源消耗较低，并使企业经济效益和社会生态效益协调最优化。可以通过改进制造工艺、采用回收再生和复用技术、构建一体化循环经济产业链等方法来实现绿色制造。绿色制造技术从一定程度上催生和拉动了战略性新兴产业的发展。

面对新的世纪，机遇与挑战并存，机械制造装备制造业只有与先进技术相结合，不断出新品、精品，才富有生命力。以人为本，以产品创新为龙头，以先进技术为支撑的机械制造装备制造业将会蓬勃发展。

第四节　机械制造装备的类型

机械制造装备大致可分为加工装备、工艺装备、储运装备、辅助装备。

一、加工装备

加工装备是指采用机械制造的方法制作机器零件的机床，是生产机械的“机械”，制造机器的“机器”，因此，机床又叫“工作母机”“工具机”。加工装备包括金属切削机床、特种加工机床、快速成型机、锻压机床、冲压机床、注塑机、焊接设备、铸造设备和木工机床等。

（一）金属切削机床

一般认为，金属切削机床就是采用金属切削工具用切削的方法从工件上除去多余或预留的金属，以获得符合规定尺寸、几何形状、尺寸精度和表面质量要求的零件的机器。金属切削机床大致上可分为传统金属切削机床和数控机床两大类。

长期以来，金属切削机床是人类使用的最主要的机械制造装备，如图 1-1 和图 1-2 所示。

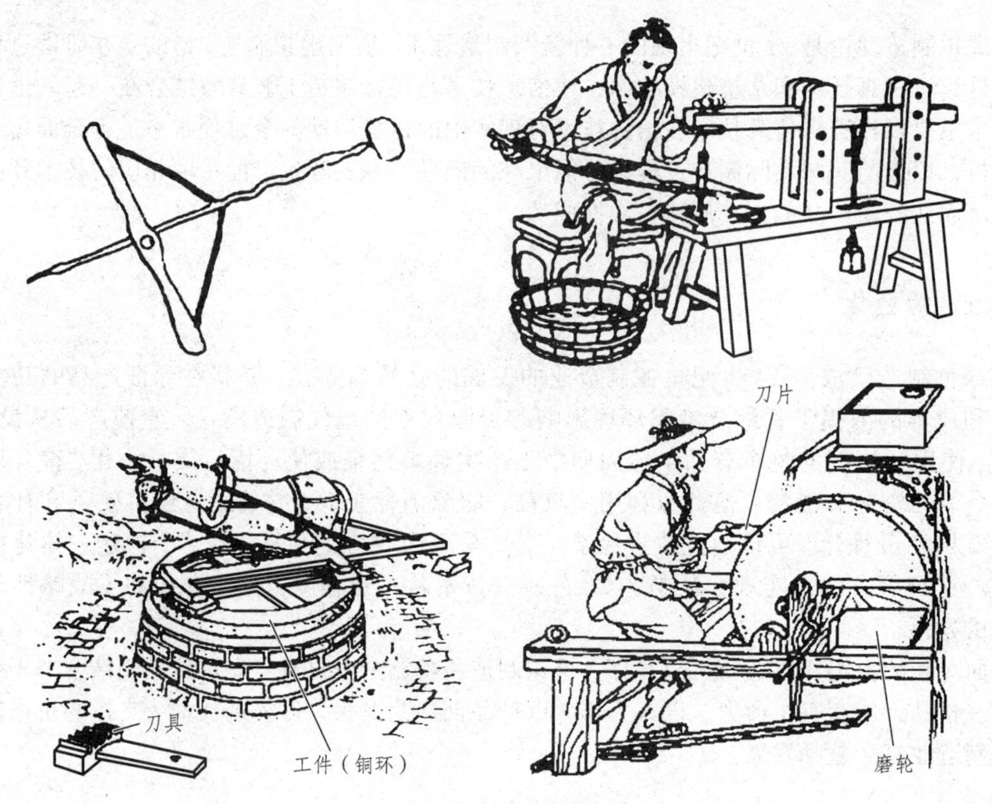

图 1-1　古代机床（钻床、铣床、磨床）

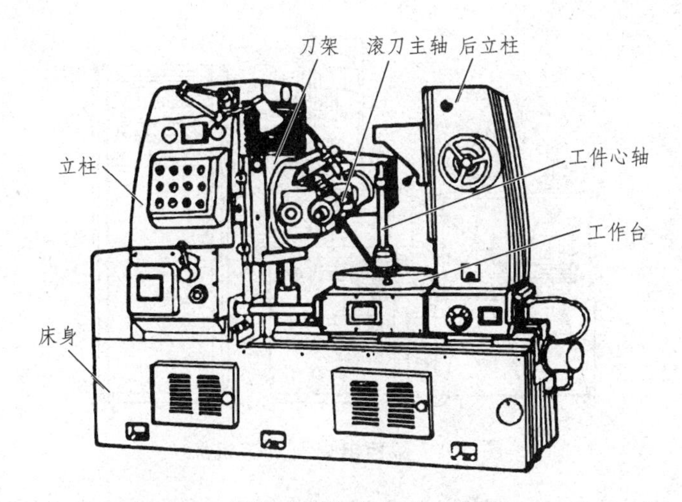

图 1-2　现代金属切削机床（滚齿机）

（二）特种加工机床

特种加工机床是直接利用电能、光能、声能、化学能、电化学能以及特殊机械能等多种能量或其复合应用以实现材料切除的机床。其采用非传统、非机械接触、非切削的特种加工技术，以解决常规加工手段难以加工的难题，满足高科技领域的加工需要。

随着制造技术的进步，这类机床发展较快，应用范围日趋广泛，种类繁多。特种加工机床按原理可分为电加工机床、超声波加工机床、激光加工机床、电子束加工机床、离子束加工机床、水射流加工机床等。

1. 电加工机床

直接利用电能对工件进行加工的机床，统称为电加工机床。电加工机床一般是指电火花加工机床、电火花线切割机床和电解加工机床。

电火花加工机床是利用工具电极与工件之间产生的电火花小电弧从工件上去除微粒材料达到加工要求的机床，如图 1-3 所示，它主要用于加工硬的导电金属，如淬火钢、硬质合金等。按工具电极的形状和电极是否旋转，电火花加工可进行成型穿孔加工、电火花成型加工、电火花雕刻、电火花展成加工、电火花磨削等。图 1-4 为数控电火花加工机床。

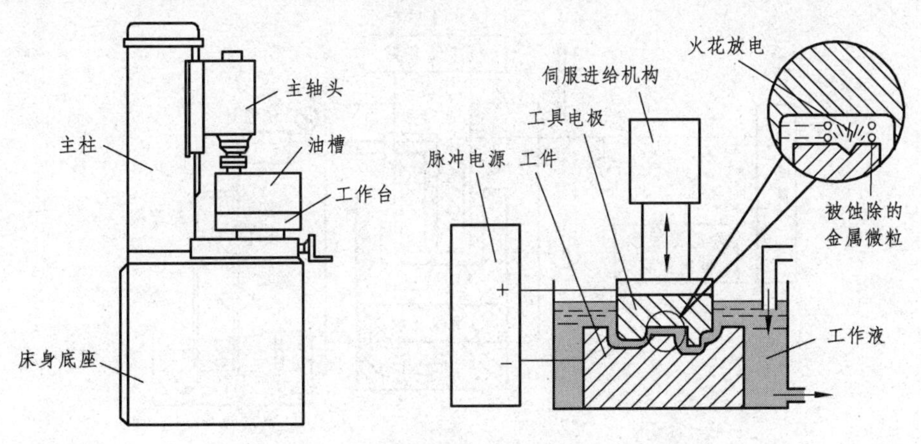

图 1-3　电火花机床的结构及加工示意图

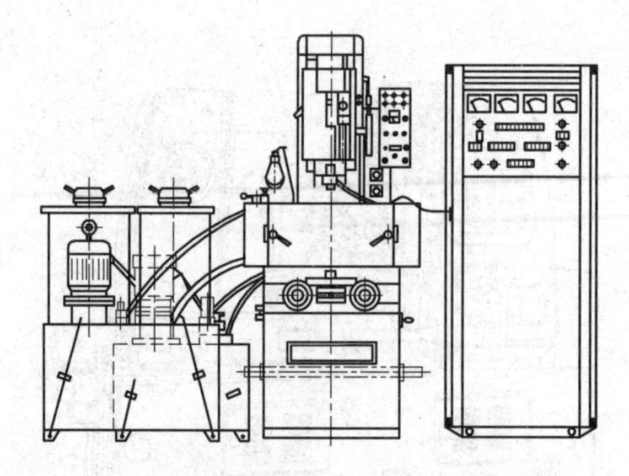

图 1-4　数控电火花加工机床

电火花线切割机床是利用一根移动的金属丝作电极，在金属丝和工件间通过脉冲电流，并浇上液体介质，使之产生放电腐蚀而进行切割加工的机床，如图 1-5 所示。

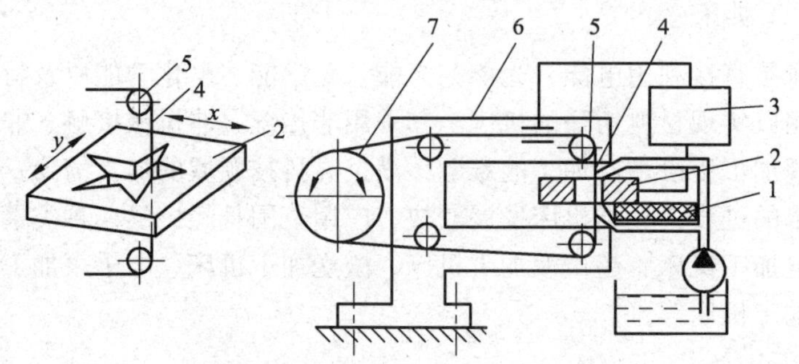

图 1-5　电火花线切割机加工示意图

1—绝缘底板；2—工件；3—脉冲电源；4—钼丝；5—导向轮；6—支架；7—贮丝筒

电解加工机床是利用金属在直流电流的作用下，在电解液中产生阳极溶解对工件进行加工的方法，又称电化学加工。加工时，工件与工具分别接正负极，两者相对缓慢进给，并始终保持一定的间隙，让具有一定压力的电解液连续从间隙中流过，将工件上的被溶解物带走，使工件逐渐按工具的形状被加工成型，如图 1-6 所示。

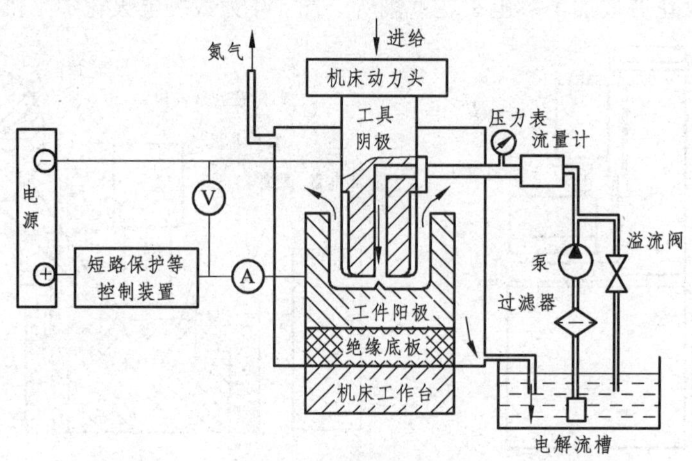

图 1-6　电解加工原理图

2. 超声波加工机床

利用超声波能量对材料进行机械加工的设备称为超声波加工机床。加工时，工具做超声振动，并以一定的静压力压在工件上，工件与工具间引入磨料悬浮液。在振动工具的作用下，磨粒对工件材料进行冲击和挤压，加上空化爆炸作用将材料切除。

超声波加工适用于特硬材料，如石英、陶瓷、水晶、玻璃等的孔加工、套料、切割、雕刻、研磨和超声电加工等复合加工。

3. 激光加工机床

采用激光能量进行加工的设备统称为激光加工机床。激光是一种高强度、方向性好、单色性好的相干光。利用激光产生的上万摄氏度高温聚焦在工件上，使工件被照射的局部在瞬间被急剧熔化和蒸发，并产生强烈的冲击波，使熔化的物质爆炸式地喷射出来以改变工件的形状。

激光加工机床常用于加工金刚石拉丝模、钟表宝石轴承、陶瓷、玻璃等非金属材料和硬质合金、不锈钢等金属材料的小孔加工及切割加工。

4. 电子束加工机床

在真空条件下，由阴极发射出的电子流被带高电位的阳极吸引，在飞向阳极的过程中，经过聚焦、偏转和加速，最后以高速和细束状轰击被加工工件的一定部位，在几分之一秒内，将其 99%以上的能量转化成热能，使工件上被轰击的局部材料在瞬间熔化、气化和蒸发，以完成工件的加工。电子束加工机床就是利用电子束的上述特性进行加工的装备，如图 1-7 所示。

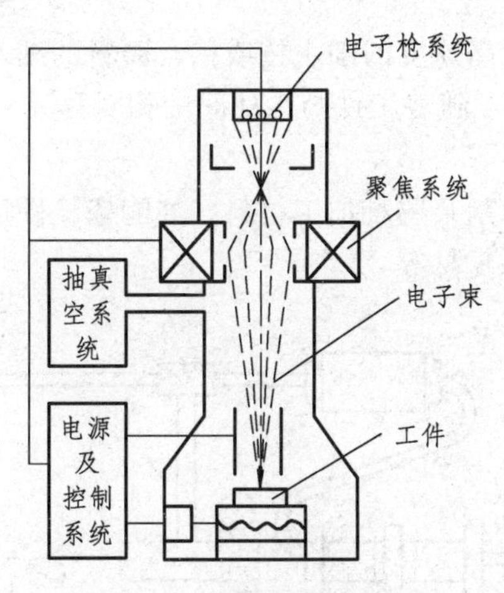

图 1-7　电子束加工原理图

电子束加工机床常用于穿孔、切割、蚀刻、焊接、蒸镀、注入和熔炼等。此外，利用低能电子束对某些物质的化学作用，可进行镀膜和曝光，也属于电子束加工。

5. 离子束加工机床

离子束加工机床就是利用离子束的特性进行加工的装备。

在电场作用下，将正离子从离子源出口孔“引出”，在真空条件下，将其聚焦、偏转和加速，并以大能量细束状轰击被加工部位，引起工件材料的变形与分离，或使靶材离子沉积到工件表面上，或使杂质离子射入工件内，如图 1-8 所示。

用这种方法对工件进行穿孔、切割、铣削、成像、抛光、蚀刻、清洗、溅射、注入和蒸镀等加工，一般统称为离子束加工。

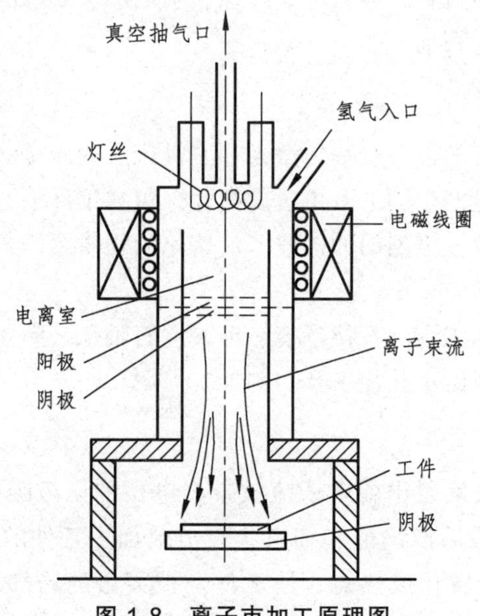

图 1-8　离子束加工原理图

6. 水射流加工机床

水射流加工是利用具有很高速度的细水柱或掺有磨料的细水柱，冲击工件的被加工部位，使被加工部位上的材料被剥离，随着工件与水柱间的相对移动，切割出要求的形状，如图 1-9 所示。

水射流加工机床常用于切割某些难加工材料，如陶瓷、硬质合金、高速钢、模具钢、淬火钢、白口铸铁、耐热合金、复材等。

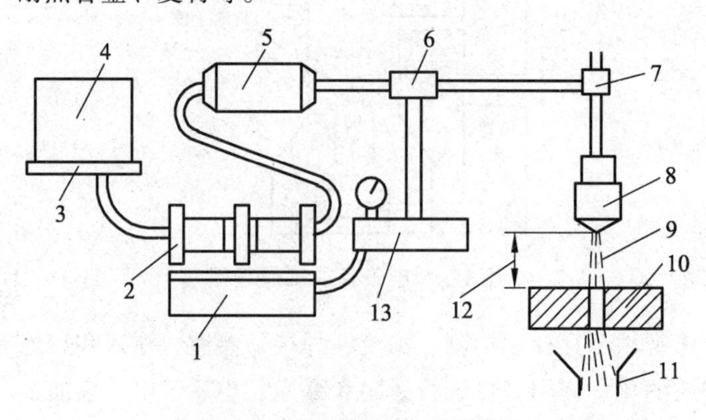

图 1-9　水射流加工示意图

1—增压器；2—泵；3—混合过滤器；4—供水器；5—蓄能器；6—控制器；7—阀门；8—喷嘴；9—射流；10—工件；11—排水道；12—喷嘴口至工件表面的距离；13—液压装置

（三）锻压机床

锻压机床是利用金属的塑性变形特点进行成型加工，属无屑加工设备。锻压机床有锻造机、冲压机、挤压机、轧制机等设备。

1. 锻造机

锻造机是利用金属的塑性变形，使坯料在工具的冲击力或静压力作用下成型为具有一定形状和尺寸的工件，同时使其性能和金相组织符合一定的技术要求。锻造加工可分为手工锻造、自由锻造、胎模锻造、模型锻造和特种锻造等，也可分热锻、温锻和冷锻等。

2. 冲压机

冲压机是借助模具对板料施加外力，迫使材料按模具形状、尺寸进行剪裁或塑性变形，得到要求的金属板制件。根据加工时材料温度的不同，冲压可分为冷冲压和热冲压。冲压工艺省工、省料、生产率高。

3. 挤压机

挤压机是借助凸模对放在凹模内的金属坯料加力挤压，迫使金属挤满凹模和凸模合成的内腔空间，获得所需的金属制件。挤压加工更节约金属，同时可提高生产率和制品的精度。挤压可分为冷挤压、温热挤压和热挤压。

4. 轧制机

轧制机是使金属材料经过旋转的轧辊，在轧辊压力作用下产生塑性变形，以获得所要求的截面形状并同时改变其性能，如图 1-10 所示。轧制分热轧和冷轧。轧制按轧制方式又可分纵轧、横轧和斜轧。纵轧用于轧制板材、型材、钢轨等；横轧用于轧制套圈类零件；斜轧主要用于轧制钢球。

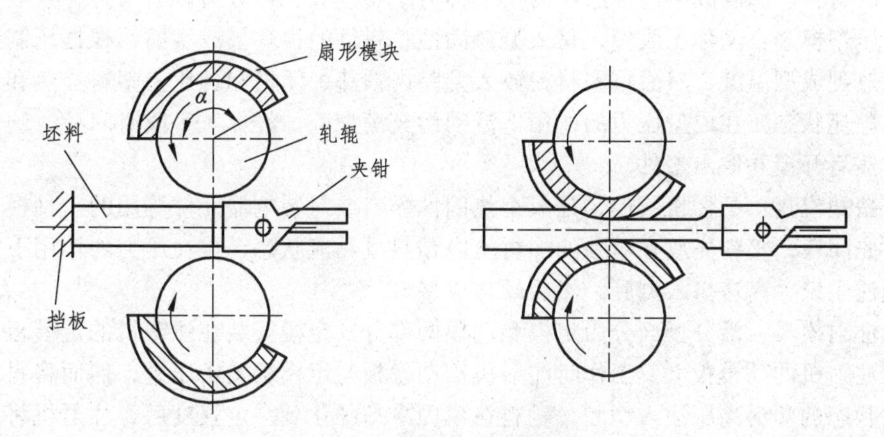

图 1-10　轧制机工作示意图

二、工艺装备

产品制造时所用的各种刀具、模具、夹具、量具等工具，统称为工艺装备。

（一）刀　具

切削加工时，从工件上切除多余的材料所用的工艺装备称为刀具，如图 1-11 所示。大部分刀具已标准化，由刀具制造厂大批量生产，不需要自行加工。

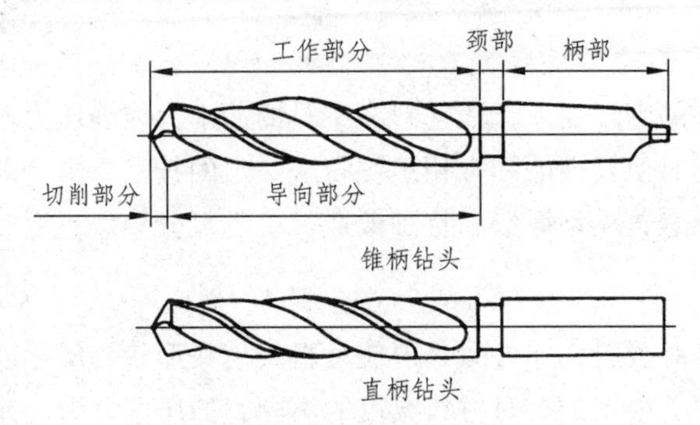

图 1-11　麻花钻结构示意图

（二）模　具

用来将材料填充在型腔中，以获得所需制作形状和尺寸的工艺装备称为模具。按填充材料的不同，模具有粉末冶金模具、塑料模具、压铸模具、冷冲模具、锻压模具。

1. 粉末冶金模具

粉末冶金是制造机器零件的一种加工方法，将一种或多种金属或非金属粉末混合，放在粉末冶金模具内，加压成型，再烧结成制品。

2. 塑料模具

塑料是以高分子合成树脂为主要成分，在一定条件下可塑制成一定形状且在常温下保持形状不变的材料。塑制成型制件所用的模子称为塑料模具，可分为以下三种：

（1）压塑模具：又称压胶模，是成型热固性塑料件的模具。成型前，根据压制工艺条件将模具加热到成型温度，然后将塑料粉放入型腔内预热、闭模和加压。塑料受热和加压后逐渐软化成黏流状态，在成型压力的作用下流动而充满型腔，经保压一段时间后，塑件逐渐硬化成型，然后开模并取出塑件。

（2）挤塑模具：又称挤胶模，是成型热固性塑料或封装电器元件等用的一种模具。成型及加料前先闭模，塑料先放在单独的加料室内预热成黏流状态，再在压力的作用下使融料通过模具浇注系统，高速挤入型腔，然后硬化成型。

（3）注射模具：沿分型面分为定模和动模两部分。定模安装在注塑机的定模板上，动模则紧固在注射机的动模板上。工作时注射机推动模板与定模板紧密压紧，然而将料筒内已加热到熔融状态的塑料高压注入型腔，融料在模内冷却硬化到一定强度后，注射机将动模板与定模板沿分模面分开，开启模具，将塑件顶出模外，获得塑料制件。

3. 压铸模具

熔融的金属在压铸机中以高压、高速射入压铸模具的型腔，所得尺寸精度高，表面光洁。压铸模具主要用于制造有色金属件。

4. 冷冲模具

压铸冷冲模具包括阴模和阳模两部分。在室温下借助阳模对金属板料施加外力，迫使材料按阴模型腔的形状、尺寸进行裁剪或塑性变形。进行冷冲加工所用的钢材应是含碳量较低的高塑性钢。

5. 锻压模具

锻压模具是锻造用模具的总称。按使用锻造设备的不同，锻压模具可分为锤锻模、机锻模、平锻模、辊锻模等；按使用目的不同，锻压模具可分为终成型模、预成型模、制坯模、冲孔模、切边模等。

（三）夹　具

夹具是安装在机床上，用于定位和夹紧工件的工艺装备，以保证加工时的定位精度、被加工面之间的相对位置精度，有利于工艺规程的贯彻和提高生产效率，如图 1-12 所示。夹具一般由定位机构、夹紧机构、刀具导向装置、工件推入和取出导向装置以及夹具体等构成。夹具按其安装所用机床可分为车床夹具、铣床夹具、刨床夹具、钻床夹具、镗床夹具、磨床夹具等；按其专用化程度可分为专用夹具、成组夹具和组合夹具等。

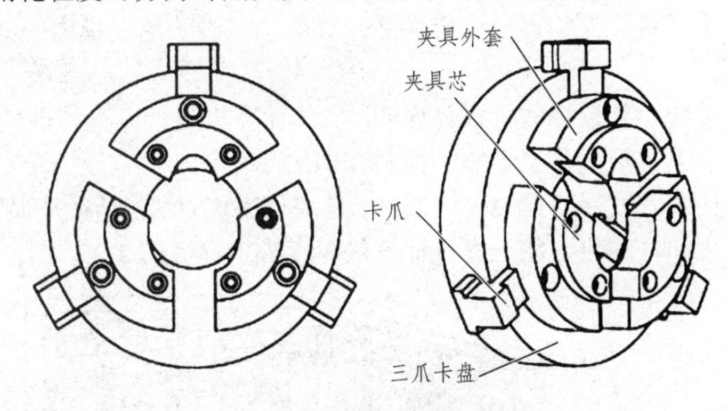

图 1-12　车床专用夹具

专用夹具是为特定工件的特定工序设计和制造的。产品改变或工艺改变，夹具基本上要报废，新的零件加工需要再重新设计制造夹具。

成组夹具是采用成组技术，把工件按形状、尺寸和工艺相似性进行分组，再按每组工件设计组内通用的夹具。成组夹具的特点是：具有通用的夹具体，只需对夹具的部分元件稍作调整或更换，即可用于组内各个零件的加工。

组合夹具是利用一套标准元件和通用部件（如对定装置、动力装置）按加工要求组装而成的夹具。标准元件有不同形状和尺寸，配合部位具有良好的互换性。产品改变，可以将组合夹具拆散，按新的夹具加工要求重新组装。组合夹具常用于新产品试制和单件小批量生产中，可缩短生产准备时间，减少专用夹具的品种和缩短试制过程。

（四）量　具

量具是以固定形式复现量值的计量器具的总称。许多量具已经商品化，如千分尺、百分表、量块等。有些量具尽管是专用的，但可以相互借用，不必重新设计与制造，如极限量规、样板等。设计产品时所取的尺寸和公差应尽可能借用量具库中已有的量具。有些则属于组合测量仪，基本是专用的或只在较小的范围内通用。组合测量仪可同时对多个尺寸进行测量，将这些尺寸与允许值进行比较，通过显示装置指示是否合格；也可以通过测得的尺寸值计算出其他一些较难直接测量的几何参数，如圆度、垂直度等，并与相应的允许值进行比较。组合测量仪中通常有数模转换装置、微处理器和显示装置（如信号灯、显示屏幕等），测得的值经数模转换成数值量，由微处理器将测得的值作相应的处理，并与允许值进行比较，得出是否合格的结论，由显示装置将测量分析结果显示出来；也可按设定的多元联立方程组求出所需的几何参数，也与允许值进行比较，结果也在显示装置上显示出来。

三、储运装备

储运装备包括各级仓储、物料传送、机床上下料等设备。工业机器人可作为加工装备，如焊接机器人和涂装机器人等，也可属于仓储传送装备，用于物料传送和机床上下料。

（一）仓　储

仓储用于储存原材料、外购器材、半成品、成品、工具、胎夹模具等，分别归厂级或各车间管理。

现代化的仓储系统应有较高的机械化程度，采用计算机进行库存管理，以减轻劳动强度，提高工作效率，配合生产管理信息系统，控制合理的库存量。

立体仓库是一种很有发展前途的仓储结构，具备很多优点，包括占地面积小而库存量大；便于实现全盘机械化和自动化，便于进行计算机库存管理等。图 1-13 为自动化高架仓库。

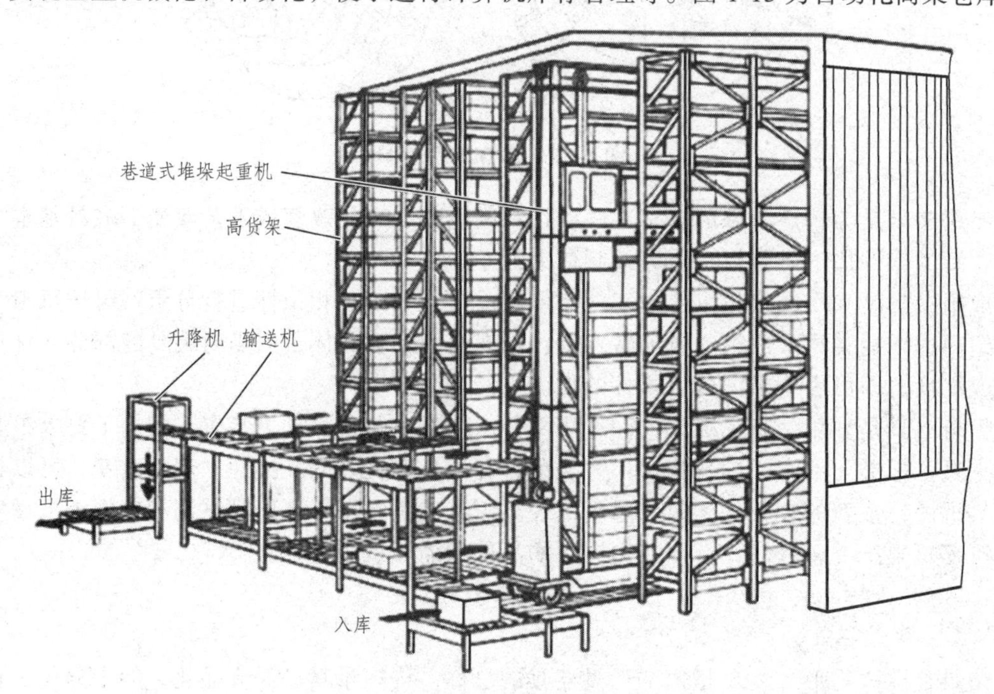

图 1-13　自动化高架仓库

（二）物料传送装置

物料传送在这里主要指坯料、半成品或成品在车间内工作中心间的传输。采用的传输方法有各种传送装置和自动运载小车。

传送装置主要用于流水生产线或自动线中，有 4 种主要类型：由许多辊轴装在型钢台架上构成床形短距离滑道，靠人工或工件自重实现传送；由刚性推杆推动工件做同步运动的步进式传送装置；带有抓取机构的，在两工位间传送工件的传送机械手；由连续运动的链条带动工件或随行夹具的非同步传送装置。用于自动线中的传送装置要求工作可靠、传送速度快、传送定位精度高、与自动线的工作协调等。

自动运载小车主要用于工作中心间工件的传送。与上述传送装置相比，自动运载小车具有较大的柔性，即可通过计算机控制，方便地改变工作中心间工件传送的路线，故较多地用于柔性制造系统中。自动运载小车按其运行的原理分为有轨和无轨两大类。无轨运载小车的走向一般靠浅埋在地面下的制导电缆控制。在小车紧贴地面的底部装有接收天线，接收制导电缆的感应信息，不断判别和校正走向。

（三）机床上下料装置

专为机床将坯料送到加工位置的机构称为上料装置，加工完毕后将制品从机床上取走的机构称为下料装置。在大批量自动化生产中，为减轻工人体力劳动，缩短上下料时间，常采用机床上下料装置。其可分为人工上下料装置（单件小批生产、大型的或外形复杂的工件）、自动上下料装置（大批大量生产，如料仓式、料斗式、上下料机械手或机器人等）。

图 1-14 为自动化仓库组成示意图。

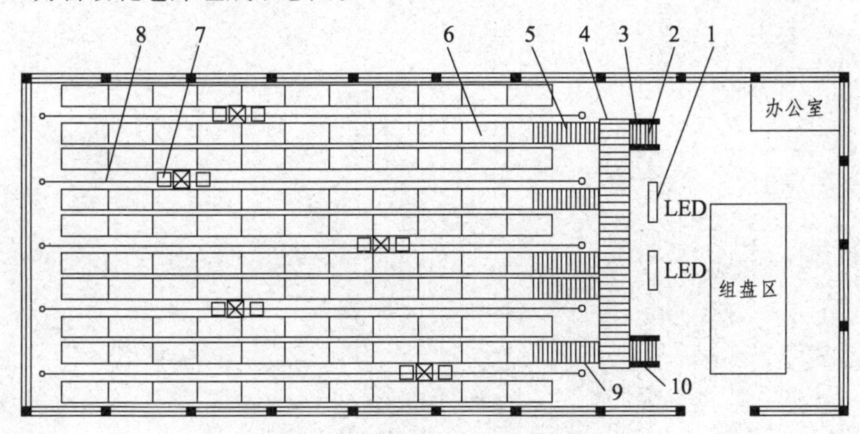

图 1-14　自动化仓库组成示意图

1—计算机控制管理系统；2，5，9—链式输送机；3，10—卸货平台；4—辊式输送机；
6—货架系统；7—巷道式输送机；8—堆垛机轨道

四、辅助装备

辅助装备主要包括排屑装置和清洗机等设备。

清洗机是用来清洗工件表面尘屑、油污的机械设备。所有零件在装配前均需经过清洗，以保证装配质量和使用寿命。清洗液常用 3%～10%的苏打或氢氧化钠水溶液，加热到 80～

90℃采用浸洗、喷洗、气相清洗和超声波清洗等方法。在自动装配线中采用分槽点多步式清洗生产线，完成工件的自动清洗。

排屑装置用于自动机床或自动线上，从加工区域将切屑清除，传送到机床外或自动线外的集屑器内。清除切屑的装置通常用离心力、压缩空气、电磁或真空、切屑液冲刷等方法；输屑装置则有带式、螺旋式和刮板式等多种。

图 1-15 为数控机床快速排屑装置，其由底座、导屑板、出料台、磁辊、导屑板外壳、支柱、车轮、电控箱、减速机等部件组成。

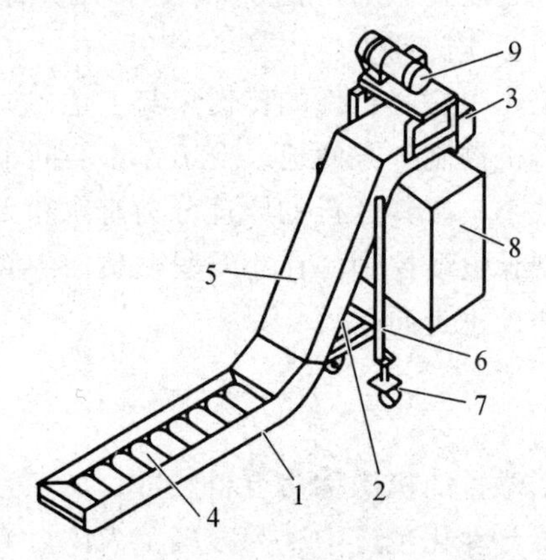

图 1-15　数控机床快速排屑装置

1—底座；2—导屑板；3—出料台；4—磁辊；5—导屑板外壳；
6—支柱；7—车轮；8—电控箱；9—减速机

第二章　金属切削机床

金属切削机床，就是采用金属切削工具用切削的方法从工件上除去多余或预留的金属，以获得符合规定尺寸、几何形状、尺寸精度和表面质量要求的零件的机器。它是制造机器的机器，故又被称为“工作母机”或“工具机”（Machine-tool），习惯上简称为“机床”。

在现代机械制造工业中，被制造的机器零件，特别是精密零件的最终形状、尺寸及表面粗糙度，主要是借助金属切削机床加工来获得的，因此机床是制造机器零件的主要设备。它所担负的工作量占机器总制造工作量的 40%～60%，它的先进程度直接影响到机器制造工业的产品质量和劳动生产率。

金属切削机床是人类在改造自然的长期生产实践中，不断改进生产工具的基础上产生和发展起来的。最原始的机床是依靠双手的往复运动，在工件上钻孔。最初的加工对象是木料。为加工回转体，出现了依靠人力使工件往复回转的原始车床。在原始加工阶段，人既是机床的原动力，又是机床的操纵者。

第一节　金属切削机床的基本知识

一、金属切削机床的分类

金属切削机床一般有以下几种分类方式：

1. 按金属切削机床的加工方式和结构特点分类

我国机床分为车床、铣床、刨插床、磨床、钻床、镗床、拉床、齿轮加工机床、螺纹加工机床、切断机床和其他机床 11 大类。

2. 按金属切削机床的应用范围分类

机床可分为通用机床、专用机床、专门化机床三类。

（1）通用机床：具有较宽的工艺范围，在同一台机床上可加工多种尺寸和形状的工件的多种加工面，可以满足较多的加工需要，适用于单件小批生产，又称万能机床。

（2）专用机床：是为特定零件的特定工序而专门设计和制造的，自动化程度和生产率都较高，但它的加工范围很窄。

（3）专门化机床：介于通用机床和专用机床之间，用于形状相似、尺寸不同的工件的特定表面，按特定的工序进行加工。

3. 按金属切削机床精度的高低分类

在同一种机床中，根据加工精度不同，机床可分为普通（精度）机床（10 μm）、精密机床（1 μm）和高精度机床（超精密级机床）(0.1 μm)。

4. 按金属切削机床的自动化程度分类

机床分为手动机床、机动机床、半自动机床、自动机床。

5. 按金属切削机床的质量与尺寸分类

机床分为仪表机床、中型机床(一般机床)、大型机床(大约 10 t)、重型机床(大于 30 t)、超重型机床（大于 100 t)。

6. 按金属切削机床主要工作器件的数目分类

机床分为单轴机床、多轴机床、单刀机床、多刀机床。

7. 按金属切削机床的数控功能分类

机床分为普通机床、数控机床、加工中心、柔性制造单元、柔性制造系统。

二、通用金属切削机床的型号和编制方式

机床型号是用来表明机床的类型、通用特性、结构特性、主要技术参数等，如 CA6140A、MG1432A、Y3150E 等。

我国的金属切削机床的型号编制方式自 1957 年第一次颁布后，做过多次修订，先后有 1957、1959、1963、1971、1976、1985、1994 等多个版本。

现行的国家标准是《金属切削机床型号编制方法》(GB/T 15375—2008)，适用于通用机床、专用机床和自动线，不包含组合机床。图 2-1 为通用机床型号的一般格式。

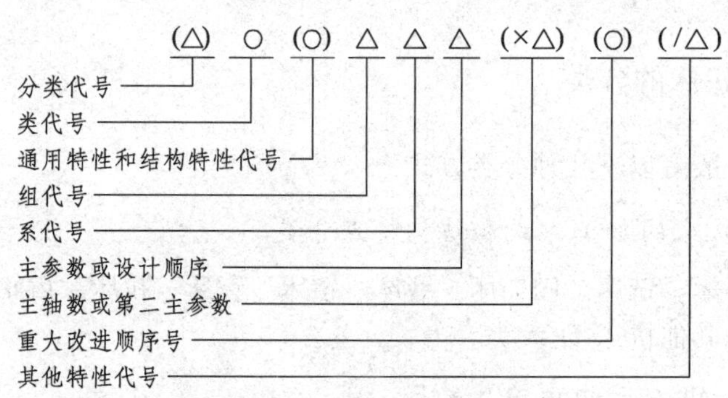

图 2-1 通用机床型号的一般格式

注：“○”代表大写汉语拼音字母；

“△”代表阿拉伯数字；

“( )”内无内容时不表示，有内容时不带括号。

1. 机床的类代号

机床的类别用汉语拼音大写字母表示。有需要时，每类又可分为若干分类，分类代号用阿拉伯数字表示，在类代号之前，居于型号的首位，但第一分类不予表示。表 2-1 为机床的类代号。

表 2-1　机床的类代号

类别	车床	钻床	镗床	磨床			齿轮加工机床	螺纹加工机床	铣床	刨插床	拉床	锯床	其他机床
代号	C	Z	T	M	2 M	3 M	Y	S	X	B	L	G	Q
参考读音	车	钻	镗	磨	2 磨	3 磨	牙	丝	铣	刨	拉	割	其

2. 机床的特性代号

机床的特性代号用于表示机床所具有的特殊性能，包括通用特性和结构特性，如表 2-2 所示。

表 2-2　通用特性代号

通用特性	高精度	精密	自动	半自动	数控	加工中心	仿形	轻型	加重型	柔性单元	数显	高速
代号	G	M	Z	B	K	H	F	Q	C	R	X	S
读音	高	密	自	半	控	换	仿	轻	重	柔	显	速

当某类型机床除有普通型外，还具有表 2-2 所列的通用特性，则在类别代号之后加上相应的特性代号。如“CK”表示数控车床。

同时具有 2 ~ 3 个通用特性时，则可用 2 ~ 3 个代号同时表示，一般按重要程度排列顺序。如“MBG”表示半自动高精度磨床。

当某类机床仅有某种通用特性，而无普通型时，则通用特性不用表示。如 C1107 型单轴纵切自动车床，没有非自动型。

为了区分主参数相同而结构不同的机床，在型号中用结构特性代号表示。结构特性代号为汉语拼音字母，且通用特性代号已用的字母及字母“I”“O”不能用。如 CA6140 型车床型号中的“A”，可理解为这种型号的车床在结构上和 C6140 型车床有所不同。结构特性的代号字母在不同的机床型号中含义可能不一样。

3. 机床组、系的划分原则及其代号

机床的组别和系别代号用两位数字表示。

每类机床按其结构性能及适用范围分为 10 个组。组的划分原则是，在同一类机床中，主要布局或使用范围基本相同的机床即为同一组。

每组机床又分若干个系（系列）。系的划分原则是同一组机床中，主参数相同，并按一定公比排列，工件和刀具本身的及相对的运动特点基本相同，且基本结构及布局形式相同的机床，划分为同一系。金属切削机床类、组划分如表 2-3 所示。

表 2-3　金属切削机床类、组划分

组别 类别		0	1	2	3	4	5	6	7	8	9
车床 C		仪表车床	单轴自动车床	多轴自动、半自动车床	回轮、转塔车床	曲轴及凸轮轴车床	立式车床	落地及卧式车床	房型及多刀车床	轮轴、辊、锭及铲齿车床	其他车床
钻床 Z			坐标镗钻床	深孔钻床	摇臂钻床	台式钻床	立式钻床	卧式钻床	铣钻床	中心孔钻床	其他钻床
镗床 T				深孔镗床		坐标镗床	立式镗床	卧式铣镗床	精镗床	汽车等修理用镗床	其他镗床
磨床	M	仪表磨床	外圆磨床	内圆磨床	砂轮机	坐标磨床	导轨磨床	刀具刃磨床	平面及端面磨床	曲轴、凸轮轴、花键轴及轧辊磨床	工具磨床
	2M		超精机	内、外圆研磨机	平面、球面研磨剂	抛光机	砂带抛光及磨削机床	刀具刃磨及研磨机床	可转位刀片磨削机床	研磨机	其他磨床
	3M		球轴承套圈沟磨床	滚子轴承套圈滚道磨床	轴承套圈超精机		叶片磨削机床	滚子超精及磨削机床	钢球加工机床	气门、活塞及活塞环磨削机床	汽车拖拉机修磨机床
齿轮加工机床 Y		仪表齿轮加工机		锥齿轮加工机	滚齿及铣齿机	剃齿及珩齿机	插齿机	花键轴铣床	齿轮磨齿机	其他齿轮加工机床	齿轮倒角及检查机
螺纹加工机床 S					套螺纹机	攻螺纹机		螺纹铣床	螺纹磨床	螺纹车床	
铣床 X		仪表铣床	悬臂及滑枕铣床	龙门铣床	平面铣床	仿形铣床	立式升降台铣床	卧式升降台铣床	床身式铣床	工具铣床	其他铣床
刨插床 B			悬臂刨床	龙门刨床			插床	牛头刨床		边缘及模具刨床	其他刨床
拉床 L				侧拉床	卧式外拉床	连续拉床	立式内拉床	卧式内拉床	立式外拉床	键槽及螺纹拉床	其他拉床
锯床 G				砂轮片锯床		卧式带锯床	立式带锯床	圆锯床	弓锯床	锉锯床	
其他机床 Q		其他仪表机床	管子加工机床	木螺钉加工机床		刻线机	切断机	多功能机床			

4. 机床主参数、设计顺序号

机床主参数是表示机床规格大小的一种参数，它直接反映机床加工能力的大小，用折算值（主参数乘以折算系数）表示。

常用主参数的折算系数包括 1/10、1/100 和 1/1。

某些通用机床，当无法用一个主参数表示时，则在型号中用设计顺序号表示。

设计顺序号由 1 起始，当设计顺序号小于 10 时，则在设计顺序号之前加“0”。

5. 主轴数和第二主参数

对于多轴机床，其主轴数应以实际数值列入型号，置于主参数之后，用“×”分开。

第二主参数一般指最大工件长度、最大跨距、工作台面长度等，也用折算值表示。

6. 机床的重大改进顺序号

当机床的性能、结构布局有重大改进，并按新产品重新设计、试制和鉴定时，在原机床型号的尾部，加重大改进顺序号。序号按 A、B、C 等字母的顺序选用。

7. 其他特性代号

其他特性代号用汉语拼音字母（I、O 除外）或阿拉伯数字或两者兼有表示，主要用以反映各类机床的特性。

下面举几个通用机床型号编制的例子：

例 1：CA6140A（见图 2-2）。

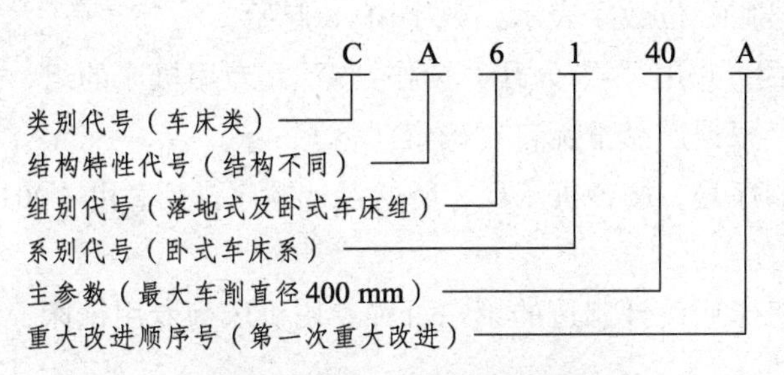

图 2-2 CA6140A 机床型号

例 2：MG1432A（见图 2-3）。

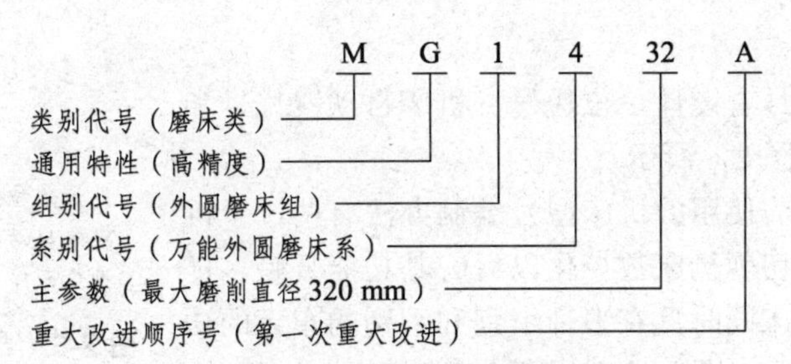

图 2-3 MG1432A 机床型号

例 3：Y3150E（见图 2-4）。

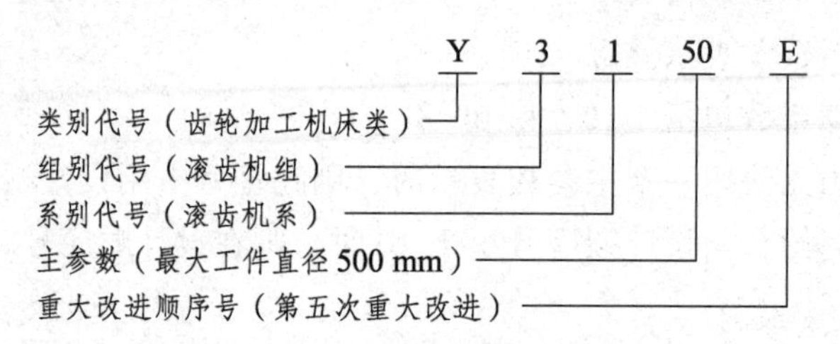

图 2-4　Y3150E 机床型号

三、专用机床型号编制方式

专用机床型号编制方式如图 2-5 所示。

设计单位为机床厂时，设计单位代号由机床厂所在城市名称的大写汉语拼音字母及该机床厂在该城市建立的先后顺序号，或机床厂名称的大写汉语拼音字母表示；设计单位为机床研究所时，设计单位代号由研究所名称的大写汉语拼音字母表示。

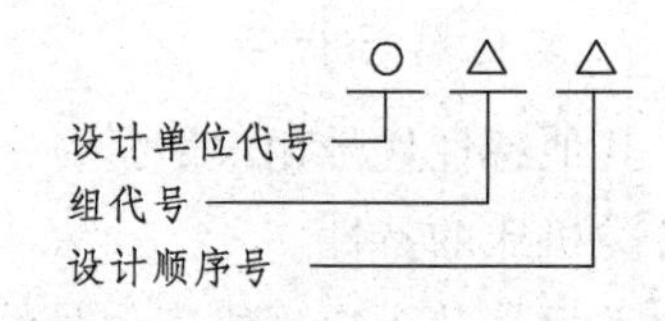

图 2-5　专用机床型号编制方式

专用机床的组代号用一位数字表示，数字由 1 起始，位于设计单位代号之后，并用“-”分开，读作“至”。专用机床的组，按产品的工作原理划分，由各机床厂、所，根据产品情况自行确定。

专用机床的设计顺序号，按各机床厂、所的设计顺序排列，由“001”起始，位于专用机床的组代号之后。

例如，北京第一机床厂设计制造的第一百种专用机床为专用铣床，属于第三组，其编号为 B1-3100。

四、自动线型号编制方式

机床自动线的型号有设计单位代号、机床自动线代号和设计顺序号组成，如图 2-6 所示。

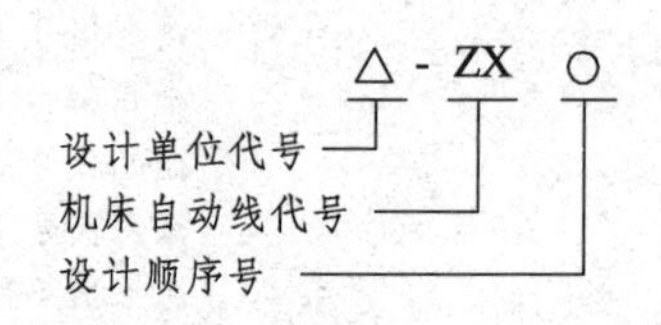

图 2-6　自动线型号编制方式

由前述可知，目前使用的机床型号编制办法有些过于机械、刻板。当前金属切削机床数控化以后，其功能日趋多样化，比如一台数控车床同时具有多种组别和系别的车床的功能，这就很难把它归属于哪个组别或哪个系别了。

第二节　车　床

一、车床概述

（一）车床的用途

车床类机床主要用于加工各种回转表面，如内外圆柱表面、内外圆锥表面、成型回转表面和回转体的端面等，有些车床还能加工螺纹面。

（二）车床的运动

车床是制造业中使用最广泛的一类机床，一般以主轴带动工件旋转作为主运动，刀架带动刀具移动作为进给运动来完成工件和刀具之间的相对运动的一类机床。

（三）车床的刀具

在车床上使用的刀具主要是车刀，有些车床还可使用各种孔加工刀具，如钻头、镗刀、铰刀、丝锥、板牙等。

（四）车床的分类

车床按其结构和用途的不同，主要可分为以下几类：

（1）卧式车床及落地车床：适用于单件、小批量生产加工，能够车削内外圆柱面、圆锥面、成型回转面、端面和螺纹，用滚花刀进行滚花，尾座还能进行钻孔、扩孔、铰孔、攻螺纹和套螺纹等。

（2）立式车床：分为单柱式和双柱式，常用于加工直径大、长度短且质量较大的工件。其工作台的台面是水平面，主轴垂直于台面，工件的矫正、装夹比较方便，工件和工作台的质量均匀地作用在工作台下面的圆导轨上。

（3）六角车床：一般有转塔式六角车床和回轮式六角车床两种。

转塔式六角车床适用于成批生产加工形状复杂的盘、套类零件。这种机床有一个绕垂直轴线转位、6 个工位的六角转塔刀架，每一工位通过辅具可装一把或一组刀具，做纵向进给运动，以车削内外圆柱面，钻、扩、铰、车孔，攻螺纹和套螺纹等。有一个横刀架做纵、横进给运动，以车削大直径的外圆柱面、成型回转面、端面和沟槽。

回轮式六角车床适用于成批生产轴类及阶梯轴类零件的加工。该机床有一个绕水平轴线转位、12 或 16 个工位的圆盘形回轮刀架，回轮刀架上均布的轴向孔中通过辅具可装一把单刀或复合刀具进行加工。刀架做纵向进给运动时，可车削内外圆柱面，钻孔、扩孔、铰孔和加工螺纹；刀架绕自身缓慢转动，即做进给运动时，可完成成型回转面、沟槽、端面和切断等工序的加工。

（4）单轴自动车床：能按一定程序自动完成加工循环，主要用于棒料、盘类零件加工，一般采用凸轮和挡块或数控系统自动控制刀架、主轴箱的运动和其他辅助运动。

（5）多轴自动和半自动车床：一种高效自动化车床，有 4 轴、6 轴和 8 轴三种，通过分度来实现工位转换，完成镗孔、车外圆、倒角、攻螺纹、切槽、钻孔等加工工序，适合加工大批量生产的棒料、轴类和盘类零件，广泛应用于汽车、拖拉机、轴承、纺织机械、军工和通用机械等行业。一般来讲，该类车架的加工效率是单轴车床的 4 ~ 5 倍。

（6）仿形车床及多刀车床：能仿照样板或样件的形状尺寸，自动完成工件的加工循环的车床，适用于形状较复杂的工件的小批和成批生产，生产率比普通车床高 10 ~ 15 倍。该类车床有多刀架、多轴、卡盘式、立式等类型，可用于外圆柱面、圆锥面、端面、切槽、切断等的粗、精车削加工。

（7）专门化车床：用于形状相似而尺寸不同的同类型工件某一加工部位的机床，如曲轴主轴颈车床、曲轴连杆轴颈车床、凸轮轴车床等。

二、CA6140 型卧式车床的工艺范围和布局

CA6140 型卧式车床是应用最广泛的车床，具有以下特点：

（1）通用性较好。

（2）结构复杂但自动化程度低。

（3）加工复杂工件时，换刀麻烦。

（4）辅助时间长，生产率低。

（5）适用于单件小批生产及修理车间。

（一）机床的工艺范围

车削内外圆柱面、内外圆锥面、回转体成型面、环形槽、端面、螺纹，钻孔、扩孔、铰孔、攻螺纹、套螺纹、滚花等，如图 2-7 所示。

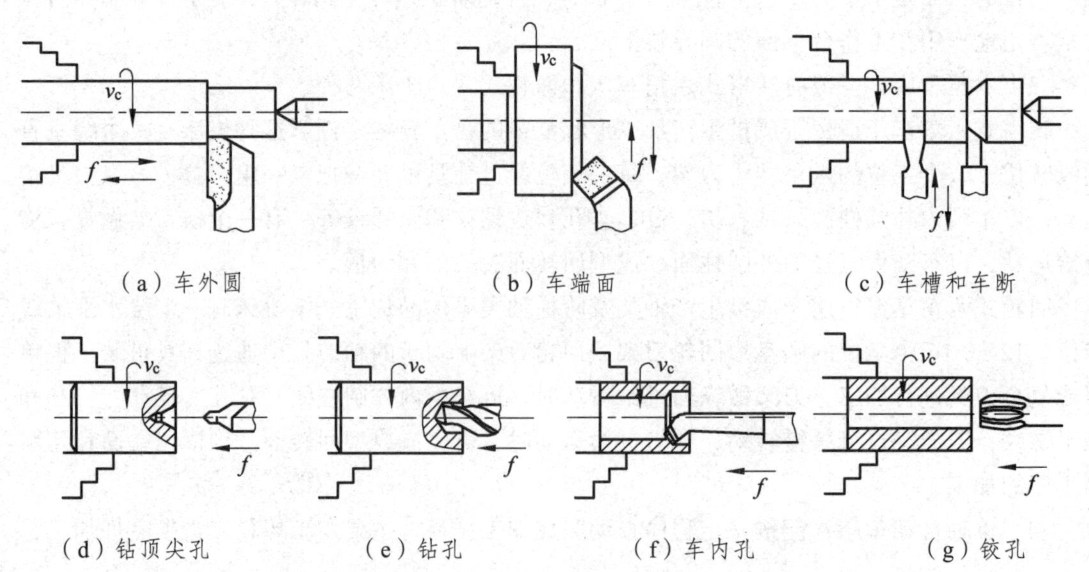

（a）车外圆　（b）车端面　（c）车槽和车断

（d）钻顶尖孔　（e）钻孔　（f）车内孔　（g）铰孔

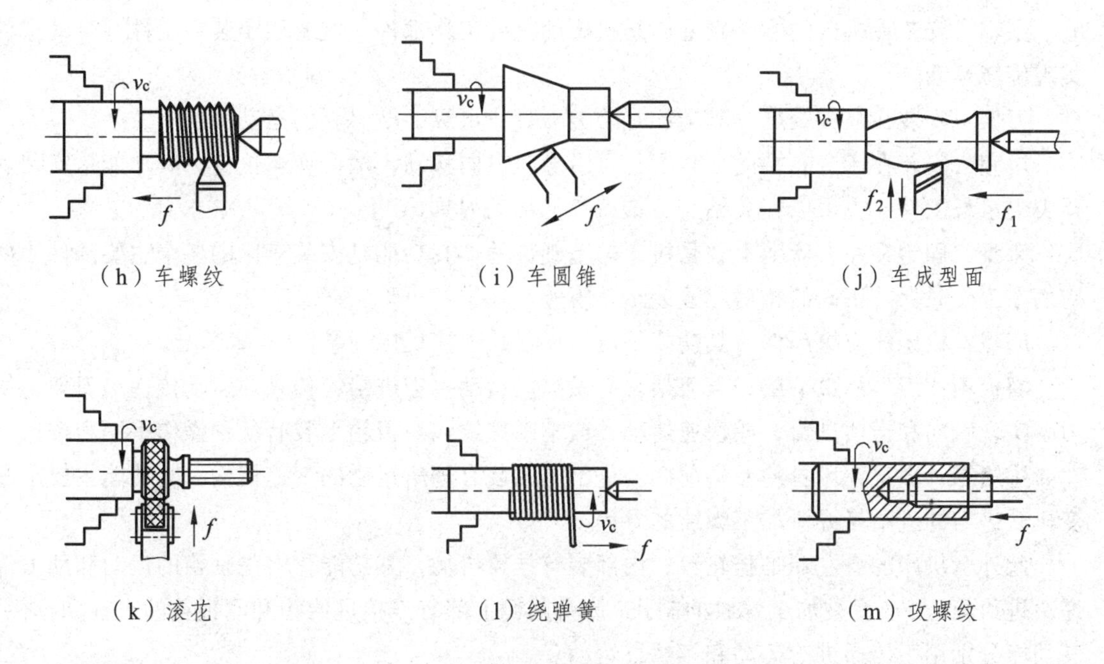

图 2-7　CA6140 型卧式车床的典型加工方法

（二）机床的总布局

CA6140 型卧式车床的结构如图 2-8 所示。

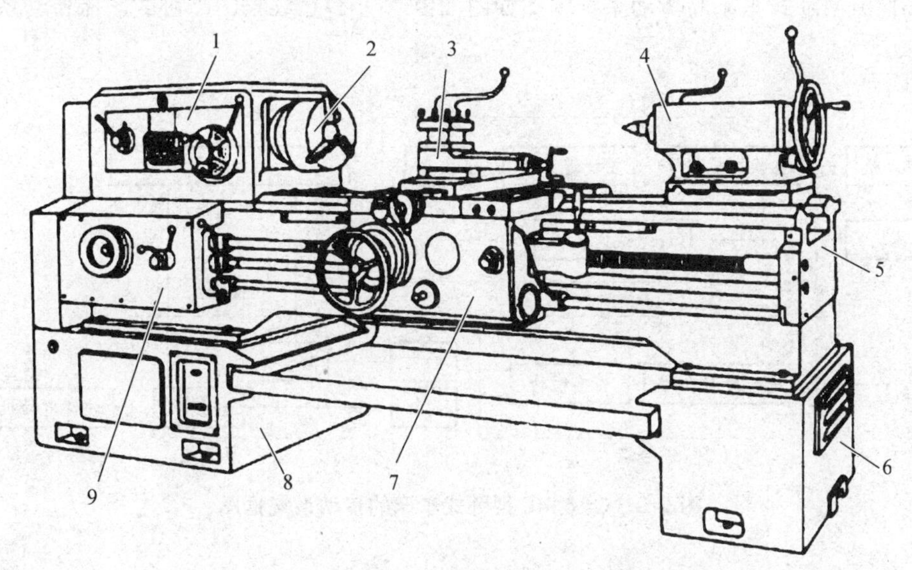

图 2-8　CA6140 型卧式车床外观图

1—主轴箱；2—主轴；3—刀架；4—尾座；5—床身；
6，8—床腿；7—溜板箱；9—进给箱

主轴箱：固定在床身左端，内部装有主轴和齿轮传动机构。主轴前端可安装卡盘等夹具。其功能是支承主轴，传递动力，实现转轴的变速、开停、换向和制动。

主轴：安装在机床的主轴箱上，是机床的主要工作部件，主要用于装夹工件并带动工件实现旋转运动。

刀架：安装在溜板箱上，其功能是装夹刀具，可纵、横、斜向运动。

尾座：安装在床身右端的导轨上，可沿导轨纵向移动，横向调整位置。其功能是安装后顶尖支承长工件，也可以安装钻头、铰刀等孔加工刀具。

床身：固定在左右床腿上，是机床的基础部件。其功能是安装车床的各个主要部件，使它们在工作时保持正确的相对位置或运动轨迹。

床腿：机床的支撑部件，其功能是支撑床身，连接机床地基。

溜板箱：刀架的最下层，与刀架一起做纵向运动，把进给箱传来的运动传递给刀架，使刀架实现纵向和横向进给，或快速运动，或车削螺纹。溜板箱上装有各种操作手柄和按钮。

进给箱：固定在床身的左端前侧。进给箱内装有进给运动的变速机构，其功能主要是改变机动进给的进给量或所加工螺纹的导程。

此外，机床的最左端是挂轮箱，内部装有挂轮机构，其功能是将主轴箱的运动和动力传递给进给箱，并改变被加工螺纹的制式；床身前侧上部有连接进给箱和溜板箱的光杠和丝杠，其功能分别用于传递进给运动和车螺纹运动。

三、CA6140 型卧式车床的传动系统

CA6140 型卧式车床的传动系统框图如图 2-9 所示，CA6140 型卧式车床传动系统如图 2-10 所示。

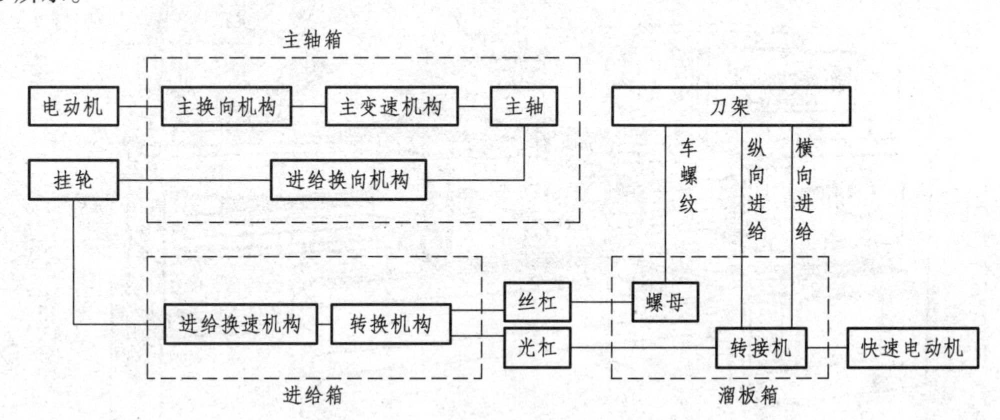

图 2-9　CA6140 型卧式车床的传动系统框图

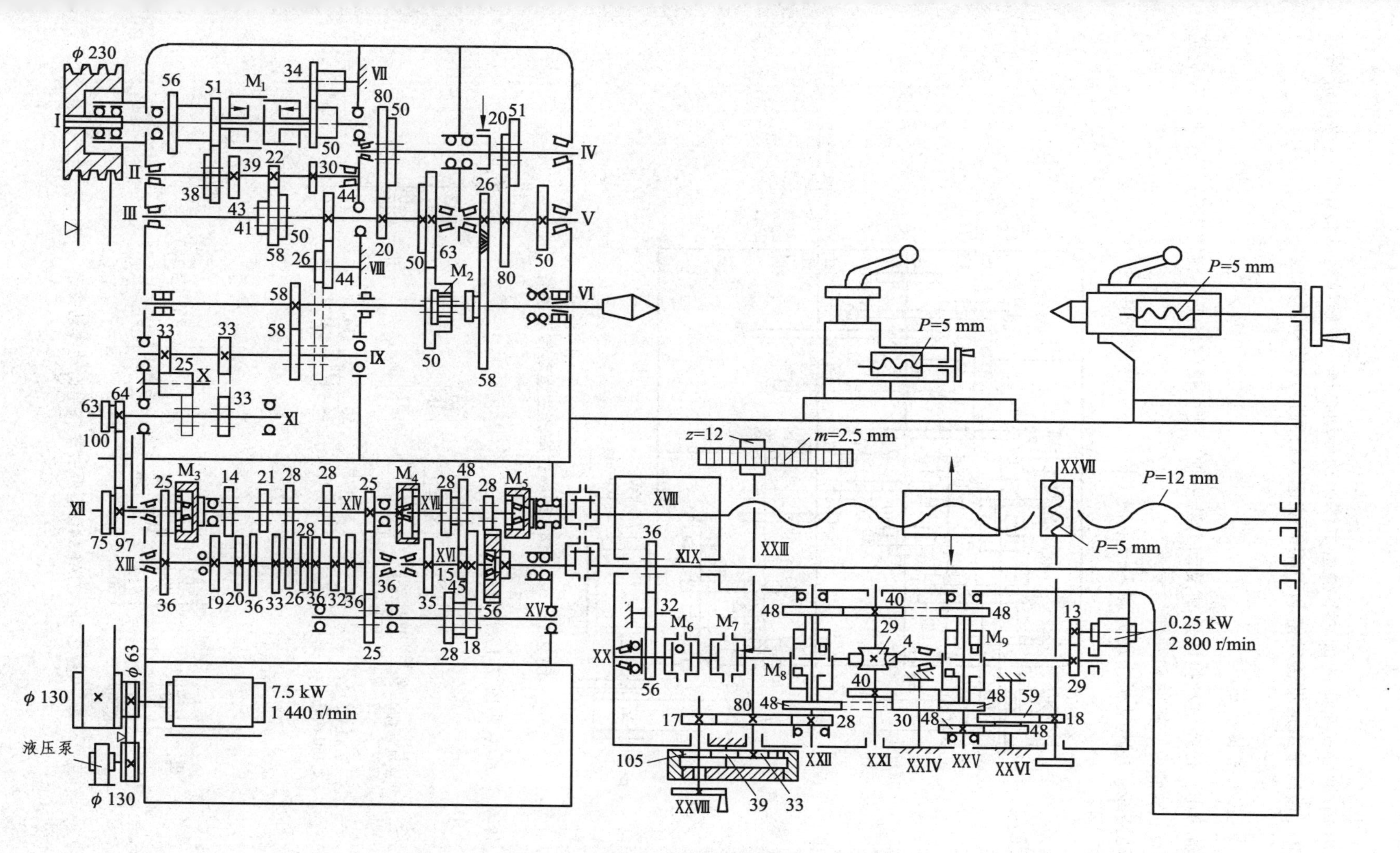

图 2-10　CA6140 型卧式车床传动系统

CA6140 型卧式车床的传动系统由主体运动传动系链、车螺纹运动传动链、纵向进给运动传动链、横向进给运动传动链和刀架的快速空行程运动传动链组成。

（一）主运动传动链

主要功用：传递电动机的运动及动力给主轴，使主轴带动工件旋转实现主运动，并满足卧式车床主轴变速、换向和开停的要求。

传动路线：主电动机（动力源）→主轴（执行件），如图 2-11 所示。

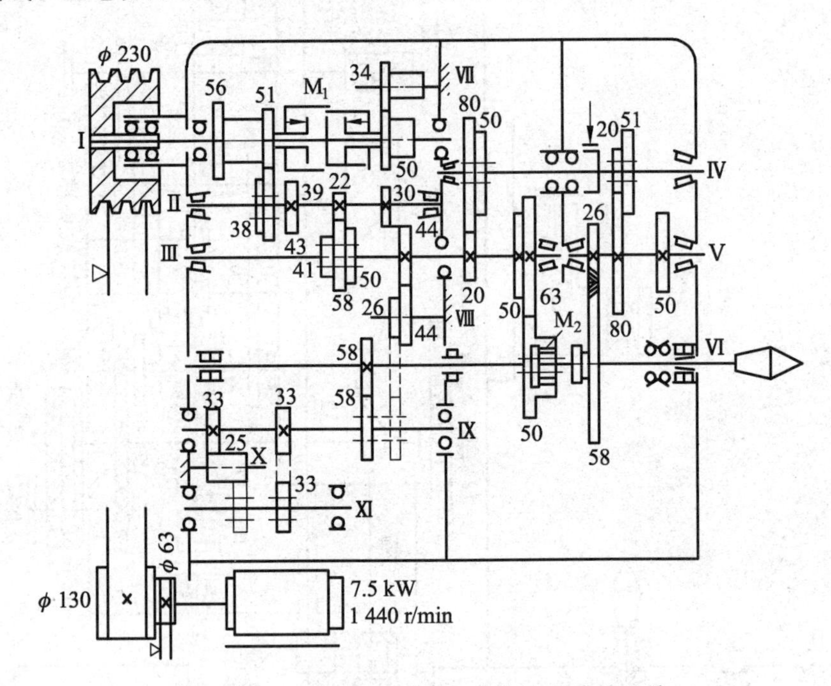

图 2-11　CA6140 型卧式车床主运动传动系统

1. 传动关系（见图 2-12）

$$
\underset{\left(\begin{array}{c}7.5\ \text{kW}\\1\,450\ \text{r/min}\end{array}\right)}{\text{主电动机}}-\frac{\phi 130\ \text{mm}}{\phi 230\ \text{mm}}-\text{I}-\left\{\begin{array}{l}\begin{array}{c}\text{M}_1\text{（左）}\\\text{（正转）}\end{array}-\left\{\begin{array}{c}\dfrac{56}{38}\\\dfrac{51}{43}\end{array}\right\}-\\\begin{array}{c}\text{M}_1\text{（右）}\\\text{（反转）}\end{array}-\dfrac{50}{34}-\text{VII}-\dfrac{34}{30}\end{array}\right\}-\text{II}-\left\{\begin{array}{c}\dfrac{39}{41}\\\dfrac{30}{50}\\\dfrac{22}{58}\end{array}\right\}-
$$

$$
\text{III}-\left\{\begin{array}{c}-\dfrac{63}{50}-\\\left\{\begin{array}{c}\dfrac{20}{80}\\\dfrac{50}{50}\end{array}\right\}-\text{IV}-\left\{\begin{array}{c}\dfrac{20}{80}\\\dfrac{51}{50}\end{array}\right\}-\text{V}-\dfrac{26}{58}-\text{M}_2\text{（右移）}\end{array}\right\}-\text{VI（主轴）}
$$

图 2-12　CA6140 型卧式车床主运动传动关系

2. 主轴转速级数

理论上主轴正转时转速级数：2 × 3 ×（1 + 2 × 2）= 30 级

反转时车速级数：3 ×（1+2 × 2）= 15 级

$$u_1=\frac{50}{50}\times\frac{51}{50}\approx1$$

$$u_2=\frac{50}{50}\times\frac{20}{80}=\frac{1}{4}$$

$$u_3=\frac{20}{80}\times\frac{51}{50}\approx\frac{1}{4}$$

$$u_4=\frac{20}{80}\times\frac{20}{80}=\frac{1}{16}$$

由于 u_2 和 u_3 重复，所以：

实际上主轴正转时转速级数：2 × 3 ×（1 + 2 × 2 − 1）= 24 级

反转时转速级数：3 ×（1 +2 × 2 − 1）= 12 级

注意：

（1）高速传动路线：滑移齿轮 50 移至左端，使之与轴Ⅲ上右端的齿轮 63 啮合，使主轴得到 450 ~ 1 400 r / min 的 6 种高转速。

（2）低速传动路线：滑移齿轮 50 移至右端，使主轴上的齿式离合器 M_2 啮合，使主轴获得 10 ~ 500 r / min 的低转速。

3. 主轴的转速计算

$$n_{主}=1\,450\times(130/230)\times i_{\text{I}-\text{II}}\times i_{\text{II}-\text{III}}\times i_{\text{III}-\text{VI}}$$

例：图 2-11 所示的齿轮啮合位置，主轴的转速（正转的最低转速）为

$$n_{主}=1\,450\times(130/230)\times(51/43)\times(22/58)\times(20/80)\times(20/80)\times(26/58)\approx10(\text{r/min})$$

主轴反转时，轴Ⅰ-Ⅱ的传动比大于正转时的传动比，所以反转转速高于正转转速。

（二）进给运动传动链

进给传动链是实现刀具纵向或横向移动的传动链，包括以下两条传动链：

螺纹进给传动链：是内联系传动链，由丝杠经溜板箱传动。

纵向和横向进给传动链：是外联系传动链，由光杠经溜板箱传动。

传动路线：主轴→刀架。

1. 车削螺纹运动传动链

（1）CA6140 型车床车削螺纹的种类。

CA6140 型车床可车削公制（米制）螺纹、英制螺纹、模数制螺纹、径节制螺纹 4 种标准螺纹及大导程螺纹和精密或非标准螺纹。各类标准螺纹螺距参数及换算关系如表 2-4 所示。

表 2-4　各类标准螺纹螺距参数及换算关系

公制	螺距 P/mm	P	$L = kP$
模数制	模数 m/mm	$P_m = \pi m$	$L_m = kP_m = k\pi m$
英制	每英寸牙数 α/（牙・in^{-1}）	$P_\alpha = \dfrac{25.4}{\alpha}$	$L_\alpha = kP_\alpha = \dfrac{25.4k}{\alpha}$
径节制	径节 DP/（牙・in^{-1}）	$P_{DP} = \dfrac{25.4}{DP}\pi$	$L_{DP} = kP_{DP} = \dfrac{25.4}{DP}\pi$

$$DP = Z/D$$

式中，Z——齿数；

D——分度圆直径。

（2）车螺纹时的运动平衡式。

$$l_{r（主轴）} u P_1 = S$$

式中　P_1——CA6140 型车床丝杠的导程，$P_1 = 12$ mm；

S——被加工螺纹的导程；

u——总传动比（可以调整）。

（3）车螺纹时的传动关系：主轴→（丝杠）→刀架。

CA6140 型车床车削螺纹的传动关系如图 2-13 所示。车削各种螺纹的传动特征如表 2-5 所示。

$$\text{主轴}\,\mathrm{VI}-\left\{\begin{array}{l}\text{———（正常导程）———}\dfrac{58}{58}\text{———} \\ \dfrac{58}{26}-\mathrm{V}-\dfrac{80}{20}-\mathrm{IV}-\left\{\begin{array}{c}\dfrac{50}{50}\\ \dfrac{80}{20}\end{array}\right\}-\mathrm{III}-\dfrac{44}{44}-\mathrm{VIII}-\dfrac{26}{58}\end{array}\right\}-\mathrm{IX}-\left\{\begin{array}{l}\dfrac{33}{33}\ \text{右螺纹}\\ \dfrac{33}{25}-\mathrm{X}-\dfrac{25}{33}\ \text{左螺纹}\end{array}\right\}$$

$$-\mathrm{XI}-\left\{\begin{array}{l}\left\{\begin{array}{c}\dfrac{63}{100}\times\dfrac{100}{75}\\ \text{（公制、英制螺纹）}\\ \dfrac{64}{100}\times\dfrac{100}{97}\\ \text{（模数、径节螺纹）}\end{array}\right\}-\mathrm{XII}-\left\{\begin{array}{c}\dfrac{25}{36}-\mathrm{XIII}-u_{\text{基}}-\mathrm{XIV}-\dfrac{25}{36}\times\dfrac{36}{25}\\ \text{（公制、模数螺纹）}\\ M_3\text{合}-\mathrm{XIV}-\dfrac{1}{u_{\text{基}}}-\mathrm{XIII}-\dfrac{36}{25}\\ \text{（英制、径节螺纹）}\end{array}\right\}-\mathrm{XV}-u_{\text{倍}}\\ \text{————}\dfrac{ac}{bd}\text{————}\mathrm{XIII}\text{————}M_3\text{合}\text{———}\mathrm{XV}\text{————}M_4\text{合}\\ \qquad\qquad\qquad\qquad\text{（非标准螺纹）}\end{array}\right\}$$

$$-\mathrm{XVII}-M_5\text{合}-\mathrm{XVIII}\text{（丝杠）}-\text{刀架}$$

图 2-13　CA6140 型卧式车床车削螺纹的传动关系

XIII—XIV轴之间的传动机构称之为基本变速组，其传动比用 $u_{基}$表示，共有 8 种不同的数值；XV—XVII轴之间的传动机构称之为增倍变速组，其传动比用 $u_{倍}$表示，共有 4 种不同的数值。

表 2-5　车削各种螺纹的传动特征

螺纹	螺距参数	挂轮	M_3	M_4	M_5	Z_{25}
米制螺纹	P/mm	63/100 100/75	开	开	合	右位
模数螺纹	m/mm	64/100 100/97	开	开	合	右位
英制螺纹	α/（牙·in^{-1}）	63/100 100/75	合	开	合	左位
径节螺纹	DP/（牙·in^{-1}）	64/100 100/97	合	开	合	左位
精密螺纹	同上任一类	a/b c/d	合	合	合	右位

2. 普通进给运动传动链

普通进给运动传动链主要用于车削圆柱面和端面，是外联系传动链，主要有纵向运动和横向运动两条传动链。

（1）传动关系：主轴→（光杠）→刀架，其具体传动路线如图 2-14 所示。

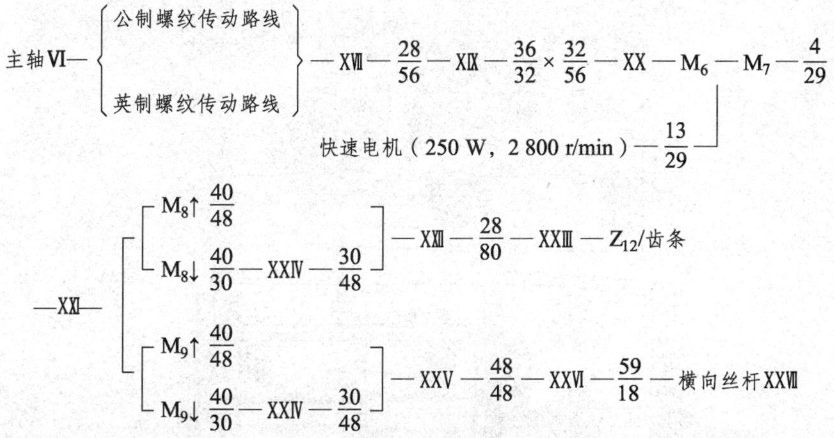

主轴VI—{公制螺纹传动路线 / 英制螺纹传动路线}—XVII—$\frac{28}{56}$—XIX—$\frac{36}{32}\times\frac{32}{56}$—XX—$M_6$—$M_7$—$\frac{4}{29}$

快速电机（250 W，2 800 r/min）—$\frac{13}{29}$（接 M_6—M_7 之间）

—XXI—
- [$M_8\uparrow$ $\frac{40}{48}$ / $M_8\downarrow$ $\frac{40}{30}$—XXIV—$\frac{30}{48}$]—XXII—$\frac{28}{80}$—XXIII—Z_{12}/齿条
- [$M_9\uparrow$ $\frac{40}{48}$ / $M_9\downarrow$ $\frac{40}{30}$—XXIV—$\frac{30}{48}$]—XXV—$\frac{48}{48}$—XXVI—$\frac{59}{18}$—横向丝杆XXVII

图 2-14　CA6140 型卧式车床普通进给运动传动关系

（2）运动平衡关系。

主轴每转 1 转刀架纵向或横向进给多少毫米，进给量单位符号为 mm/r。

（3）纵向机动进给量。

通过计算可知：$f_{纵}=0.711 i_{基} i_{倍}$（mm/r）

CA6140 型卧式车床纵向机动进给量共有 64 种，由 4 种类型的传动路线来获得：

公制螺纹正常螺距路线 32 种纵向进给量，扩大螺距机构 8 种小进给量；英制螺纹正常螺距路线 8 种纵向进给量，扩大螺距机构 16 种大进给量。

（4）横向机动进给量。

通过传动计算可知，横向机动进给量是纵向机动进给量的一半，其数量也是 64 种。

即：$f_{横}=0.353 i_{基} i_{倍}$（mm/r）

四、CA6140 型卧式车床的主要结构

（一）主轴箱

主轴箱是 CA6140 型卧式车床最重要的部件，结构较为复杂，主要由主轴及其轴承、变速传动机构、起停换向装置、制动装置、操纵机构、润滑装置等机构组成，如图 2-15 所示。主轴箱主要具备支承、传动、变速、起停、换向、制动等功能。

1. 卸荷带轮

卸荷带轮机构能将带轮承受的径向载荷卸给箱体，使轴 I 的花键部分只传递转矩，从而避免因皮带拉力而使轴 I 产生弯曲变形，提高传动的平稳性，改善主轴箱运动输入轴的工作条件。其原理是皮带轮与花键套用螺钉连接成一体，支承在法兰内的两个深沟球轴承上，而法兰固定在主轴箱体上，这样皮带轮可通过花键套带动轴 I 旋转，而皮带的张力经法兰直接传至箱体上，轴 I 就将径向载荷卸给了箱体。

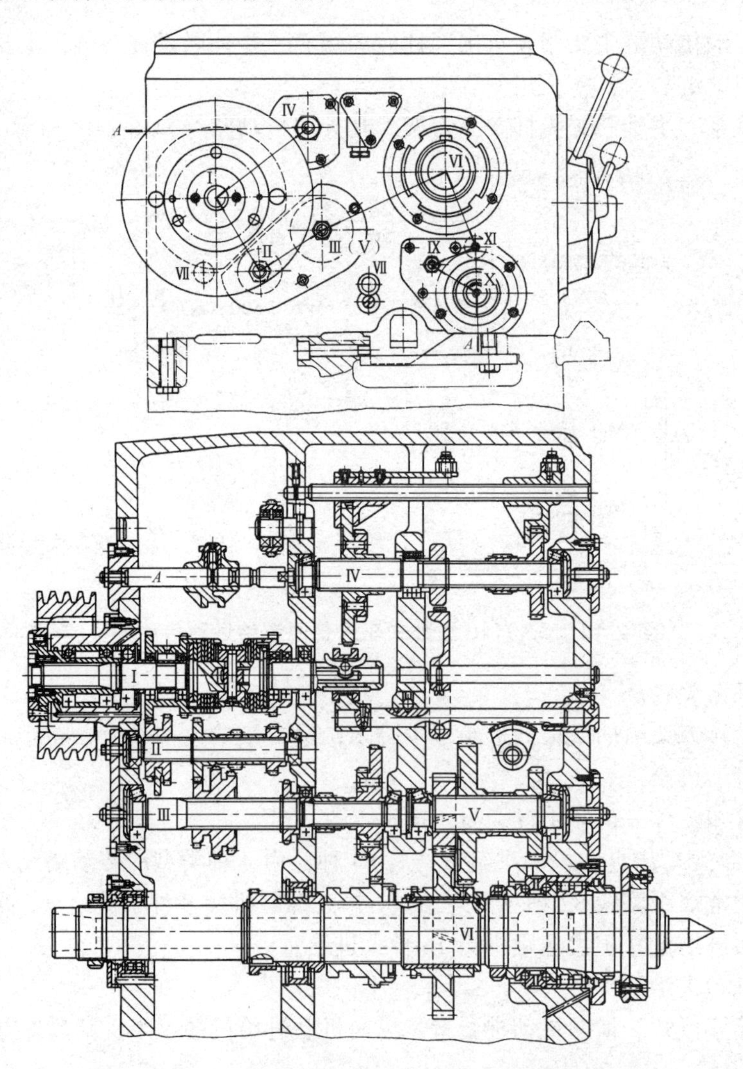

图 2-15　CA6140 型卧式车床主轴箱向视图及展开图

2. 双向多片式摩擦离合器

双向多片式摩擦离合器安装在Ⅰ轴上，主要由外摩擦片 2、内摩擦片 3、销子 5、推拉杆 7、压块 8、止推片 10 和 11 及空套齿轮 1 等组成，如图 2-16 所示。离合器左右两部分的结构相同，左离合器传动主轴正转，而正转用于切削，传递的扭矩较大，所以摩擦片片数多。

其功用是连接两根轴之间的运动，并靠摩擦传递动力，实现主轴的正、反转和停止，在接通主运动链时还能起过载保护作用，当机床超载时，摩擦片打滑，以避免损坏机床。

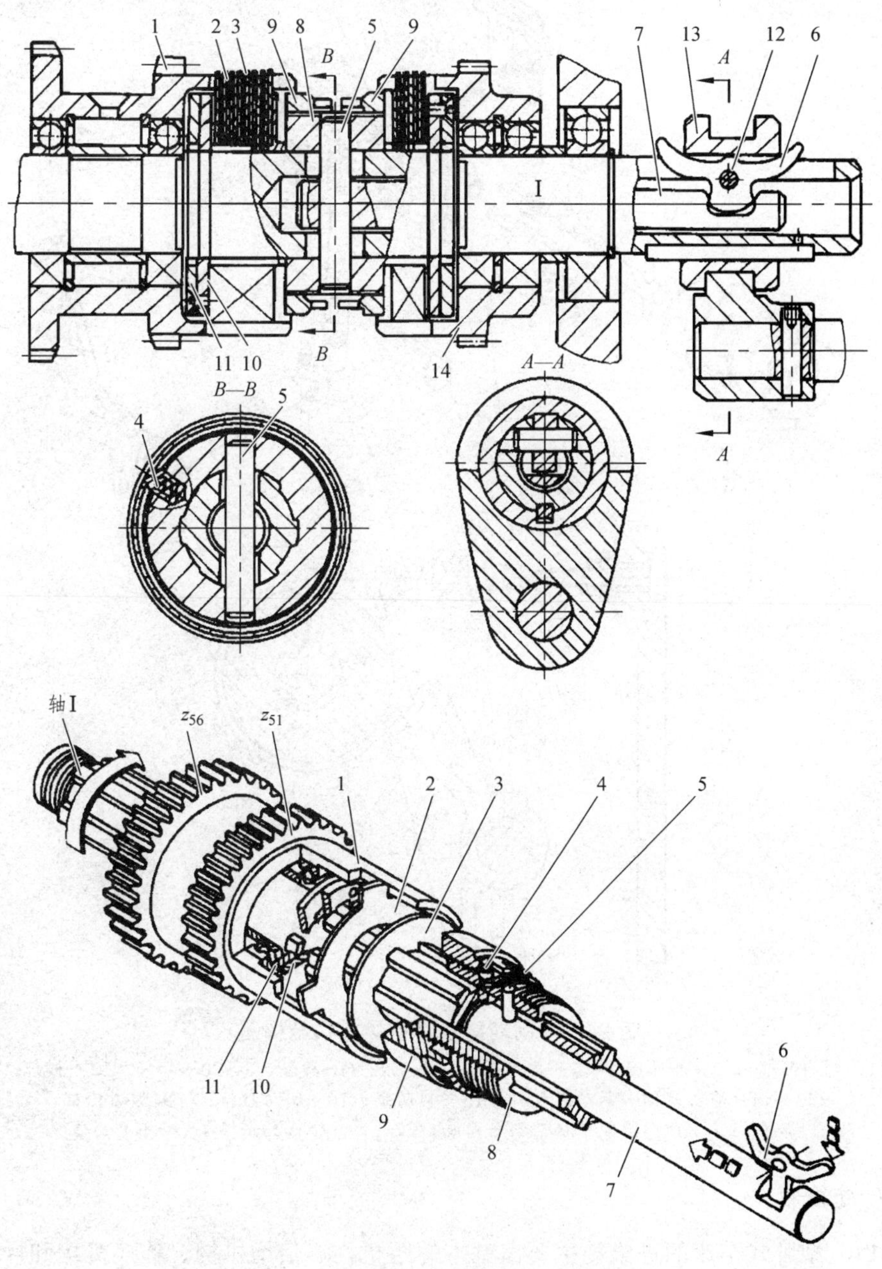

图 2-16　双向多片式摩擦离合器结构图

1—空套齿轮；2—外摩擦片；3—内摩擦片；4—弹簧销；5，12—销；6—元宝销（杠杆）；7—拉杆；8—压块；9—螺母；10，11—止推片；13—滑环；14—齿轮

3. 制动器及其操纵机构

制动器的功用是制动主轴，制动的目的是为了缩短辅助时间，提高生产效率，同时具有安全保护作用。它由制动盘 16、制动带 15、制动器杠杆 14、调节螺钉 13、操纵手柄 18、齿条轴 22 等组成，如图 2-17 所示。制动器与离合器的操纵机构联动，当离合器脱开时制动主轴，当离合器合上接通主轴正反转时松开制动。

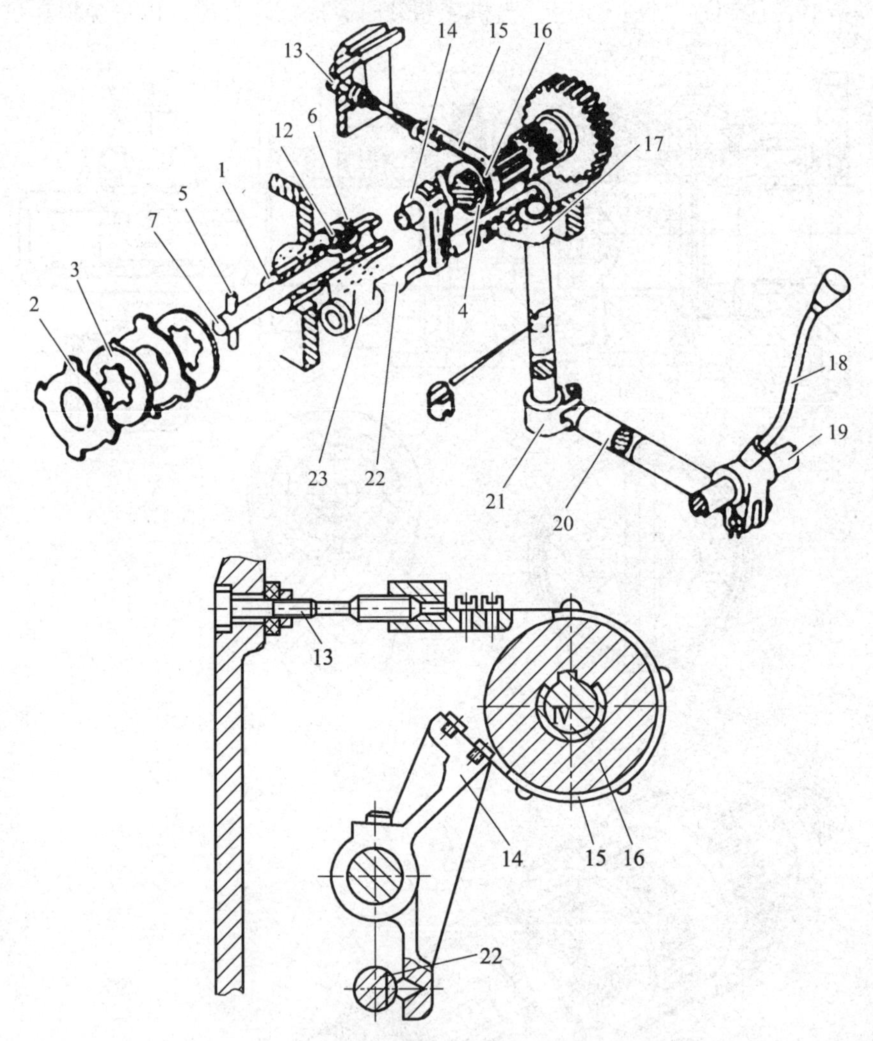

图 2-17 制动器及其操纵机构结构图

1，4，19—轴；2—外摩擦片；3—内摩擦片；5—销；6—滑套；7，20—拉杆；12—杠杆；13—调节螺钉；14—制动器杠杆；15—制动带；16—制动盘；17—扇形齿轮；18—操纵手柄；21—曲柄；22—齿条轴；23—拨叉

（二）进给箱

CA6140 型卧式车床的进给箱主要由基本螺距机构、倍增机构、移换机构和操纵机构等组成，XⅡ、XⅣ、XⅦ、XⅧ轴在一条直线上，XⅡ轴一端支承于XⅣ轴端部的内齿轮中，而XⅦ轴左端支承在XⅣ轴右端的内齿轮中、右端支承在XⅧ轴左端的内齿轮中。装配时须

首先按照从左到右的顺序安装XⅣ轴组件，XⅧ轴左端内齿轮从箱体孔中装入，装配时轴向定位比较复杂。

为方便螺纹导程变换操作机构，减小进给箱厚度，XⅢ轴、XⅥ轴轴线位于一条直线中，XⅤ轴与XⅥ轴、XⅥ轴与XⅦ轴中心距相等，且三轴位于一个垂直面内。

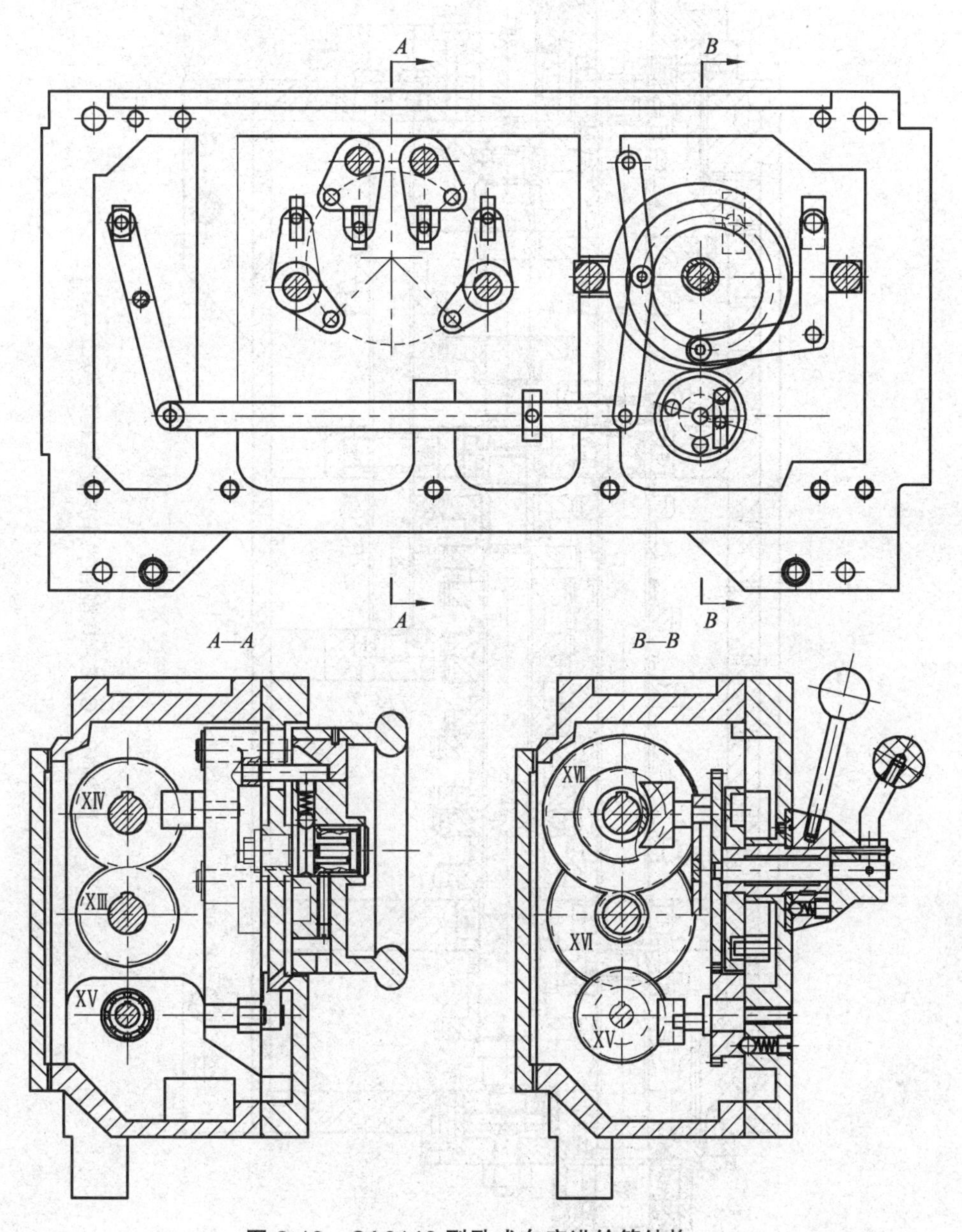

图 2-18　CA6140 型卧式车床进给箱结构一

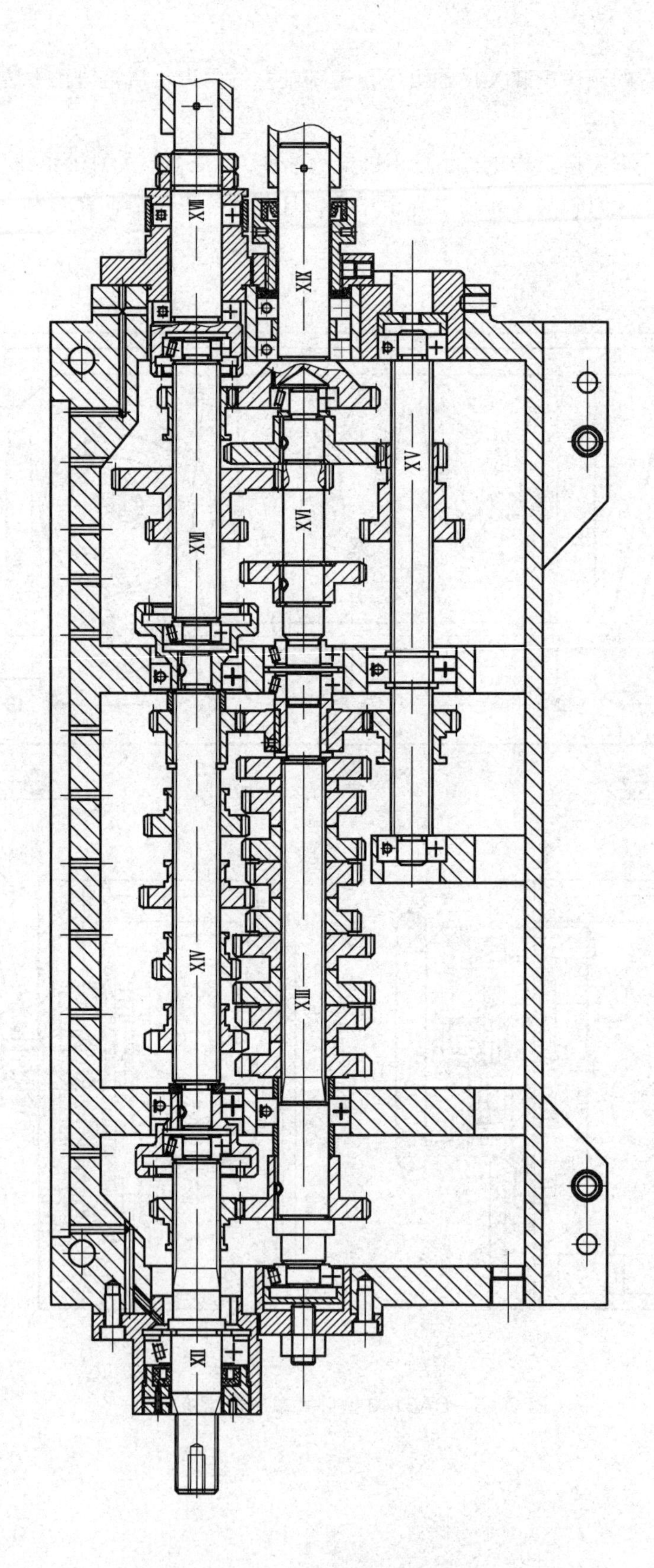

图 2-19 CA6140 型卧式车床进给箱结构二

图 2-20 是进给箱中基本组的操纵机构工作原理图。基本组的 4 个滑动齿轮是由一个手轮集中操纵的。手轮 6 的端面上开有一环形槽 E。在槽 E 中有两个间隔 45°的直径比槽的宽度大的孔 a 和 b。孔中分别安装带斜面的压块 1 和 2，其中压块 1 的斜面向外斜（图中 *A—A* 剖面），压块 2 的斜面向里斜（图中 *B—B* 剖面）。在环形槽 E 中，还有 4 个均匀分布的销子 5，每个销子通过杠杆 4 来控制拨块 3，4 个拨块分别拨动基本组的 4 个滑动齿轮。手轮 6 在圆周方向有 8 个均布的位置，当需要改变基本组的传动比时，先将手轮 6 沿轴向外拉，拉出后就可以自由转动进行变速。由于手轮 6 向外拉后，销子 5（图中 5′）在长度方向上还有一小段仍保留在槽 E 及孔 b 中，则手轮 6 转动时，销子 5 就可沿着孔 b 的内壁滑到槽 E 中；手轮 6 欲转达的周向位置可由固定环的缺口中观察到（此处可看到手轮标牌上的标号）。当手轮转到所需位置后，例如从图 2-20 所示位置，逆时针转过 45°（这时孔 a 正对准左上角杠杆的销子 5′），将手轮重新推入，这时孔 a 中的压块 1 的斜面推动销 5′向外，使左上角杠杆向顺时针方向摆动，于是便将相应的滑动齿轮推向右端啮合位置（从机床前面看），与 XⅢ 轴的齿轮相啮合。而其余 3 个销子仍都在环形槽 E 中，其相应的滑动齿轮也都处于中间空挡位置。

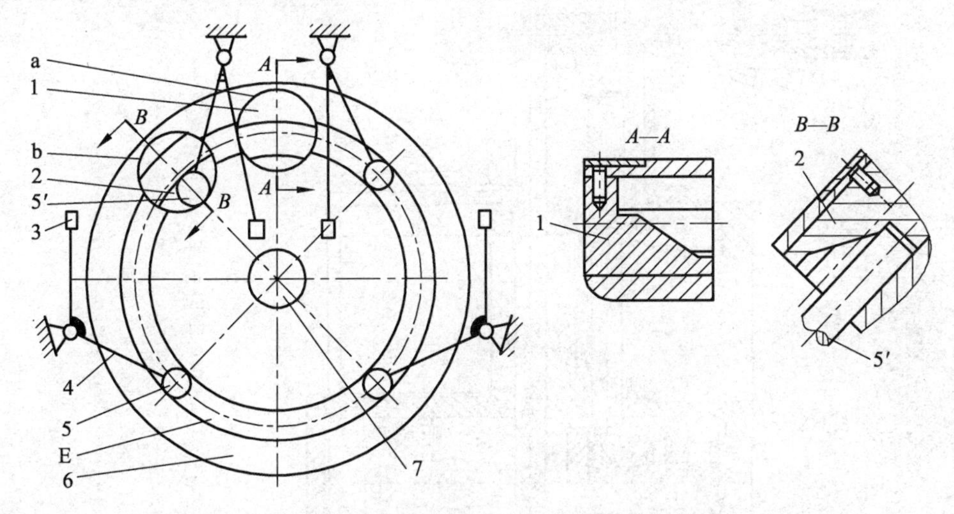

图 2-20　进给箱基本螺距机构操纵机构

1，2—压块；3—拨块；4—杠杆；5，5′—销子；6—手轮；7—轴

（三）**溜板箱**

溜板箱悬挂在机床床鞍的下方，床身导轨之前。左侧连接光杠，机动车削时，运动由光杠（XⅨ轴）传入，光杠上的齿轮支承在溜板箱上，随溜板箱移动，光杠上有与最大加工工件长度相等的导向键槽；右侧安装快速运动电动机，经一对齿轮副传动，运动传递到主减速器的蜗杆（XX 轴）上，在蜗杆轴上设有单向超越离合器，在不切断机动进给链的情况下，可同时接通快速移动电动机，如图 2-21～2-23 所示。

溜板箱主要功用：

（1）将丝杠或光杠的旋转运动转变为直线运动并带动刀架进给。

（2）控制刀架运动的接通、断开和换向。

（3）机床过载时控制刀架自动停止进给。

（4）手动操纵刀架移动和实现快速移动等。

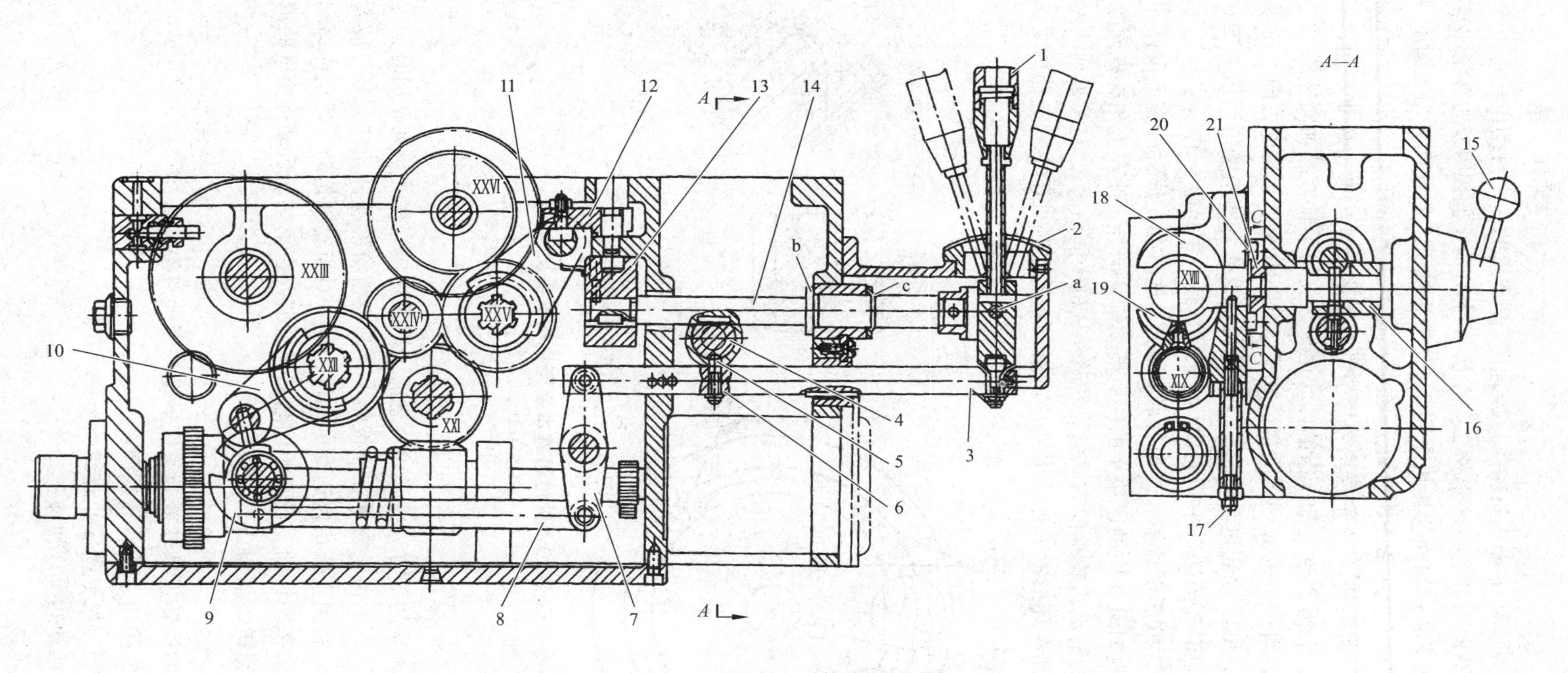

图 2-21　CA6140 型卧式车床溜板箱结构一

1—手柄；2—手柄盖；a—圆柱销；3—推杆；4，14—轴；5—销子；6—弹簧销；7，12—杠杆；8—连杆；
9，13—凸轮；10，11—拨叉；15—开合螺母手柄；16—固定套；17—限位螺钉；
18，19—半螺母；20—圆柱销；21—槽盘

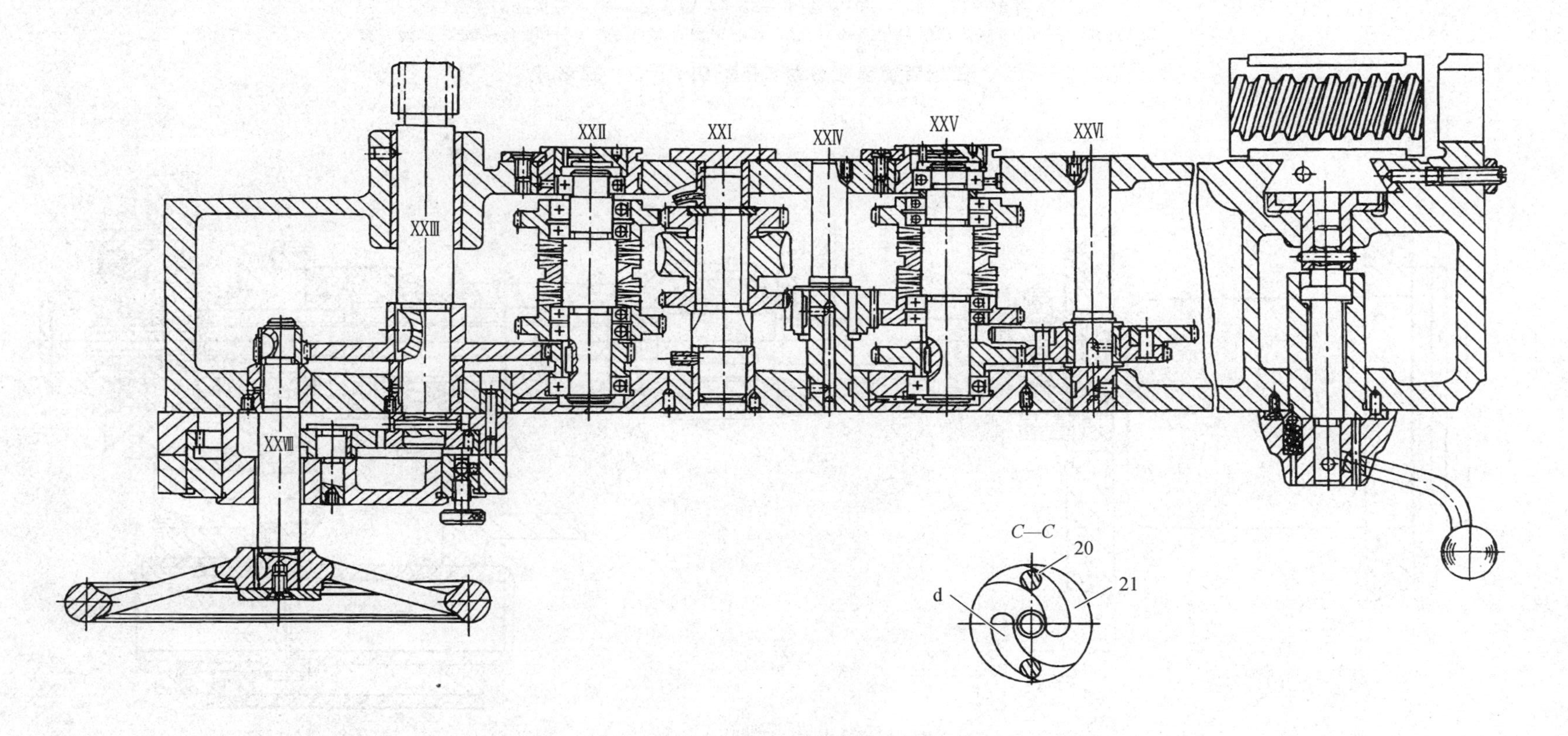

图 2-22　CA6140 型卧式车床溜板箱结构二

20—圆柱销；21—槽盘

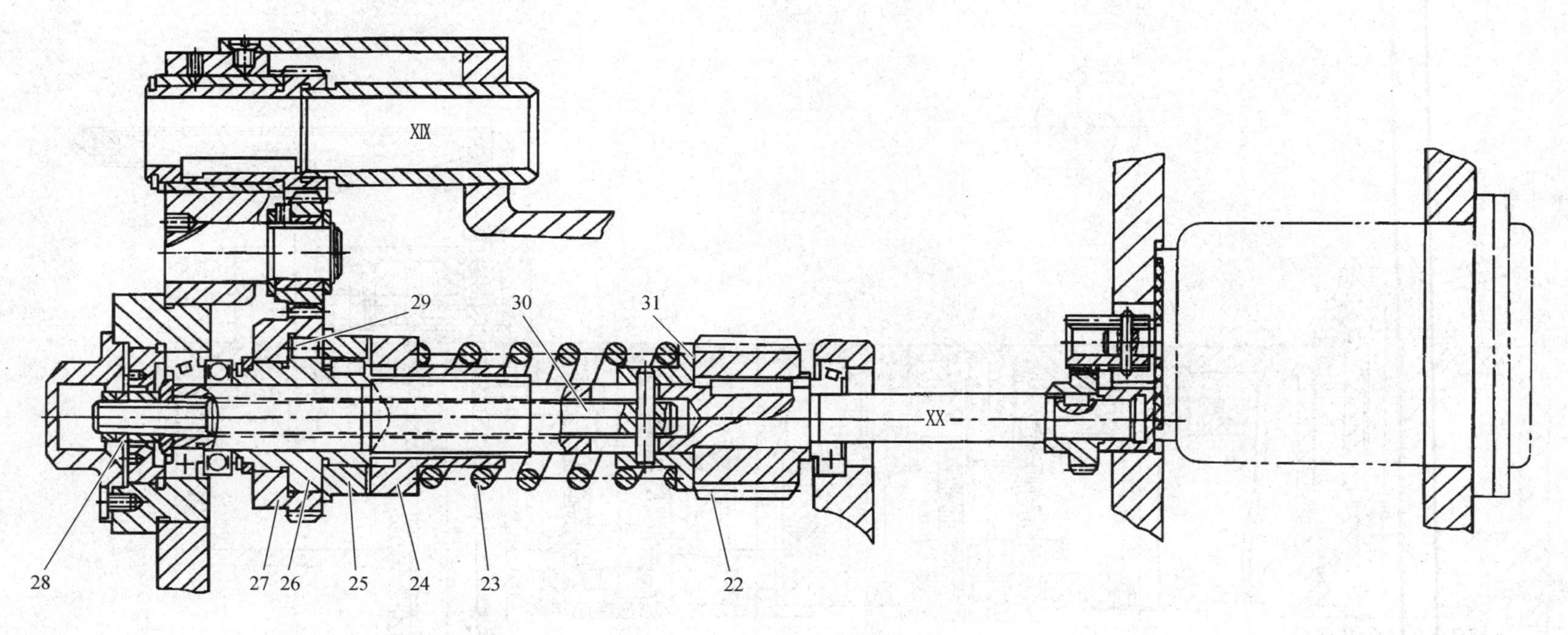

图 2-23　CA6140 型卧式车床溜板箱结构三

22—蜗杆；23—弹簧；24—安全离合器右半部；25—安全离合器左半部；26—星形体；
27—空套齿轮；28—锁紧螺母；29—滚子；30—拉杆；31—弹簧座

溜板箱中的主要机构：

（1）开合螺母机构：接通丝杠传动。

（2）传动机构：将光杠的运动传至纵向齿轮齿条和横向进给丝杠。

（3）转换机构：接通、断开和转换纵、横向进给。

（4）过载保护装置和互锁机构：安全保护。

（5）操纵机构：控制刀架运动。

（6）换向机构：改变纵、横机动进给运动方向。

（7）快速空行程传动机构。

1. 开合螺母机构

当机床车削螺纹时，螺纹链操纵手柄（开合螺母手柄 15，参看图 2-21）顺时针转动，使两圆柱销带动半螺母沿燕尾导轨向凸轮轮心移动，两半螺母与丝杠啮合。为防止半螺母与丝杠螺纹挤压，增加车削螺纹功率，采用限位螺钉 17 限制开合螺母的啮合位置，转动该螺钉可调节开合螺母与丝杠的啮合间隙。螺纹车削完毕，螺纹链操作手柄逆时针转动 90°，凸轮槽中的圆柱销带动半螺母离心运动，开合螺母松开。

2. 纵、横向机动进给操纵机构

机床纵、横向机动进给操纵机构（参看图 2-24）利用一个手柄集中纵、横向机动进给和快速移动的接通、断开和换向，且手柄扳动方向与刀架运动方向一致，使用十分方便。

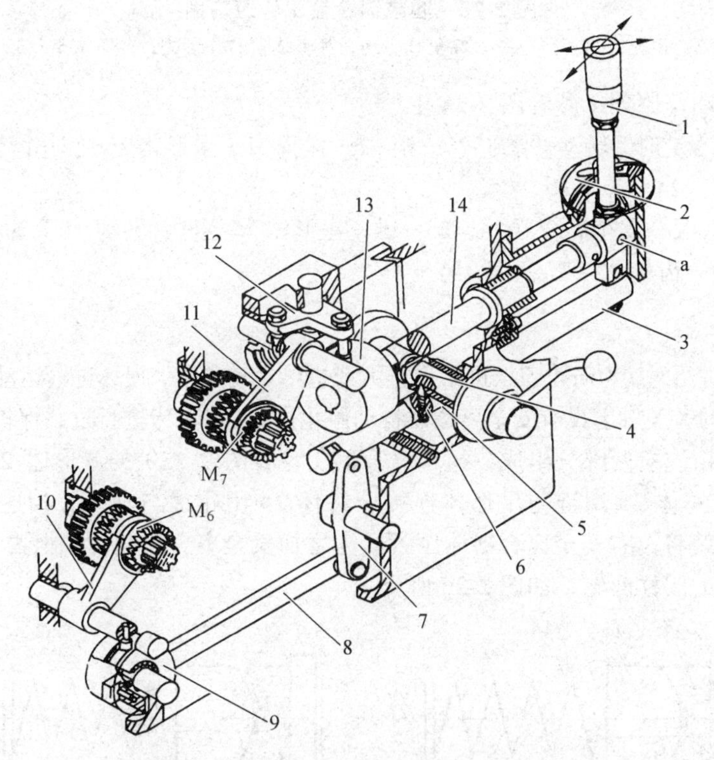

图 2-24　纵、横向机动进给操纵机构原理图

1—手柄；2—手柄盖；a—圆柱销；3—推杆；4，14—轴；5—销子；6—弹簧销；7，12—杠杆；8—连杆；9，13—凸轮；10，11—拨叉

操纵手柄在一水平的十字滑槽中，当手柄 1 向左或向右扳动时，实现纵向机动进给。当手柄向前或向后扳动时，实现横向机动进给。当手柄处于十字的中间位置时，纵横向全部切断。当机动进给接通时，按下手柄 1 上端头部的快速电动机点动按钮，快速电动机启动带动刀架实现快速移动。

3. 超越离合器

快速电动机点动运行使刀架纵横向快速移动，其启动按钮位于手柄 1 的顶部。为了避免光杠与快速电动机同时传动轴ＸＸ，在蜗杆轴ＸＸ的左端与齿轮 27（Z_{56}）之间装有超越离合器（参看图 2-25）。

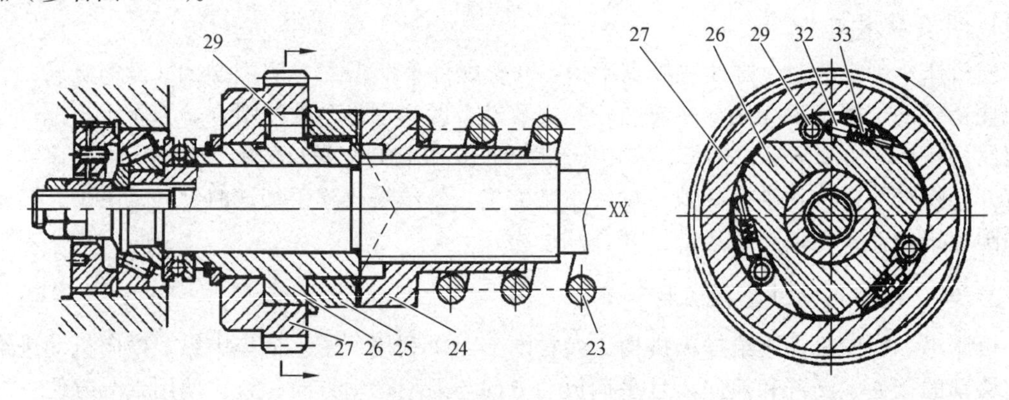

图 2-25　超越离合器工作原理图

23，33—弹簧；24，25—安全离合器；26—星形体；27—齿轮；29—滚子；32—销

超越离合器动作原理（参看图 2-25）：

齿轮 27（Z_{56}）逆时针转动—滚子 29—销 32—弹簧 33—星形体 26 逆时针转动（低速）—键—安全离合器 25、24—ＸＸ。

快速电机—ＸＸ—安全离合器 24、25—键—星形体 26 逆时针转动（高速）—滚子 29—销 32—压缩弹簧 33—齿轮 27（Z_{56}）脱开。

4. 安全离合器

在机床机动进给时，为防止刀架进给力过大或进给运动受阻，损坏进给运动传动链，在机床进给运动传动链的ＸＸ轴上设有安全离合器自动停止进给，对机床进行过载保护（参看图 2-23）。

安全离合器由左右两部分组成，超越离合器（参看图 2-25）的星形体 26 空套在轴ＸＸ上，安全离合器左体 25 用键与星形体连接，右体 24 用花键与轴ＸＸ相连，弹簧 23 固定于ＸＸ轴上，弹簧将左右安全离合器体压紧，为增加安全离合体间的摩擦力，安全离合器体为带有螺旋推程的圆柱凸轮，如图 2-26 所示。

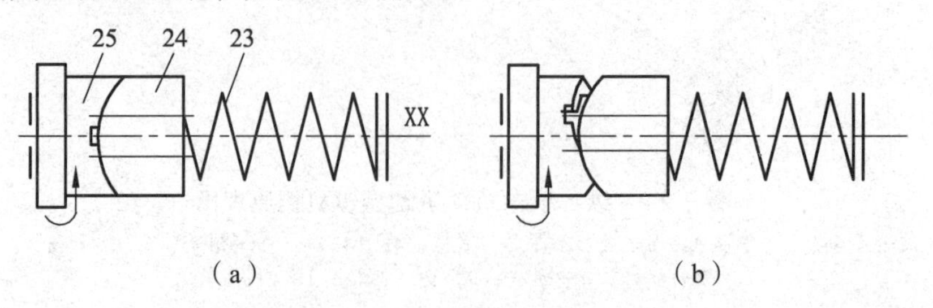

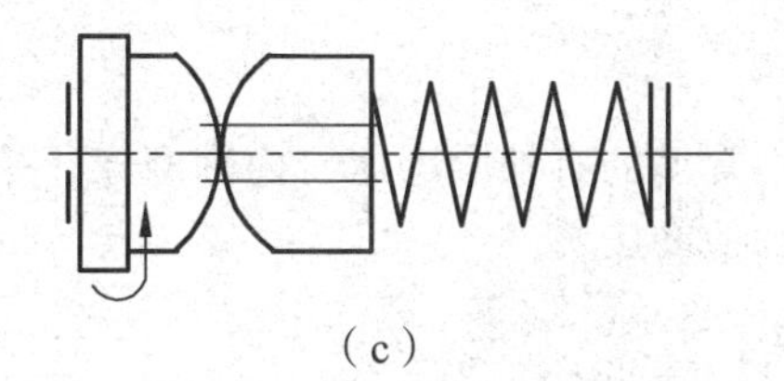

（c）

图 2-26　安全离合器工作示意图

23—弹簧；24—安全离合器右体；25—安全离合器左体

第三节　磨　床

一、磨床概述

用磨料或磨具（砂轮、砂带、油石或研磨料等）作为工具对工件表面进行切削加工的机床称为磨床。

磨具上的磨粒是一个多面体，其每个棱角都可看作是一个切削刃，称为微刃。

磨削加工可获得较高的加工精度及很小的表面粗糙度；能磨削硬度很高的淬硬钢、硬质合金等金属和非金属材料；磨削速度高，砂轮与工件的接触面积大，故磨削温度很高。

（一）磨床工艺范围

磨床常用于零件的精加工，尤其是淬硬钢件和高硬度特殊材料的精加工，其典型工艺范围参见图 2-27。

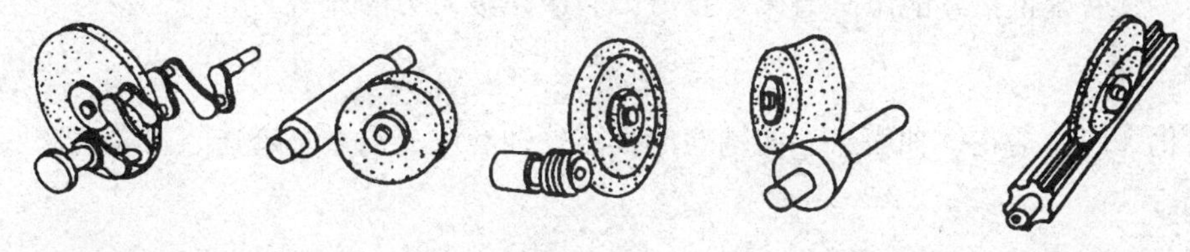

（a）曲轴磨削　（b）外圆磨削　（c）螺纹磨削　（d）成型磨削　（e）花键磨削

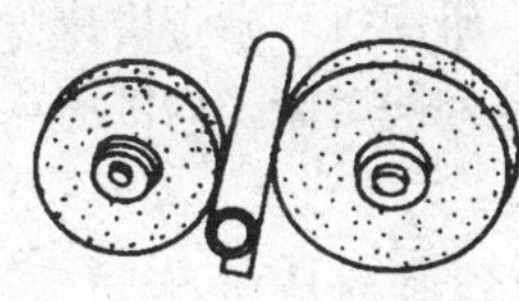

（f）齿轮磨削　（g）圆锥磨削（h）内圆磨削　（i）无心外圆磨削　（j）刀具刃磨

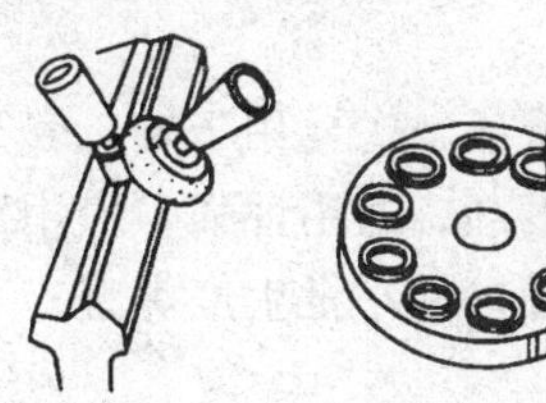
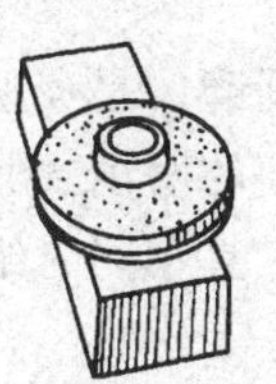

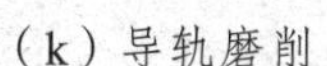

（k）导轨磨削　（l）平面磨削　（m）平面磨削

图 2-27　磨床的工艺范围

（二）磨床的种类

磨床的种类很多，生产中常见的有外圆磨床、内圆磨床、平面磨床、工具磨床、刀具刃具磨床、各种专门化磨床、其他磨床等。

1. 外圆磨床

外圆磨床包括万能外圆磨床、普通外圆磨床、无心外圆磨床等。它主要用于轴、套类零件的外圆柱、外圆锥面、阶台轴外圆面及端面的磨削。

2. 内圆磨床

内圆磨床包括内圆磨床、行星式内圆磨床、无心内圆磨床等。它主要用于轴套类零件和盘套类零件内孔表面及端面的磨削。

3. 平面磨床

平面磨床包括卧轴矩台平面磨床、立轴矩台平面磨床、卧轴圆台平面磨床、立轴圆台平面磨床等。它主要用于各种零件的平面及端面的磨削。

4. 工具磨床

工具磨床包括工具曲线磨床、钻头沟槽磨床、丝锥沟槽磨床等。它主要用于磨削各种切削刀具的刃口，如车刀、铣刀、铰刀、齿轮刀具、螺纹刀具等。装上相应的机床附件，可对体积较小的轴类外圆、矩形平面、斜面、沟槽和半球面等外形复杂的机具、夹具、模具进行磨削加工。

5. 刀具刃具磨床

刀具刃具磨床包括万能工具磨床、拉刀刃磨床、滚刀刃磨床等。

6. 专门化磨床

专门化磨床包括花键轴磨床、曲轴磨床、凸轮轴磨床、活塞环磨床、齿轮磨床、螺纹磨床等。

7. 其他磨床

其他磨床包括珩磨机、研磨机、砂带磨床、超精加工机床、砂轮机等。

在生产中应用最多的是外圆磨床、内圆磨床、平面磨床、无心磨床 4 种。

二、M1432A 型万能外圆磨床的布局

（一）机床的特点

M1432A 型万能外圆磨床是典型的外圆磨床，主要用于轴、套类零件的外圆柱、外圆锥面、阶台轴外圆面及端面的磨削。其加工精度高，通用性强，应用范围广，自动化程度低，磨削效率不高，适用于工具车间、维修车间和单件小批生产类型。

（二）机床的布局

图 2-28 是 M1432A 型万能外圆磨床布局图，其主要由以下部件组成：

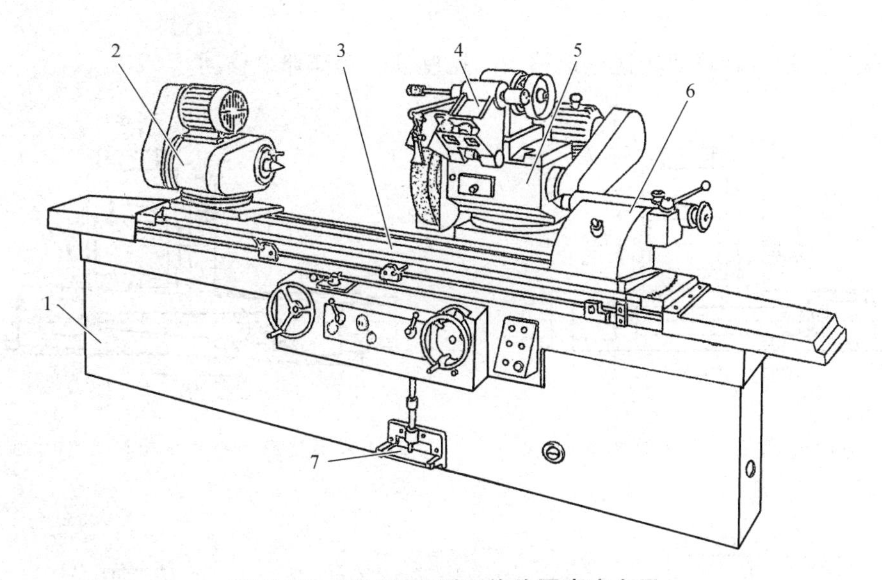

图 2-28　M1432A 型万能外圆磨床布局

1—床身；2—头架；3—工作台；4—内圆磨具；5—砂轮架；
6—尾架；7—尾座顶尖脚踏操纵板

床身：呈“┻”状，是磨床的基础支承件，支承各主要部件，使它们在工作时保持准确的位置，内部用作液压油的油池。

头架：安装在工作台的左端，可沿床身导轨移动调整位置，在水平面内可逆时针旋转 90°，用于安装及夹持工件并带动工件旋转。

工作台：可沿床身导轨做纵向往复运动。工作台由上下两层组成：上工作台可绕下工作台在水平面内回转 ± 10°，用以磨削小锥度长圆锥面；上工作台台面开有 L 形槽并向外侧倾斜 10°，以便于定位。换向挡块与换向开关配合用以控制工作台往复行程长度。

内圆磨具：安装在砂轮架上，用于支承磨内孔的砂轮主轴，其主轴由单独的电机驱动。

砂轮架：安装在滑鞍上，用于支承并传动高速旋转的砂轮主轴。当需磨削短圆锥面时，砂轮架可在水平面内回转 ± 30°。

尾架：安装在工作台的右端的导轨上，可以沿床身导轨移动调整位置，与头架的顶尖一起支承工件，其上顶尖可以伸缩。

尾座顶尖脚踏操纵板：用于操纵尾座顶尖。

三、M1432A 型万能外圆磨床的传动系统

（一）机床的加工方法及运动

M1432A 型万能外圆磨床的基本磨削方法有纵向磨削法和切入（横向）磨削法两种，图 2-29 是 M1432A 型万能外圆磨床典型的加工方法。

为了满足上述加工方法的要求，M1432A 型万能外圆磨床具有比较多的运动。

（1）主运动：砂轮的转动、内圆磨具砂轮的转动。

（2）进给运动：头架的转动（周向进给）、工作台纵向往复移动（纵向进给）、砂轮架横向连续或周期性移动（横向进给）。

（3）辅助运动：砂轮架快速进退移动、尾座顶尖套筒伸缩移动。

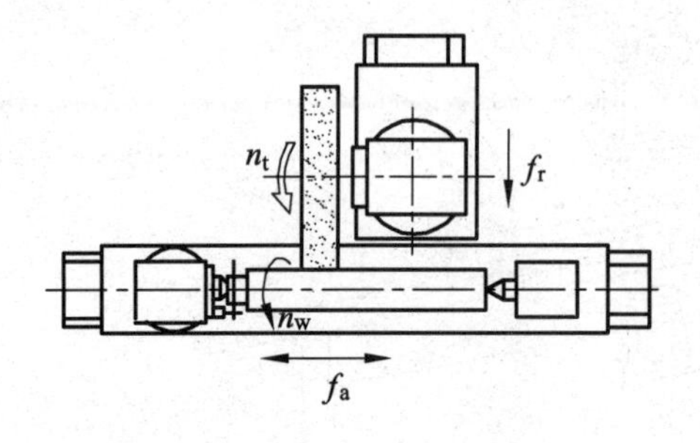

（a）纵磨法磨削外圆柱面

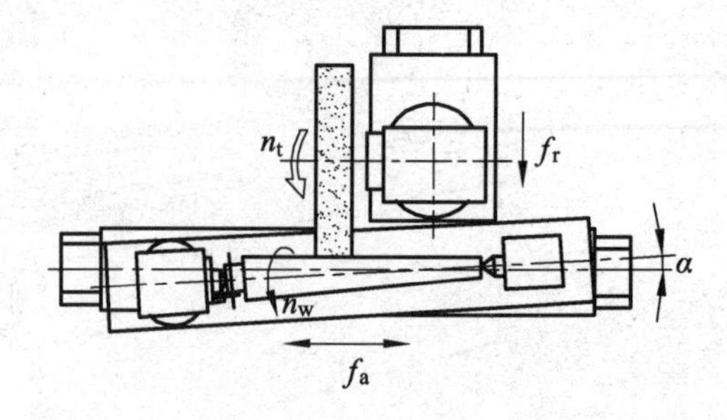

（b）纵磨法磨削小锥度轴向尺寸大的锥体

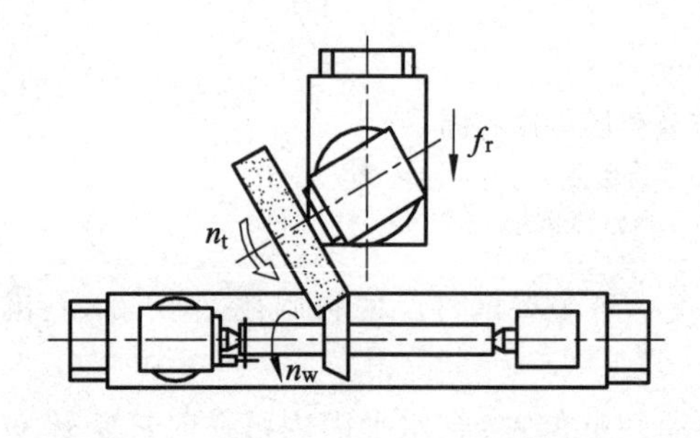

（c）切入法磨削大锥度锥体母线长度小于砂轮宽度的锥体

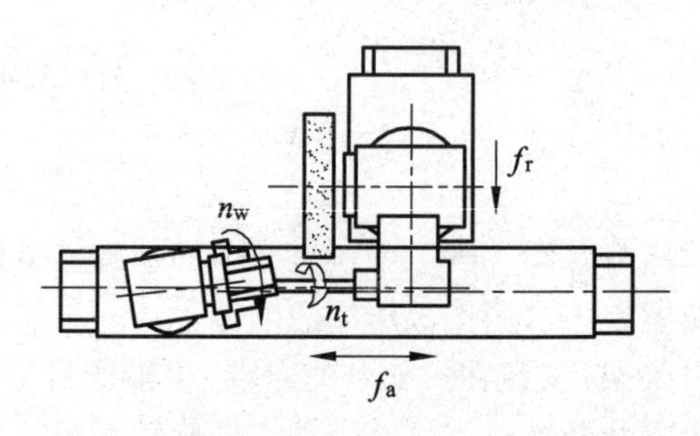

（d）纵磨法磨削内锥孔

图 2-29　M1432A 型万能外圆磨床典型的加工方法

（二）机床的机械传动系统

M1432A 型万能外圆磨床的传动系统由机械传动系统和液压传动系统两部分组成，如图 2-30 所示。液压传动系统液压传动主要有液压传动工作台纵向往复移动、砂轮架快速进退、周期性横向移动和尾座顶尖套筒缩回运动，其余运动为机械传动。

1. 外圆磨削时砂轮旋转运动传动链

外圆磨削时砂轮的旋转运动是主运动，由电机（2 840 r/min、1.1 kW）经 V 带直接传动，其只有一种转速。

其传动路线表达式如下：

$$\text{主电机}—\frac{\phi 126}{\phi 112}—\text{砂轮}$$

2. 内圆磨具主轴的旋转运动传动链

内圆磨削时内圆磨具砂轮主轴的旋转主运动，由单独的电机（1 440 r/min、4 kW）经平带直接传动，传动链短。由于内圆磨具砂轮直径小，故所需转速较高。通过更换皮带轮可使砂轮获得 10 000 r/min 和 15 000 r/min 两种高转速。

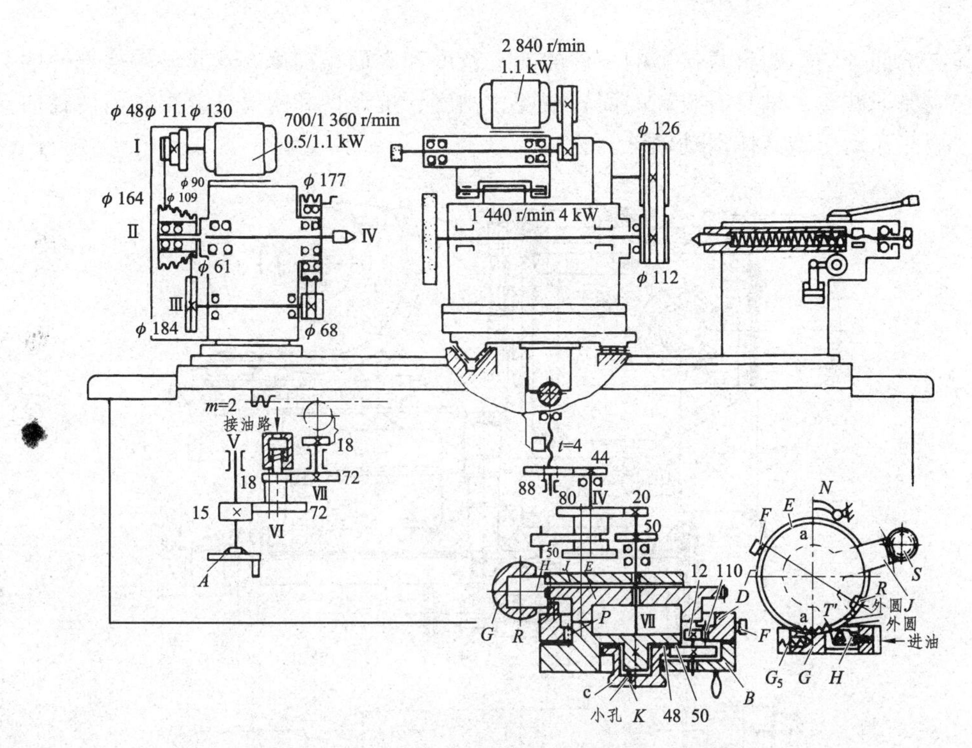

图 2-30 M1432A 型万能外圆磨床传动系统

3. 头架拨盘的转动传动链

头架拨盘的转动由双速电动机（1360 r/min、700 r/min）驱动，经塔带轮机构传动，通过拨盘或卡盘带动工件做圆周进给运动。其传动路线表达式如下：

$$\begin{matrix}\text{头架电机}\\(1\,360\ \text{r/min})\\(700\ \text{r/min})\end{matrix} — \text{Ⅰ} — \left\{\begin{matrix}\dfrac{\phi\,130}{\phi\,90}\\[2mm]\dfrac{\phi\,111}{\phi\,109}\\[2mm]\dfrac{\phi\,48}{\phi\,164}\end{matrix}\right\} — \text{Ⅱ} — \frac{\phi\,61}{\phi\,184} — \text{Ⅲ} — \frac{\phi\,68}{\phi\,177} — \text{拨盘}$$

M1432A 磨床头架主轴转速数列如表 2-6 所示。

表 2-6 M1432A 磨床头架主轴转速数列

电动机转速/(r/min)	700	1 410	700	1 410	700	1 410
塔轮传动比	49/165		112/110	131/91	112/110	131/91
头架主轴转速/(r/min)	26	53	90	128	180	256

四、M1432A 型万能外圆磨床的主要结构

（一）砂轮架

砂轮架由壳体、主轴及其轴承、传动装置与滑鞍等组成（见图 2-31）。砂轮架中的砂轮

主轴及其支承部分的结构将直接影响工件的加工精度和表面粗糙度，这是砂轮架部件的关键部分，它应保证砂轮主轴具有较高的回转精度、刚度、抗振性和耐磨性。主轴前后径向支撑均采用“短三瓦动压型液体滑动轴承”。

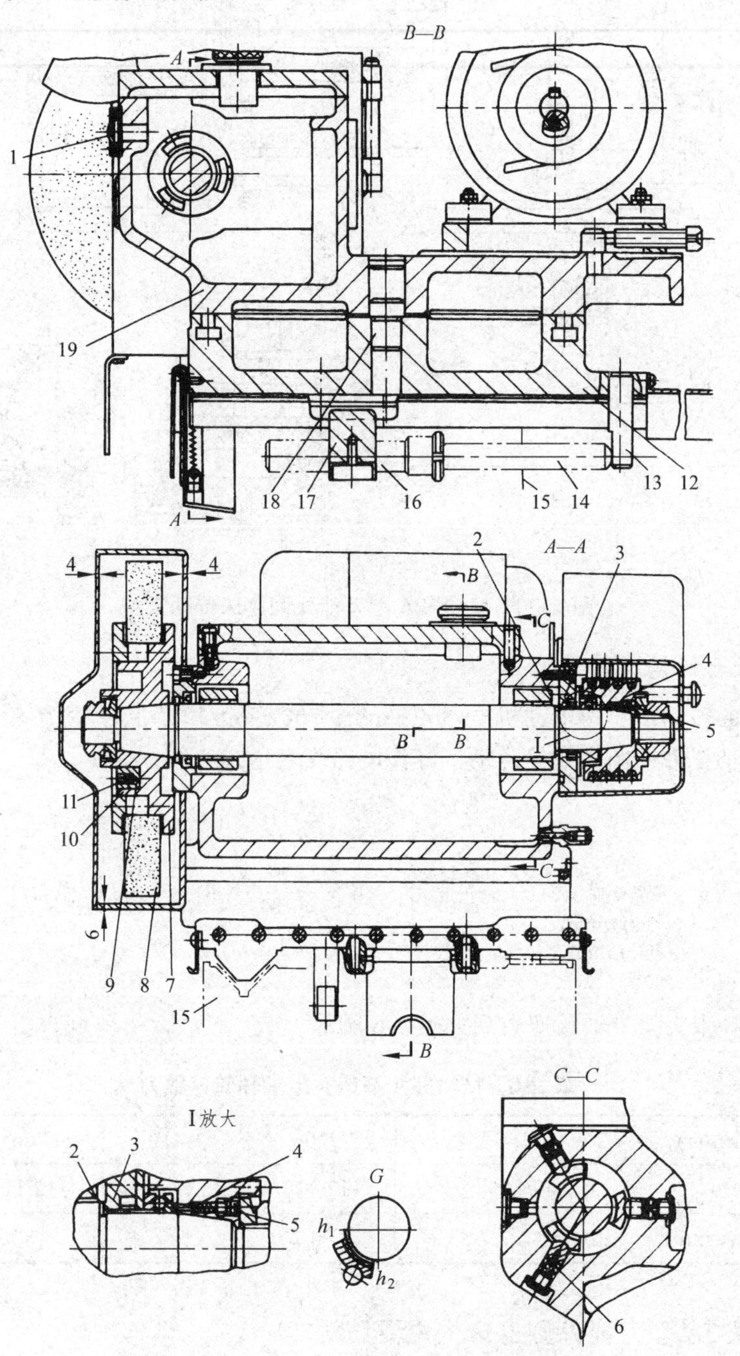

图 2-31　M1432A 型万能外圆磨床砂轮架

1—游标；2—轴肩；3—止推滑动轴承环；4—滑柱；5—弹簧；6—球面支承螺钉；7—法兰；8—砂轮；9—平衡块；10—钢球；11—螺钉；12—滑鞍；13—挡销；14—柱塞；15—垫板；16—闸缸；17—半螺母；18—圆柱销；19—砂轮架壳体

短三瓦轴承是动压型液体滑动轴承，工作时必须浸在油中。每个轴承由 3 块扇形轴瓦组成，每块轴瓦都支承在球面支承螺钉的球头上，调节球面支承螺钉的位置，即可调整轴承的间隙。短三瓦动压型液体滑动轴承具有以下特点：

1. 回转精度高

当砂轮主轴向一个方向高速旋转以后，3 块轴瓦各在其球面螺钉的球头上摆动到平衡位置，在轴和轴瓦之间形成 3 个楔形缝隙，油液受到挤压时形成压力油楔，将主轴浮在 3 块轴瓦中间，不与轴瓦直接接触，减小了摩擦。

2. 刚度较高

当砂轮主轴受到外界载荷作用而产生径向偏移时，在偏移方向处楔形缝隙变小，油膜压力升高，而在相反方向处的楔形缝隙增大，油膜压力减小，于是便产生一个使砂轮主轴恢复到原中心位置的趋势，减小了偏移量。

砂轮主轴运转的平稳性对磨削表面质量影响很大，所以装在砂轮主轴上的零件都要经过仔细平衡。尤其是砂轮直接参与切削，如果重心偏移旋转的几何中心，将引起振动，降低磨削表面质量，因此装到机床上之前必须进行静平衡。

（二）内圆磨削装置

内圆磨削装置由内圆磨具和支架组成，内圆磨具安装在支架上，如图 2-32 所示。为保证安全，内圆砂轮电机的启动与内圆磨具支架的位置有联锁作用。只有当支架翻到工作位置时，电机才能启动。这时，外圆砂轮架快速进退手柄在原位上自动锁住，不能快速移动。

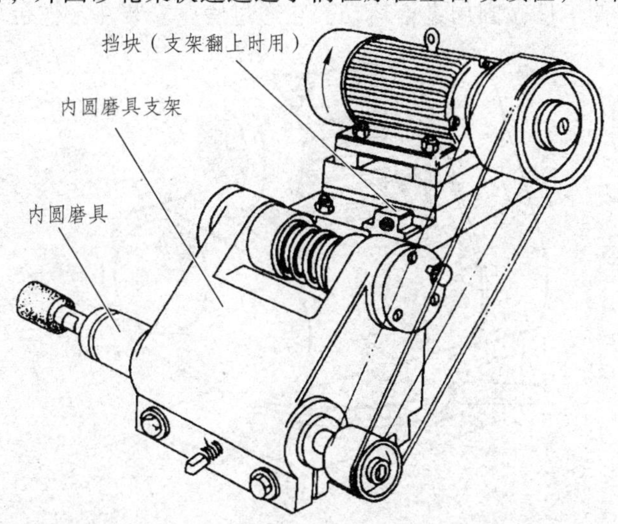

图 2-32　M1432A 型万能外圆磨床内圆磨削装置

内圆磨具是磨内孔用的砂轮主轴部件，它做成独立部件，装在支架孔中，可以很方便地进行更换，如图 2-33 所示。因磨削内圆的砂轮直径较小，要达到足够的磨削线速度，就要求砂轮轴具有很高的转速。为使砂轮轴在高转速下运转平稳，砂轮轴轴承应有足够的刚度和寿命，故砂轮轴前后各用两个D级精度的角接触球轴承支承，沿圆周方向均匀分布的弹簧通过套筒顶紧轴承的外圈产生预紧。这种结构能利用弹簧自动消除因砂轮轴热胀伸长或轴承磨损后产生的影响使轴承保持稳定的预紧力，以保持轴承的刚度和寿命。

为适应磨削不同长度的内孔，接长杆可以更换。但由于受内圆磨具结构限制，接长杆轴径较细，且悬伸又较长，因此刚度较差，是内圆磨具中刚度最薄弱的环节。

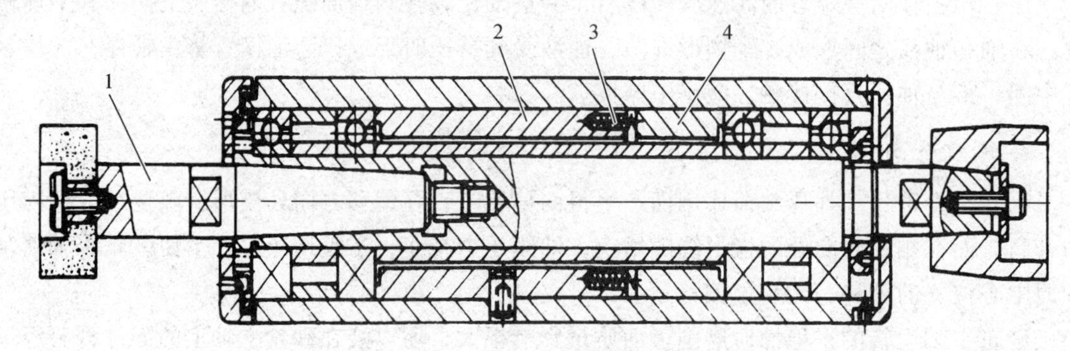

图 2-33　M1432A 型万能外圆磨床内圆磨具

1—接长杆；2，4—套筒；3—弹簧

（三）头　架

头架由壳体、头架主轴及其轴承、工件传动装置与底座组成，如图 2-34 所示。主轴轴承由 4 个 P5 级精度角接触球轴承组成，轴承采用钾基脂润滑，主轴前后端密封采用橡胶油封。修磨垫圈的厚度，可进行轴承预紧。工件头架用其上的卡盘夹持工件或与尾架共同使用，用两顶尖支撑工件，并使工件做圆周进给运动。它通过底座安装在工作台上。

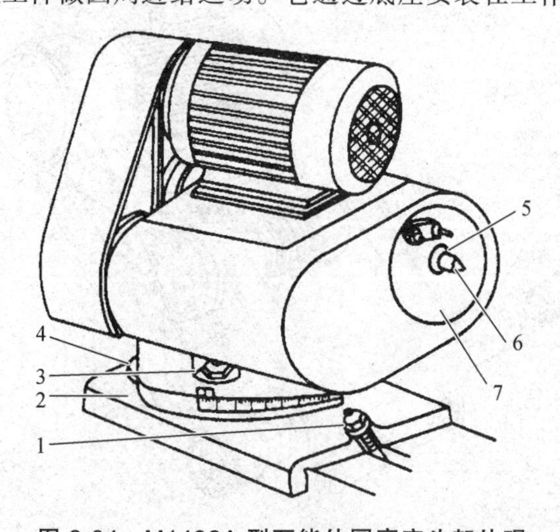

图 2-34　M1432A 型万能外圆磨床头架外观

1—螺栓；2—底座；3—销轴；4—分度盘；5—头架主轴；6—顶尖；7—拨盘

如图 2-35 所示，主轴 10 的前、后支撑，各为两个“面对面”排列安装的D级精密向心推力球轴承。主轴前轴颈处有一凸台，因此，主轴的轴向定位由前支撑的两个轴承来实现，即两个方向的轴向力由前支撑的两个轴承承受。通过仔细修磨的隔套 5 和 8，并用轴承盖 11

和 3 压紧轴承后，轴承内外圈将产生一定的轴向位移，使轴承实现预紧，以提高主轴部件的刚度和旋转精度。

主轴 10 有一中心通孔，前端为莫氏 4 号锥孔，用来安装顶尖、卡盘或其他夹具。卡盘座或夹具可用拉杆 20 通过中心通孔拉紧。

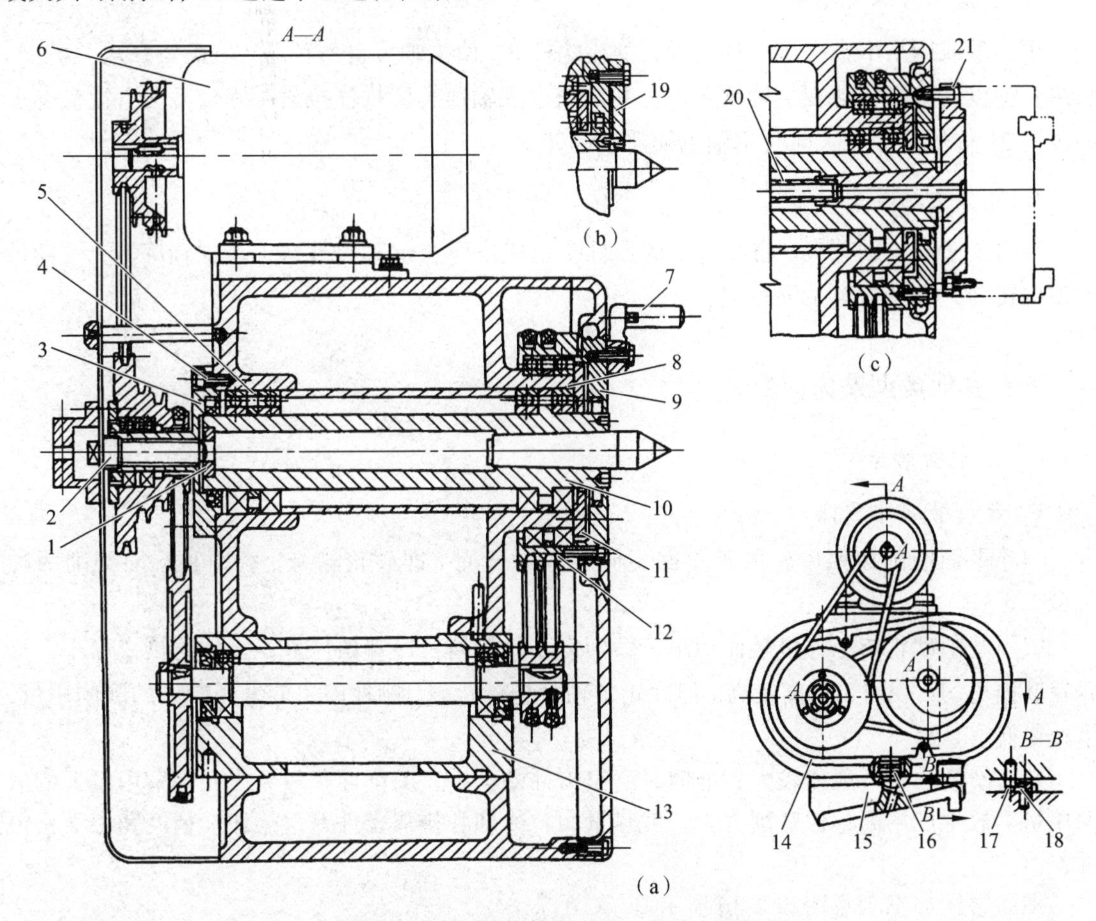

图 2-35　M1432A 型万能外圆磨床头架

1—摩擦环；2—螺杆；3，11—轴承盖；4—螺钉；5，8—隔套；6—电动机；7—拨杆；9—拨盘；10—主轴；12—皮带轮；13—偏心套；14—壳体；15—底座；16—轴销；17—销子；18—固定销；19—拨块；20—拉杆；21—拨销

头架的传动由双速电动机经塔轮变速机构和两组带轮带动工件转动，使传动平稳，而主轴按需要可以转动或不转动。带的张紧分别靠转动偏心套 13 和移动电机座实现。主轴上的带轮 12 采用卸荷结构，以减少主轴的弯曲变形。头架主轴和顶尖有 3 种工作方式：

1．双顶尖磨削

工件支承在前后顶尖上，拧动螺杆 2，顶紧摩擦环 1，使头架主轴和顶尖固定不能转动，一般称之为“死顶尖”。工件则由与皮带轮 12 相连接的拨盘 9 上的拨杆 7，通过夹头带动旋转，实现圆周进给运动。

这种磨削方式由于后顶尖和头架主轴上的前顶尖配合一起支承工件，使工件实现准确定位，且头架主轴和前顶尖固定不能转动，有助于提高工件的旋转精度及主轴部件刚度。同时，用弹簧力预紧工件，以便磨削过程中工件因热胀而伸长时，可自动进行补偿，避免引起工件弯曲变形和顶尖孔过分磨损。其顶紧力的大小也可以调节。

2. 卡盘夹持工件磨削

用三爪或四爪卡盘夹持工件磨削，拧松螺杆 2，使主轴可自由转动。卡盘装在法兰盘上，而法兰盘以其锥柄安装在主轴锥孔内，并用通过主轴通孔的拉杆拉紧。旋转运动由拨盘 9 上的拨销 21 传给法兰盘，同时主轴也随着一起转动。

3. 自磨主轴顶尖

当需要磨削主轴顶尖，将拨盘上的拨杆 7 换成拨块 19，通过拨块连接主轴旋转，主轴带动顶尖转动，实现自磨主轴顶尖。

五、其他类型磨床简介

（一）平面磨床

1. 平面磨削的方法

（1）平面磨削按照砂轮的工作面不同可分为圆周（即砂轮轮缘）磨削和端面磨削两种类型。

圆周磨削砂轮与工件接触面积小，磨削力小，排屑及冷却条件好，工件受热变形小，且砂轮磨损均匀，故加工精度较高。但砂轮主轴呈悬臂状态，刚性差不能采用较大的磨削用量，生产率低。

端面磨削砂轮一般比较大，能同时磨出工件的全宽，磨削面积较大，允许采用较大的磨削用量，故生产率高；但磨削力大，发热量大，冷却和排屑条件差，故加工精度和表面粗糙度差。

平面磨床加工示意图如 2-36 所示。

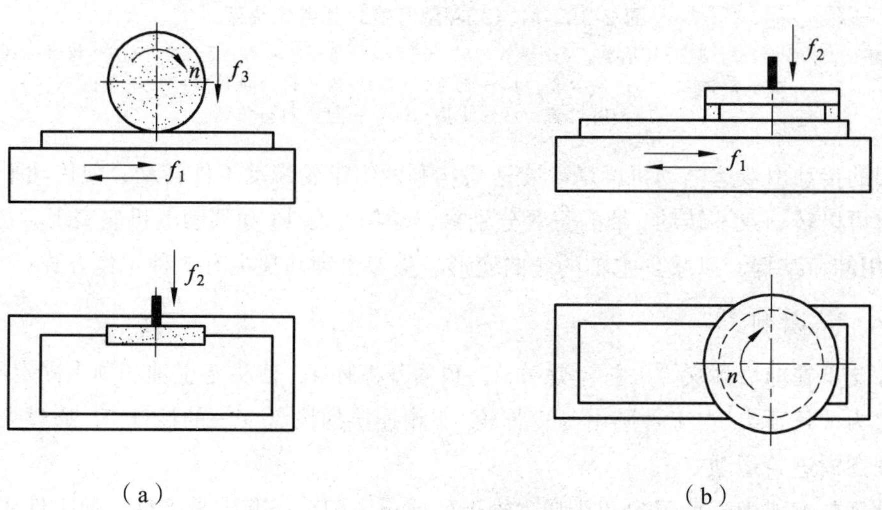

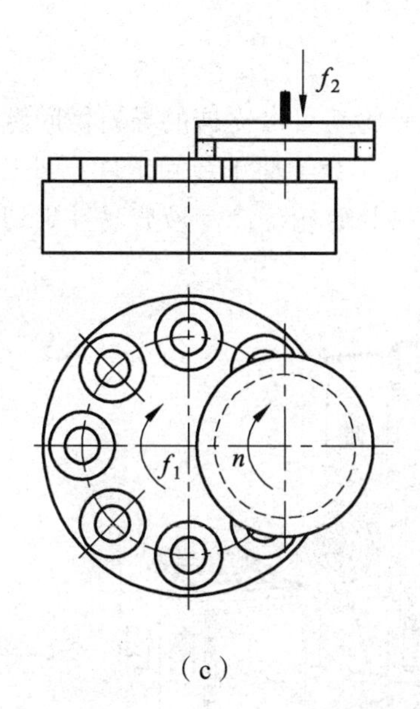

（c）

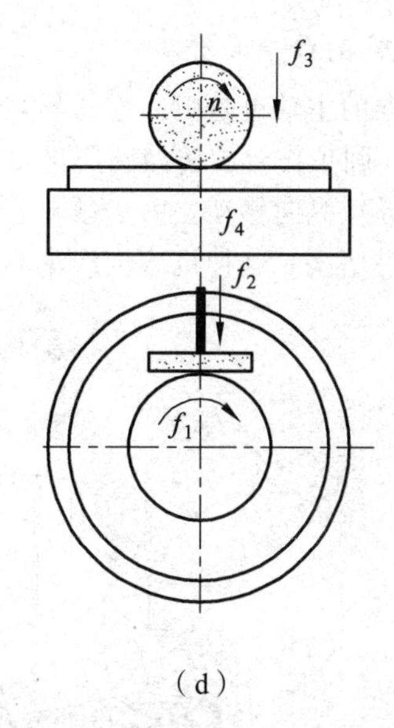

（d）

图 2-36　平面磨床加工示意图

图中：n 为砂轮旋转主运动；

f_1 为工件圆周或直线进给运动；

f_2 为轴向进给运动；

f_3 为圆周切入运动。

（2）平面磨削按照磨床的工作台形状不同可分为矩形工作台和圆形工作台两种类型。

圆台式磨削由于采用端面磨削，且为连续磨削，没有工作台的换向时间损失，故生产率较高，但只适于磨削小零件和大直径的环形零件端面，不能磨削长零件。

矩台式磨削可方便地磨削各种零件，工艺范围较宽。卧轴矩台磨削除了用砂轮的周边磨削水平面外，还可以用砂轮端面磨削沟槽、台阶等侧平面。

2. 平面磨床的类型

根据平面磨削的方法，平面磨床一般可分为以下 4 种：

（1）卧轴矩台平面磨床：用于长形平面加工。

（2）卧轴圆台平面磨床：用于小件加工。

（3）轴矩台平面磨床：常用于齿轮面、推力垫圈、气缸盖平面磨削。

（4）立轴圆台平面磨床：适于大件加工。

在 4 种平面磨床中，目前应用较多的是卧轴矩台平面磨床和立轴圆台平面磨床。

3. 卧轴矩台平面磨床

机床的砂轮主轴通常是由内连式异步电动机直接带动的。往往电机轴就是主轴，电动机的定子就装在砂轮架的壳体内。砂轮架可沿滑座的燕尾导轨做间歇的横向进给运动（手动或液动）。滑座和砂轮架一起，沿立柱的导轨做间歇的竖直切入运动（手动）。工作台沿床身的导轨做纵向往复运动（液压传动）。

4. 立轴圆台平面磨床

砂轮架的主轴也是由内连式异步电动机直接驱动。砂轮架可沿立柱的导轨做间歇的竖直切入运动。圆工作台旋转做圆周进给运动，如图 2-37 所示。为了便于装卸工件，圆工作台还能沿床身导轨纵向移动。由于砂轮直径大，所以常采用镶片砂轮。冷却液容易冲出切削使这种砂轮不易堵塞。这种机床生产率高，适用于成批生产。

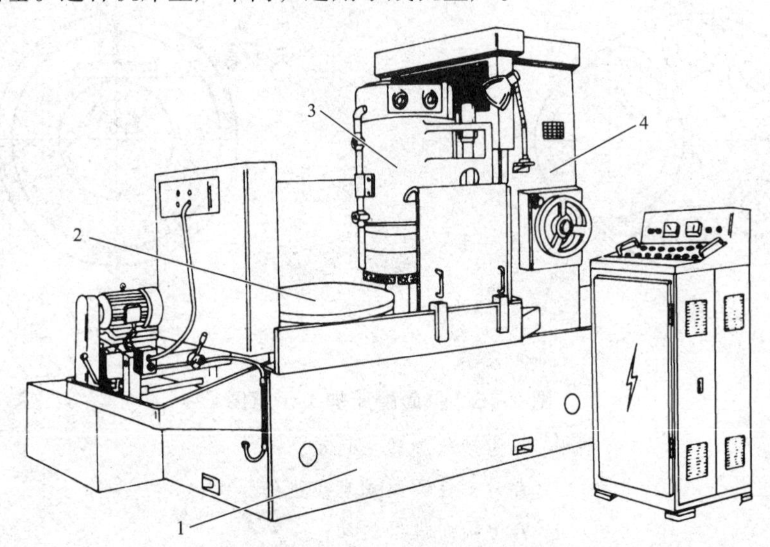

图 2-37 立轴式圆台平面磨床

1—床身；2—圆工作台；3—砂轮架；4—立柱

（二）无心外圆磨床

无心外圆磨床是采用无心磨削原理进行外圆磨削加工的磨床，如图 2-38 所示。无心外圆磨削是外圆磨削的一种特殊形式，是工件不定回转中心的磨削。

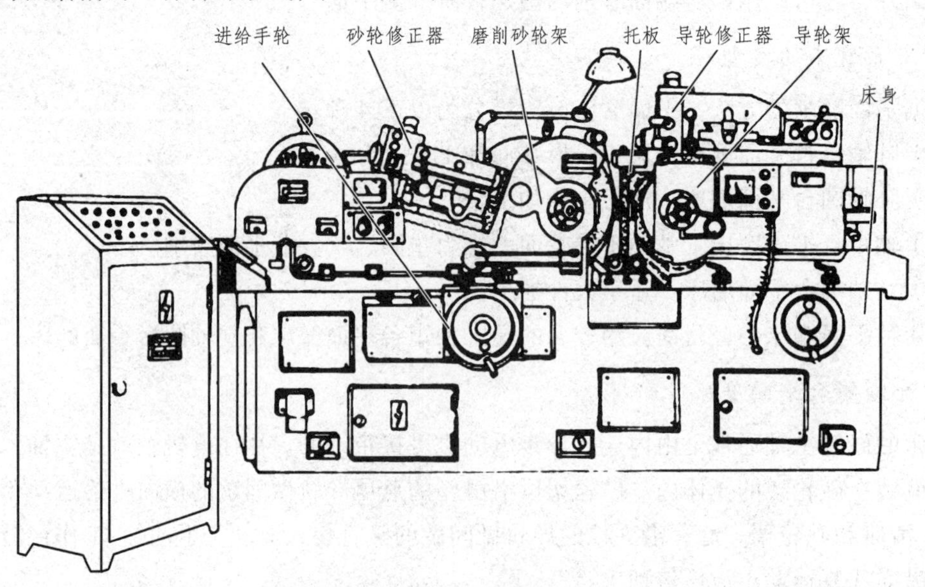

图 2-38 无心外圆磨床

磨削时，工件置于砂轮和导轮之间，靠托板支承，工件被磨削的外圆面作定位面，工件在磨削力及导轮和工件间摩擦力的作用下被带动旋转，实现圆周进给运动。由于不用顶尖支撑，所以称无心磨削，是一种生产率很高的精加工方法。

无心外圆磨削有两种方式：

1. 贯穿磨削法（纵磨法）

将工件从前面放在托板上，推入磨削区域后，工件旋转，同时轴线向前移动，从机床的另一端出去就磨削完毕，如图 2-39（a）、（c）所示。而另一个工件可相继进入磨削区，这样就可以一件接一件地连续加工。工件的轴向进给是由于导轮的中心线在竖直平面内向前倾斜了α角度所引起的。为了保证导轮与工件间的接触呈直线，需将导轮的形状修正成双曲线。

这种磨削方法适用于不带台阶的圆柱形工件。

2. 切入磨削法（横磨法）

将工件放在托板和导轮之间，然后使砂轮横向切入进给来磨削工件表面，如图 2-39（b）所示。由于导轮的轴心线仅倾斜很小的角度（约 30′），对工件有微小的轴向推力，使它靠住挡块，得到可靠的轴向定位。

这种磨削方法适用于具有阶梯或成型回转表面的工件。

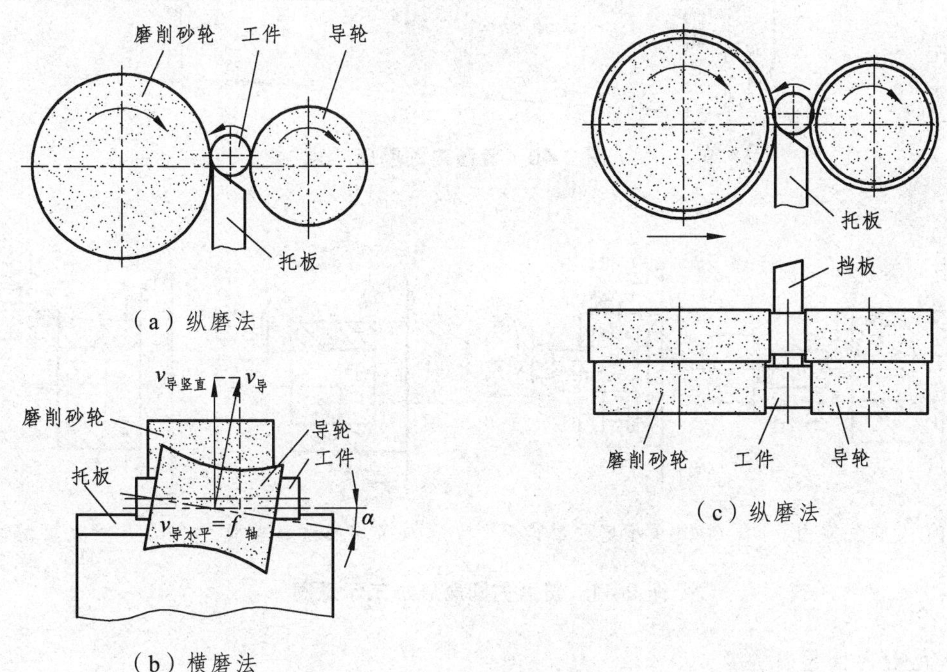

图 2-39　无心外圆磨加工示意图

（三）内圆磨床

内圆磨床是用砂轮外圆周面工作的，主要磨削工件的各种内孔（包括圆柱形通孔、盲孔、阶梯孔及圆锥孔等）和端面。

内圆磨床包括普通内圆磨床、行星式内圆磨床、无心内圆磨床等。

1. 普通内圆磨床

普通内圆磨床由床身、工作台、头架、砂轮架和滑鞍等部件组成，如图 2-40 所示，自动化程度不太高，磨削尺寸靠人工测量加以控制，仅适用于单件和小批量生产。普通内圆磨床加工示意图如图 2-41 所示。

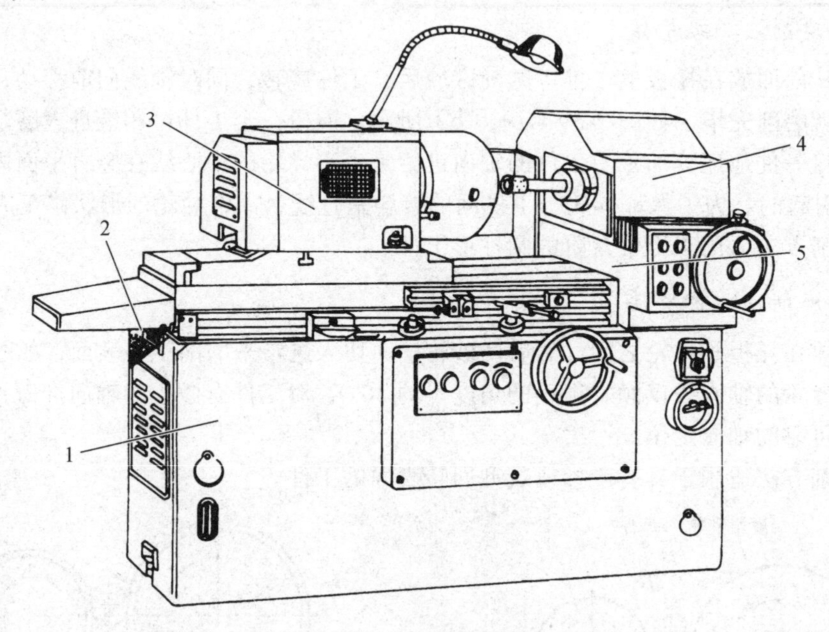

图 2-40　普通内圆磨床

1—床身；2—工作台；3—头架；4—砂轮架；5—滑鞍

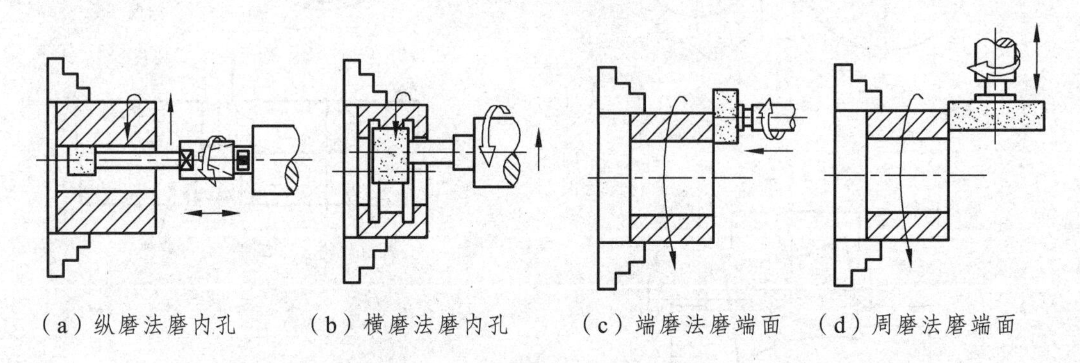

图 2-41　普通内圆磨床加工示意图

2. 无心内圆磨床

无心内圆磨床是采用无心磨削原理进行内圆磨削加工的磨床。工件支承在滚轮和导轮上，压紧轮使工件紧靠导轮，并由导轮带动旋转，实现圆周进给运动。工件支承在滚轮和导轮上，压紧轮使工件紧靠导轮，并由导轮带动旋转实现圆周进给运动，磨削轮除完成旋转主运动外，还做纵向进给运动和周期性的横向进给运动。加工循环结束时，压紧轮沿箭头方向摆开，以便装卸工件。

第四节　其他机床

一、钻　床

（一）概　述

钻床主要用于加工外形较复杂且没有回转轴线的箱体、支架等工件上精度较低、直径较小的孔，也可以扩孔、铰孔、锪孔和攻丝，如图 2-42 所示。

钻床的主参数为钻床的最大钻削直径。

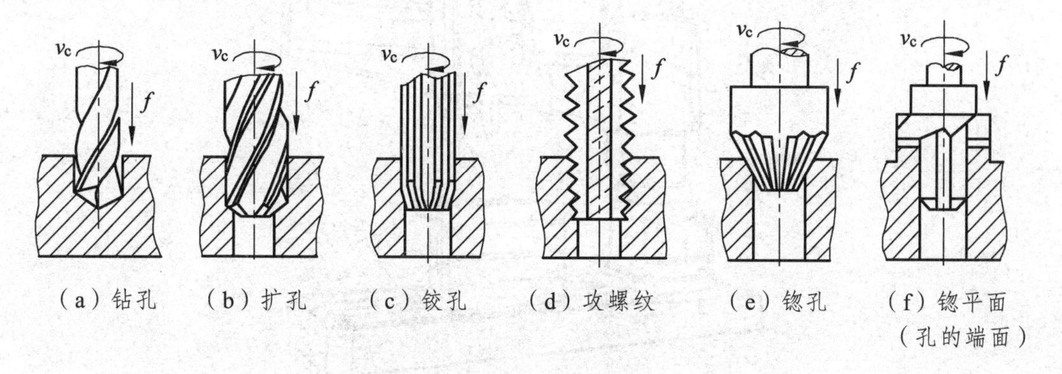

图 2-42　钻床的典型加工方法

（二）分　类

钻床可分为台式钻床、立式钻床、摇臂钻床和专门化钻床等，如图 2-43 所示。

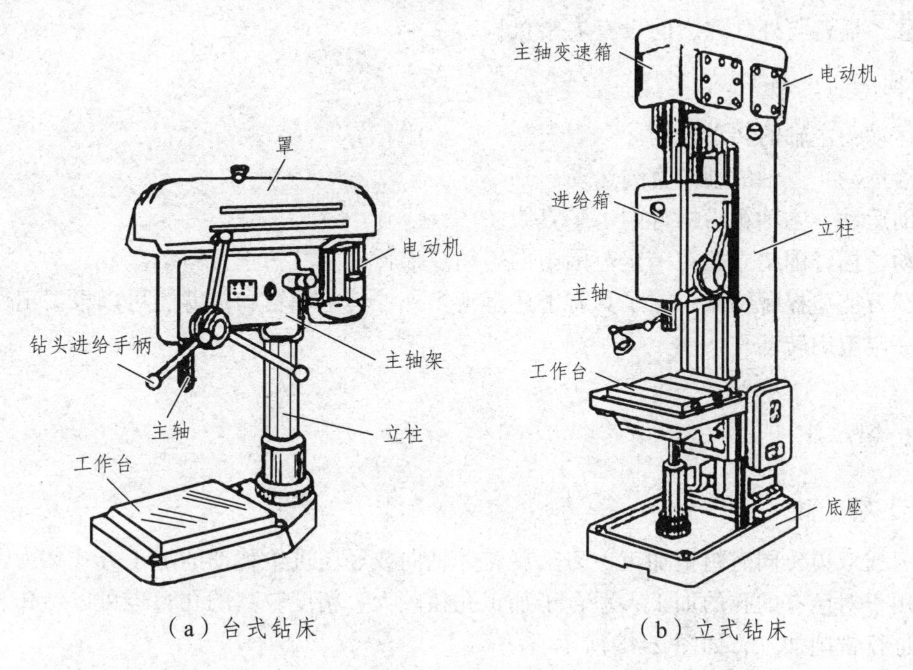

图 2-43　钻　床

（三）摇臂钻床

摇臂钻床是生产中常用的一种钻床，主要用于加工大型和重型工件。工作时工件不动，主轴可在空间任意调整位置，适应性好，使用方便。

1. 机床的布局

机床主要由立柱、主轴箱、摇臂、工作台、底座等部件组成，如图 2-44 所示。

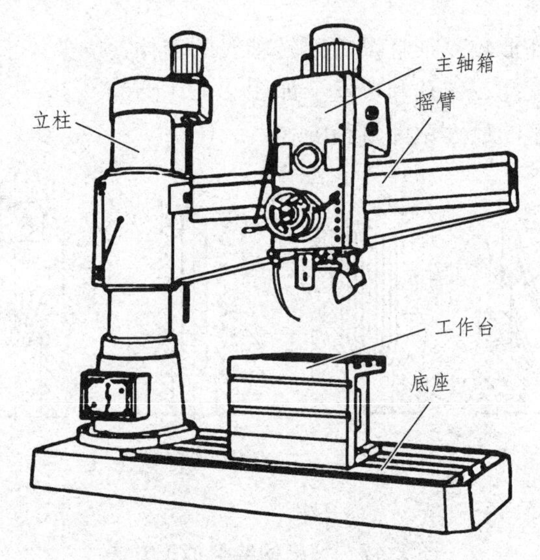

图 2-44　摇臂钻床

主轴用轴承支撑在主轴套筒内，套筒又装在主轴箱的镶套内采用两个推力球轴承；立柱由内外两层构成，是机床的主要支承件，外立柱可绕内立柱旋转。在主轴箱与摇臂、外立柱与内立柱、摇臂与外立柱之间设有夹紧机构。

2. 机床的运动

主运动：主轴的转动运动。

进给运动：主轴的轴向直线运动。

辅助运动：主轴箱沿摇臂的水平直线。

运动、摇臂围绕立柱在一定范围内的转动、摇臂沿立柱的垂直移动。

对于万能型摇臂钻床，除了具有上述运动之外，其主轴箱和摇臂还可以根据工件的加工需要在一定范围转动。

二、镗　床

（一）概　述

单刃或双刃（同时粗精加工）刀具旋转并轴向或径向进给移动的加工方式称为镗削。镗床主要用于对已有的孔的加工，适合于加工孔径较大、精度较高的孔，也可以钻孔、扩孔、铰孔和进行铣削加工，如图 2-45 所示。

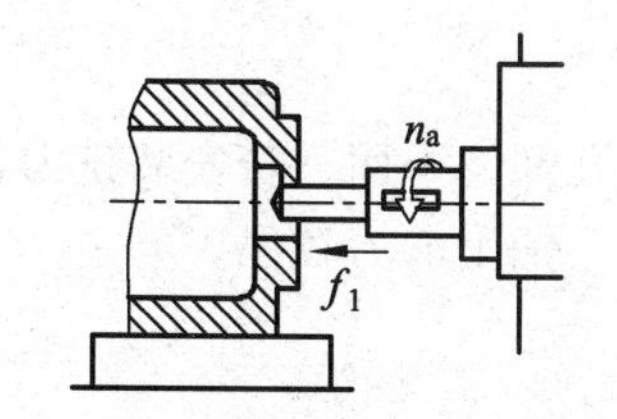

（a）用镗轴上的悬伸刀杆镗孔

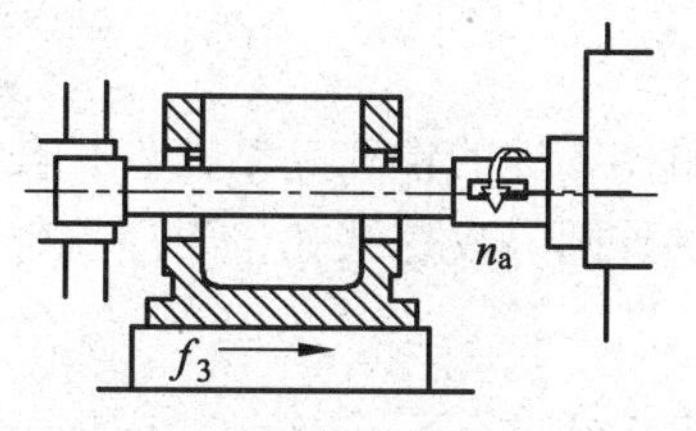

（b）用后支架支撑长刀杆镗削同轴孔系

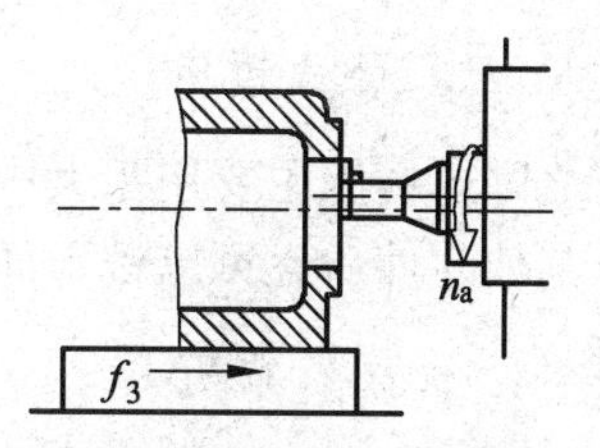

（c）用平悬盘上悬伸刀杆镗大直径孔

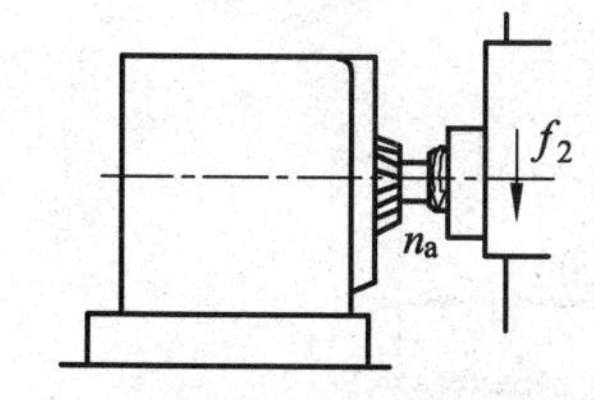

（d）用镗轴上端铣刀铣平面

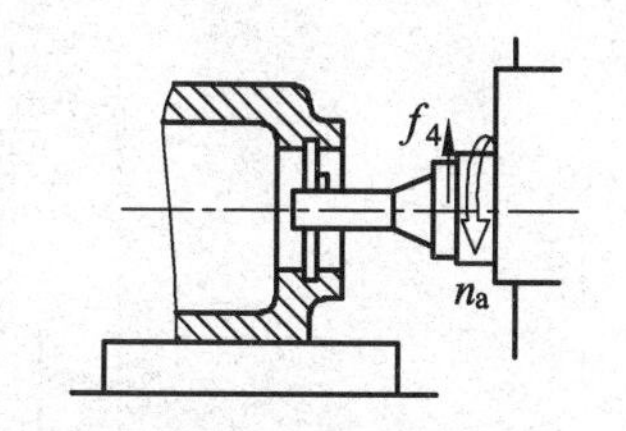

（e）用平悬盘刀具溜板上的车刀车内沟槽

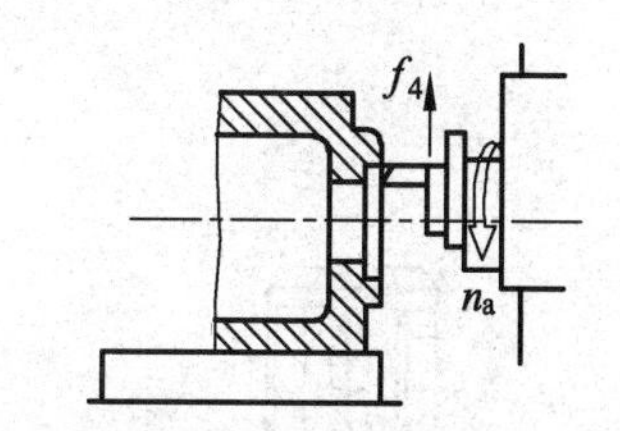

（f）用平悬盘刀具溜板上的车刀车端面

图 2-45　卧式镗床的典型加工方法

（二）分　类

镗床可分为立式镗床、卧式镗床、坐标镗床、金刚镗床和专门化镗床等。镗床的主参数为镗床的最大镗削直径、镗轴直径或工作台宽度。立式镗床如图 2-46 所示。

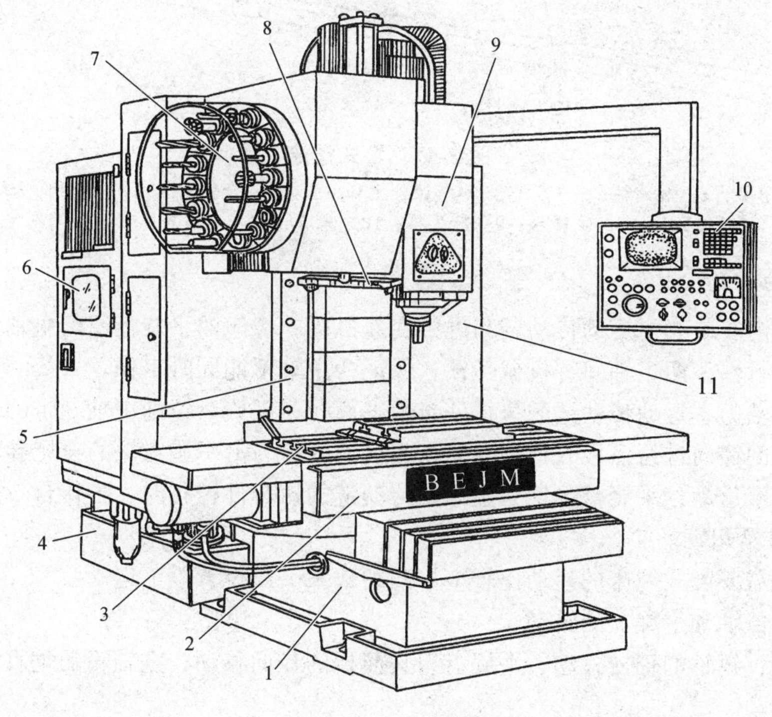

图 2-46　立式镗床

1—床身；2—滑座；3—工作台；4—底座；5—立柱；6—数控柜；7—圆盘形刀库；8—自动换刀机械手；9—主轴箱；10—悬挂式操纵箱；11—电气柜

（三）卧式镗床

卧式镗床主要用于大中型箱体零件的镗孔、钻孔、扩孔、铰孔和锪平面；若安装铣刀盘及其他附件后，可以铣平面、铣外圆、攻螺纹孔，工序比较集中，加工能力较强。

1. 机床的布局

卧式镗床的主要部件有床身、前立柱、主轴箱、镗铣主轴、平旋盘镗削主轴、后尾箱、工作台、径向进给溜板、上滑座、下滑座、后立柱、后支承架等，如图 2-47 所示。

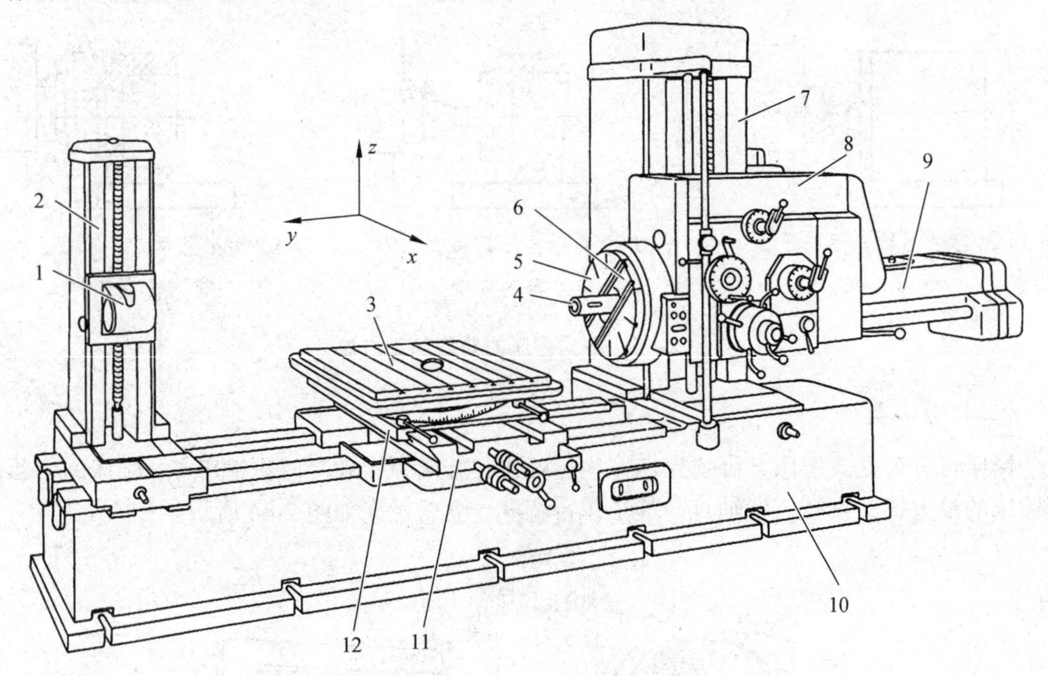

图 2-47　卧式镗床

1—后支承架；2—后立柱；3—工作台；4—镗铣主轴；5—平旋盘镗削主轴；6—径向进给溜板；7—前立柱；8—主轴箱；9—后尾箱；10—床身；11—下滑座；12—上滑座

2. 机床的运动

主轴箱 8 内安装有主运动传动链和进给变速机构，镗床的平旋盘镗削主轴和镗铣主轴都是主运动的执行件，两主轴间有机械互锁，保证两主轴不能同时工作。

平旋盘主轴为主运动传动链的执行件镗削平面时，平旋盘镗削主轴 5 带动镗刀旋转的同时，平旋盘上的径向进给溜板 6 带动安装在其上面的镗刀沿平旋盘上的燕尾导轨移动，实现镗刀的径向进给运动；平旋盘主轴为主运动传动链的执行件镗孔时，工作台 3 带动工件移动（Y 轴）实现进给运动。

根据加工需要卧式镗床的运动比较多，归纳起来一般设置以下运动：

主运动：镗轴和平旋盘的转动。

进给运动：镗轴的轴向移动、平旋盘刀具溜板的径向移动、主轴箱的垂直移动、工作台纵向和横向移动。

辅助运动：工作台纵向、横向、主轴箱垂直方向的快速移动等调位运动，工作台转位运动、后立柱的纵向移动、后支承架的垂直方向的移动等调位运动。

三、铣　床

（一）概　述

铣床是指主要用铣刀在工件上加工各种表面的机床。铣削加工为多刃刀具连续加工，故生产效率较高，而且还可以获得较好的加工表面质量。铣床的工艺范围很广，在铣床上可以加工平面、台阶面、键槽、T 形槽、燕尾槽、齿槽、螺纹、螺旋槽，内外曲面等，如图 2-48 所示。铣床是一种应用非常广泛的机床。通常，其主运动是铣刀的旋转运动，进给运动一般是工作台带动工件的运动。

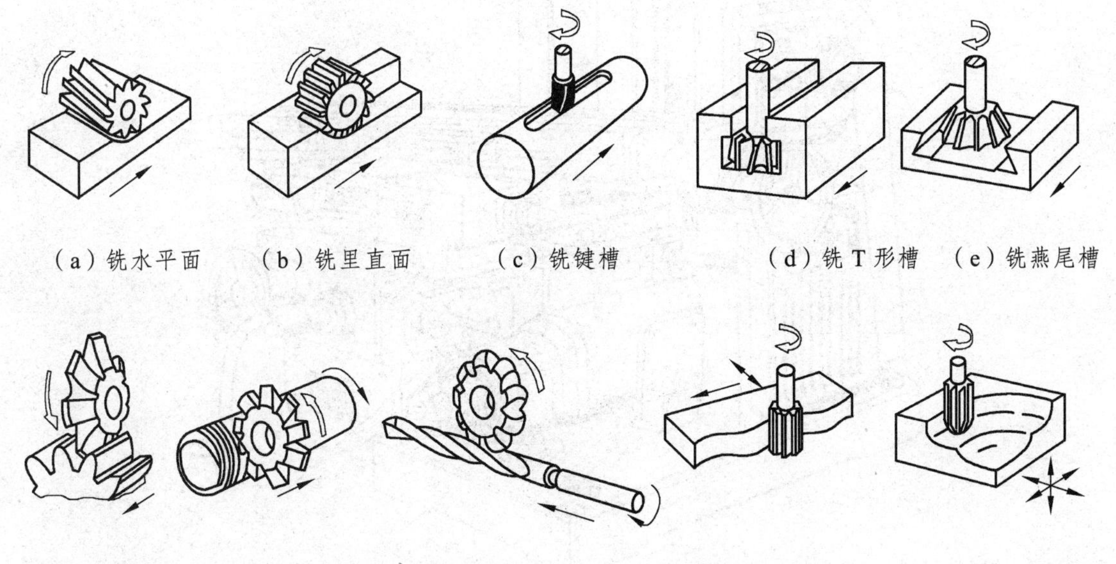

（a）铣水平面　（b）铣里直面　（c）铣键槽　（d）铣 T 形槽　（e）铣燕尾槽

（f）铣齿轮　（b）加工螺纹　（c）加工麻花钻孔　（d）铣外凸成型面　（e）铣内凹成型面

图 2-48　铣床加工的典型表面

（二）分　类

铣床可以分为卧式升降台铣床、立式升降台铣床、圆台铣床、龙门铣床、万能升降台铣床和数控铣床等。

（三）X6132 型卧式万能升降台铣床

X6132 型万能卧式升降台铣床能完成多种加工，主要包括各种平面、沟槽、键槽、T 形槽、V 形槽、燕尾槽、螺纹、螺旋槽，以及齿轮、链轮、花键、模具型腔等各种成型表面，用锯片铣刀还可以进行切断等。

1. 机床的布局

X6132 型卧式万能升降台铣床由底座 8、床身 1、刀杆支架 6、主轴 3、工作台 4、升降台 7 等部件组成，如图 2-49 所示。床身固定在底座上，上部安装主轴。在床身的顶部通过燕尾导轨安装悬梁，悬梁可沿着燕尾导轨移动调整位置，悬梁前端安装刀杆支架，用于支承刀杆。升降台安装在床身前侧面的垂直导轨上。床鞍安装在升降台上，上面装有回转盘，回转盘上装有工作台。

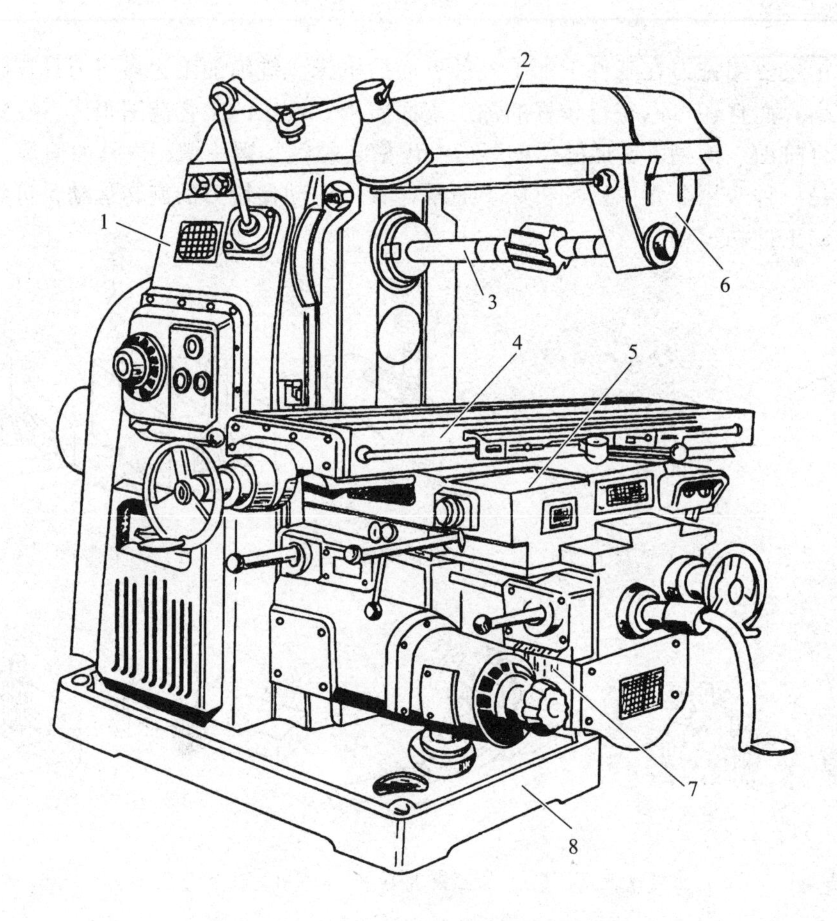

图 2-49　X6132 型卧式万能升降台铣床

1—床身；2—悬梁；3—主轴；4—工作台；5—滑座；6—刀杆支架；7—升降台；8—底座

2. 机床的运动

主运动：主轴的转动。

进给运动：工作台的纵向、横向、垂向移动（也可快速移动）。

机床主运动和进给运动相互独立，回转盘可 ± 45°度调整，机床可根据需要调整为立式。

X6132 型卧式万能升降台铣床主运动共有 18 级转速，其传动链如下：

$$\begin{matrix}\text{电动机}\\ 7.5\text{ kW}\\ 1\,440\text{ r/min}\end{matrix} - \frac{\phi 150}{\phi 240} - \text{II} - \begin{Bmatrix} 16/38 \\ 22/33 \\ 19/36 \end{Bmatrix} - \text{III} - \begin{Bmatrix} 38/26 \\ 17/46 \\ 27/37 \end{Bmatrix} - \text{IV} - \begin{Bmatrix} 18/71 \\ 80/40 \end{Bmatrix} - \text{V}$$

X6132 型卧式万能升降台铣床传动系统如图 2-50 所示。

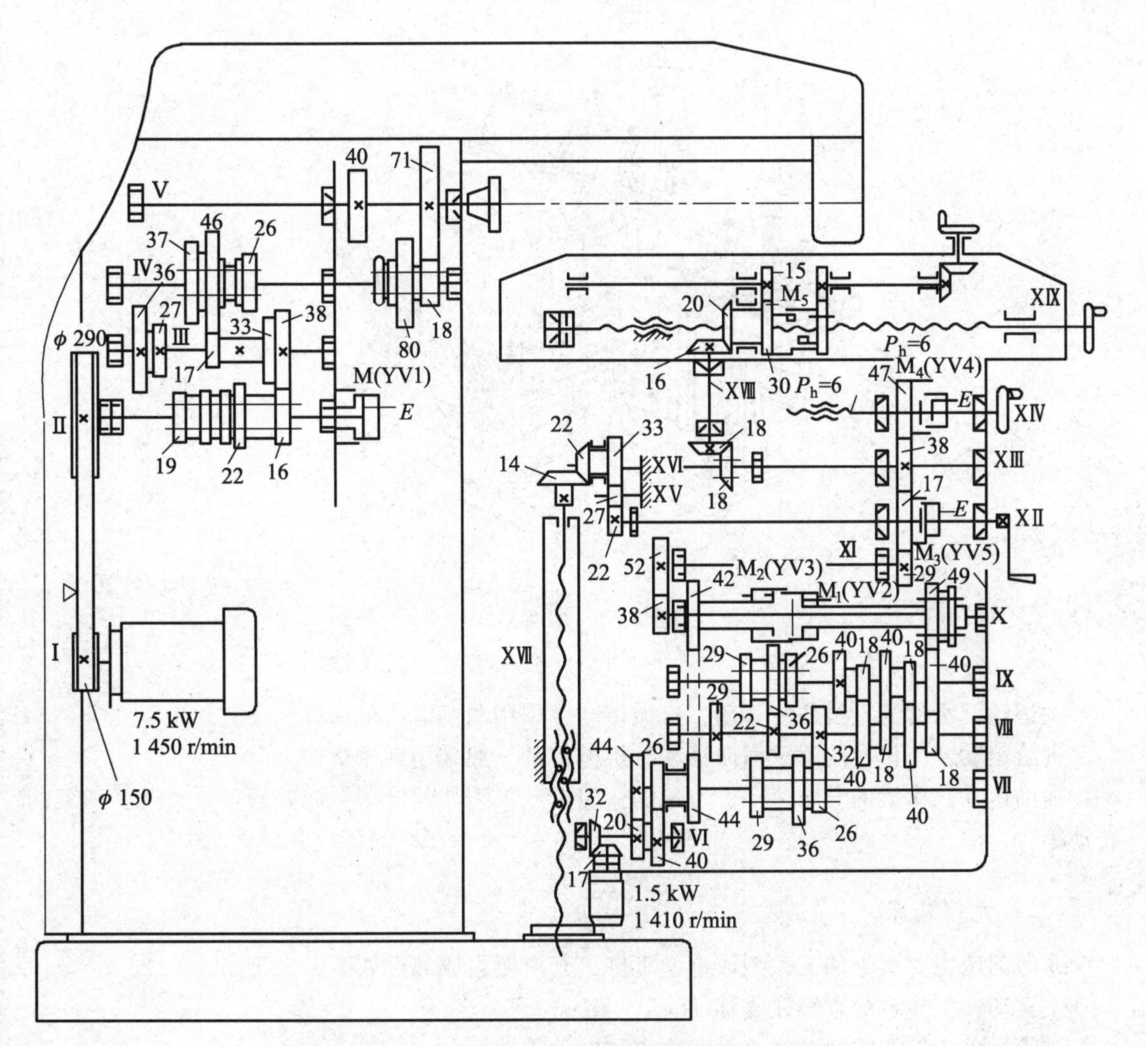

图 2-50　X6132 型卧式万能升降台铣床传动系统

四、直线运动机床

机床的主运动为直线运动的机床称为直线运动机床，主要有刨床、插床和拉床。

刨床主要有牛头刨床、龙门刨床和插床、刨边机等。刨刀结构简单，易于刃磨，但刨削加工生产效率较低。

拉床主要用来加工孔眼或键槽。加工时，工件一般不动，拉刀做直线运动切削。按加工表面不同，拉床可分为内拉床和外拉床。内拉床用于拉削内表面，如花键孔、方孔等。外拉床用于外表面拉削。拉床还可分为卧式拉床、立式拉床和侧拉床。拉削加工生产效率比较高，但拉刀结构比较复杂。

（一）牛头刨床

机床的滑枕带着刨刀做直线往复运动，因滑枕前端的刀架形似牛头而得名。其主要部件有底座、床身、滑枕、刀架、横梁和工作台等，如图 2-51 所示。

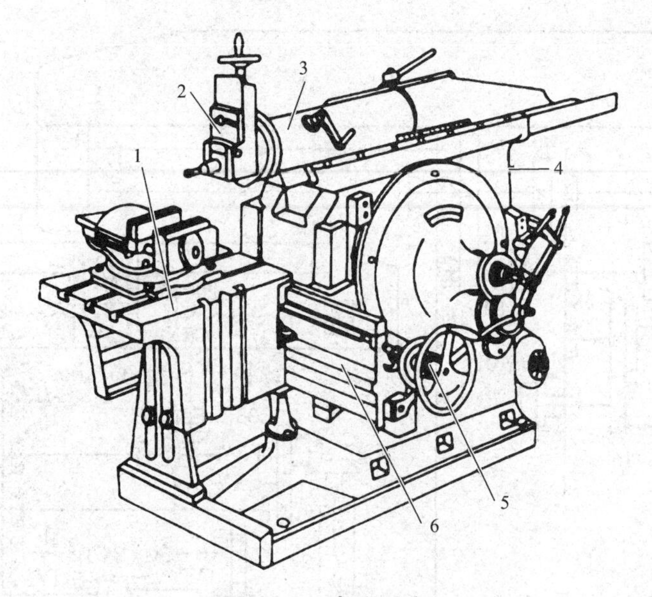

图 2-51　牛头刨床

1—工作台；2—刀架；3—滑枕；4—床身；5—手轮；6—横梁

主运动：滑枕的直线往复移动，机械传动常采用曲柄滑块机构。

进给运动：工作台的间歇横向移动，机械传动一般采用棘轮机构。

辅助运动：横梁的升降运动、刀架的让刀运动、刀架的转动、刀架的垂直移动、刀架的转动等。

（二）龙门刨床

龙门刨床主要用于加工大型或重型工件，其主要组成部件如图 2-52 所示。

主运动：工作台的直线往复移动。

进给运动：刀架的间歇式水平和垂直方向的移动。

辅助运动：横梁的升降运动、刀架的转动和让刀运动等。

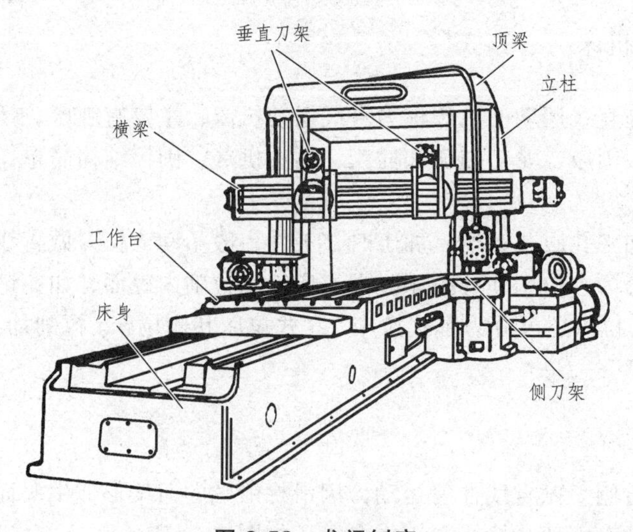

图 2-52　龙门刨床

（三）插　床

插床实际是一种立式刨床，在结构原理与牛头刨床同属一类，如图 2-53 所示。

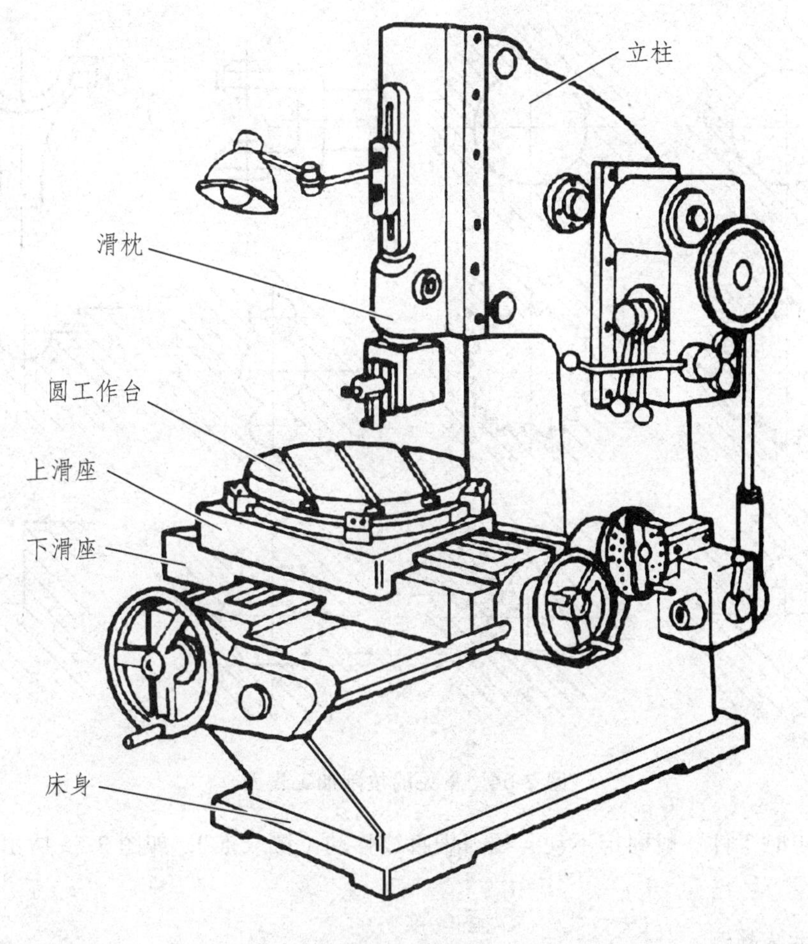

图 2-53　插　床

插床的主参数是最大插削长度，插床的生产效率和加工精度都较低，所以常被铣床或拉床所代替。但是插床具有本身的独特优势，当加工不通孔或有障碍台肩的内孔键槽加工时，只能使用插床。

插床可以分为普通插床、键槽插床、龙门插床、移动式插床等。

主运动：滑枕的垂直往复移动。

进给运动：工作台的纵向、横向、周向间歇移动。

辅助运动：滑枕的升降运动、刀架的让刀运动、工作台的转动、工作台的纵向移动、工作台的横向移动等。

（四）拉　床

拉床是利用多刀齿的拉刀做匀速直线运动，通过固定的工件，切下金属层，从而使工件表面达到较高精度和光洁度的高效率金属切削机床。拉床可以加工工件的通孔、平面和成形表面，如图 2-54 所示。

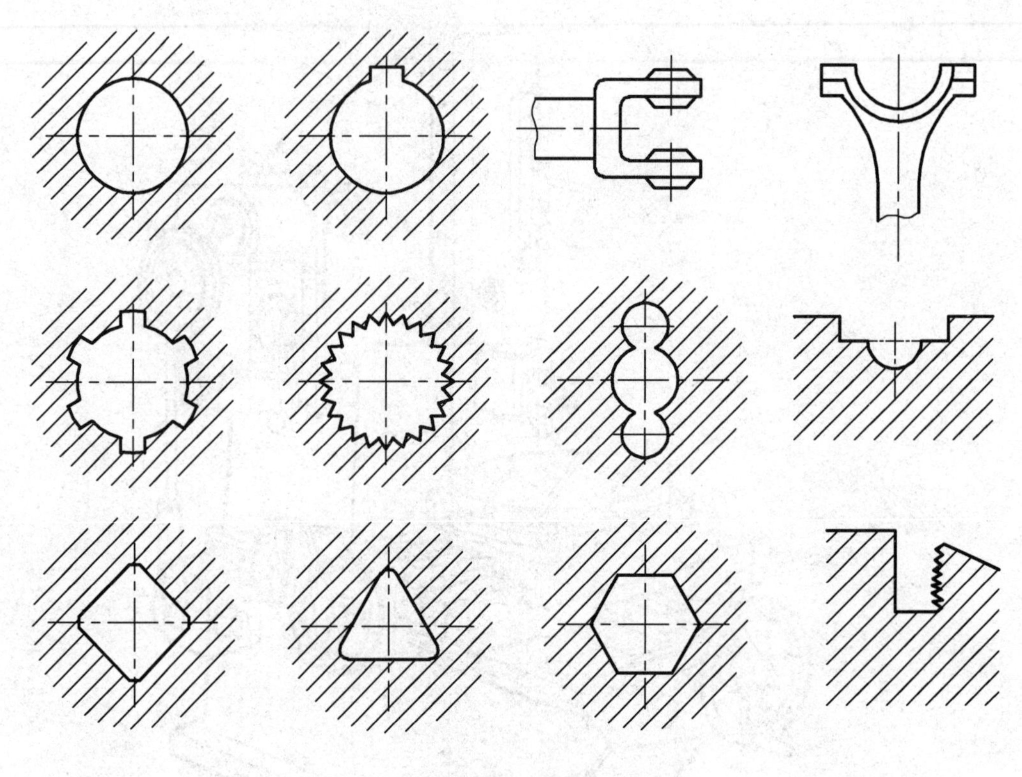

图 2-54　常见的拉削加工表面

拉削加工时工件一般固定不动，拉刀做直线移动（拉或推），如图 2-55 所示。

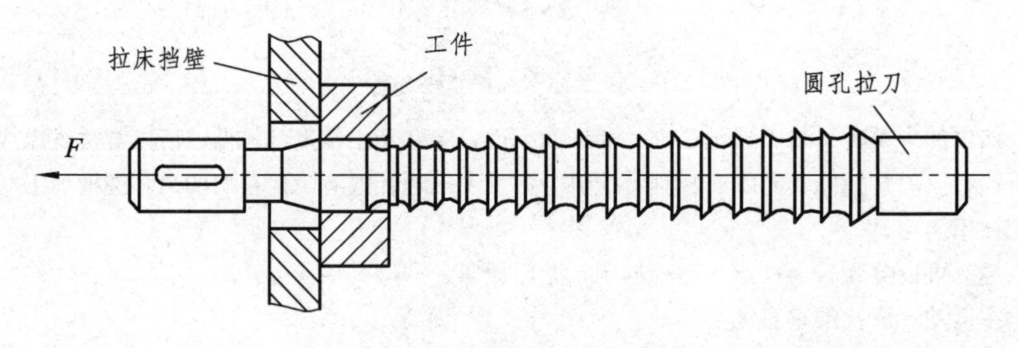

图 2-55　拉削加工示意图

拉床的结构及其运动都比较简单，大多数情况下只有一个直线主运动。但所用拉刀的种类繁多，结构比较复杂。拉刀是一种高精度、高效率的多齿刀具，可用于加工各种形状的内、外表面。其中，硬质合金可转位拉刀具有切削效率高、使用寿命长等特点，其应用日趋广泛。

拉刀按受力不同分为拉刀和推刀，按加工工件的表面不同又分为内拉刀和外拉刀。内拉刀用于加工工件内表面，如圆孔拉刀、键槽拉刀及花键拉刀等；外拉刀用于加工工件外表面，如平面拉刀、成型表面拉刀及齿轮拉刀等。

拉刀按构造不同分为整体式与组合式两类。整体式主要用于中、小型尺寸的高速钢拉刀；组合式主要用于大尺寸拉刀和硬质合金拉刀。组合式拉刀不仅可以节省贵重的刀具材料，而且当拉刀刀齿磨损或破损后，能够更换，延长了整个拉刀的使用寿命。

第三章　数控机床与工业机器人

第一节　数控机床概述

一、数控机床及其发展历史

数字控制机床（Numerically Controlled Machine Tool），简称数控机床，指的是用数字化信息实现控制的机床，或指装备了数控系统的机床。数控机床将加工过程所需的各种操作（如主轴变速、工件松夹、进刀与退刀、开车与停车、自动关停冷却液等）和步骤以及工件的形状尺寸用数字化的代码表示，由数控装置对这些信息进行处理与运算，进而控制机床的伺服系统驱动机床自动加工出所需要的工件。

1952 年 3 月，世界上第一台数控机床（三坐标立式数控铣床）诞生在美国麻省理工学院。数控技术及数控机床的诞生，标志着机械制造生产和控制领域一个崭新时代的到来。

第一台数控机床的出现引起了世界各国的关注，它的出现不仅有效解决了复杂曲线与型面的加工问题，而且明确了今后机床自动化的方向，因此世界各国纷纷投入数控机床及其相关技术的研究。经过半个多世纪的研究发展，到现在数控机床已是集现代机械制造技术、计算机技术、通信技术、控制技术、液压气动技术及光电技术为一体的，具有高精度、高效率、高自动化和高柔性等特点的机械制造装备。其品种不仅覆盖了全部传统的切削加工机床，而且推广到了锻压机床、电加工机床、焊接机、测量机等各个方面，在各个制造业中得到了十分广泛的应用。

数控机床相关技术的发展如下:

（一）数控系统

（1）1952—1970 年：数控（NC）阶段；

（2）1970 年至今：计算机数控（CNC）阶段。

近 10 年来，由于国外很多知名公司的潜心研究和大力开发，各种不同层次的数控系统快速产生并迅速发展，数控系统正在发生着日新月异的变化。

（二）伺服驱动系统

伺服驱动系统的性能直接影响数控机床的精度和进给速度，是数控机床的一个很重要的环节。伺服驱动系统的发展经历了电—液—电三个阶段。

第一阶段采用普通直流电动机作为执行元件，利用电动机轴的办法进行控制。由于普通直流电动机的低速性能差，灵敏度低，这种伺服驱动系统很快就被淘汰了。

第二阶段以液动机代替直流电动机作为执行元件。这在第一台数控机床出现后，就已经开始研制，但直到20世纪60年代初才全面取代了直流电动机。日本使用的是电液脉冲电动机，西欧、美国则多采用电液伺服阀加上液动机。采用液压驱动后，控制性能有了很大提升，但寿命短、成本高、功率消耗大是其致命的缺点。

第三阶段从20世纪60年代末期开始，逐步研发出由伺服单元、直流进给伺服电动机和反馈元件组成的进给伺服系统。因其性能完全能满足数控机床的要求，寿命长、可靠性好，便很快取代了液压伺服系统。

近年来又出现了数字化交流伺服电动机，其性能和可靠性又优于直流伺服电动机。

（三）主轴伺服驱动

早期数控机床的主轴是不受控制的，随着数控机床的发展，要求对主轴进行控制。例如加工中心的出现，就要求控制主轴的启动、停止、正反转和主轴的转速；为了加工螺纹，就要求主轴的回转与*X*轴联动。因此，出现了直流主轴伺服电动机。近年来又被交流主轴伺服电动机所取代。随着对主轴转速要求的不断提高，出现了电动机内装式主轴，即用主轴作为电动机轴，电动机的转子安装在主轴上，定子安装在套筒内，这样就不需要齿轮传动，转速可达每分钟几万到十几万转。

以上所述为数控机床主要组成部分的发展概况。其他相关技术，例如程序载体和输入装置、自动监控技术也得到很大的发展，机床本身的结构设计及其新零配件的使用等也在不断地发展。

二、数控机床的特点

（一）生产效率高

数控机床的主轴转速、进给速度和快速定位速度高，合理地选择高的切削参数，可以充分发挥刀具的性能，减少切削时间。同时，可以自动完成一些辅助动作，精度高且稳定，不需要在加工过程中进行中间测量，连续完成整个加工过程，减少辅助动作时间和停机时间。因此，数控机床的生产效率高。

（二）适应性强，可以完成不同工件的自动加工

适应性即所谓的柔性，是指数控机床随生产对象变化而变化的适应能力。在数控机床上改变加工零件时，只需重新编制程序，输入新的程序后就能实现对新的零件的加工，而不需改变机械部分和控制部分的硬件，且生产过程是自动完成的，这就为复杂结构零件的单件、小批量生产以及试制新产品提供了极大的方便。

（三）良好的经济效益

数控机床虽然设备昂贵，加工时分摊到每个零件上的设备折旧费较高，但在单件、小批

量生产的情况下，使用数控机床加工可节省划线工时，减少调整、加工和检验时间，节省直接生产费用。数控机床加工零件一般不需制作专用夹具，节省了工艺装备费用。数控机床加工精度稳定，减少了废品率，使生产成本进一步下降。此外，数控机床可实现一机多用，节省了厂房面积和建设投资。因此使用数控机床可获得良好的经济效益。

（四）有利于生产管理的现代化

数控机床使用数字信息与标准代码处理、传递信息，特别是在数控机床上使用计算机控制，为计算机辅助设计、制造以及管理一体化奠定了基础。

（五）加工精度高，尺寸一致性好

数控机床具有很高的刚度和热稳定性，其本身精度比较高（一般数控机床的定位精度可达 ± 0.01 mm，重复定位精度可达 ± 0.005 mm），还可以利用软件进行精度校正和补偿。同时，在加工过程中工人不参与操作，工件的加工精度全部由数控机床保证，消除了人为误差。因此，数控机床不但加工精度高，而且尺寸一致性好，加工质量稳定。

（六）减轻劳动强度、改善劳动条件

数控机床是自动进行加工的，工件的加工过程不需要人的干预，工人只需要进行装夹工件、启动机床等操作，加工结束自动停车。这样就改善了劳动条件，从而也大大减轻了工人的劳动强度。

三、数控机床的工作原理

在数控机床上加工零件时，首先要将被加工零件图上的几何信息和工艺信息数字化。先根据零件加工图样的要求确定零件加工的工艺过程、工艺参数、刀具参数，再按数控机床规定采用的代码和程序格式，将与加工零件有关的信息如工件的尺寸、刀具运动中心轨迹、位移量、切削参数（主轴转速、切削进给量、背吃刀量）以及辅助操作（换刀、主轴的正转与反转、切削液的开与关）等编制成数控加工程序。视零件结构的复杂程度，可以采用手工或计算机编程。程序较小时，可以直接在机床的操作面板的输入区域操作。程序较大时，也可在装有编程软件的普通计算机上进行。编程软件国内一般采用模拟软件和专业软件，经过相应的后置处理，生成加工程序。再通过机床控制系统上的通信接口或其他存储介质（软盘、光盘等），把生成的加工程序输入到机床的数控装置中，经过一系列处理和运算转变成脉冲信号控制机床进行自动加工。有的信号输送到机床的伺服系统，通过伺服机构处理，传到驱动装置（主轴电机、步进或交、直流伺服电机），控制刀具和工件严格执行零件加工程序所规定的运动；有的信号送到可编程控制器，用以控制机床的其他辅助运动，如主轴和进给运动的变速、液压或气动装夹工件、冷却液开关等。

数控机床的工作大致可归纳为如图 3-1 所示的几个过程。

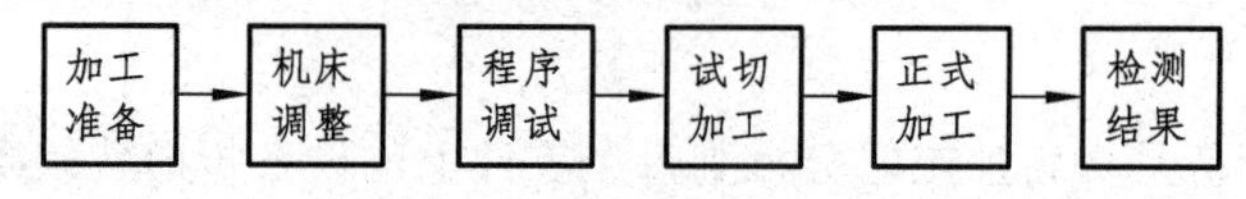

图 3-1　数控机床的工作过程

（1）数控加工的准备过程较复杂，内容多，包括对零件的结构认识、工艺分析、工艺方案的制订、加工程序编制、选用工装和辅具及其使用方法等。

（2）机床的调整主要包括刀具命名、调入刀库、工件安装、对刀、测量刀位、机床各部位状态等多项工作内容。

（3）程序调试主要是对程序本身的逻辑问题及其设计合理性进行检查和调整。

（4）试切加工则是对零件加工设计方案进行动态下的考查，而整个过程均需在前一步实现后的结果评价后再作后一步工作。

（5）试切成功后方可对零件进行正式加工。

（6）对加工后的零件进行结果检测。

前三步工作均为待机时间，为提高工作效率，希望待机时间越短越好，这样就越有利于机床合理使用。该项指标直接影响对机床利用率的评价（即机床实动率）。

四、数控机床的组成

数控机床一般由输入/输出装置、数控装置、可编程控制器（PLC）、伺服系统、检测反馈装置和机床主机等组成，如图 3-2 所示。

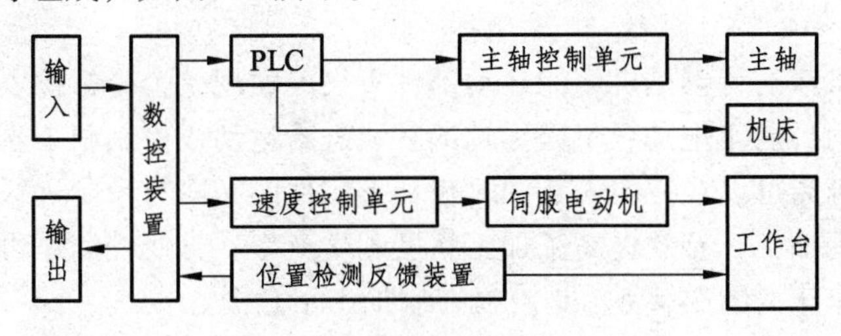

图 3-2　数控机床的组成

（一）输入/输出装置

输入装置可将不同加工信息传递至计算机。在数控机床产生的初期，输入装置为穿孔纸带，现已趋于淘汰。目前，使用键盘、磁盘等，大大方便了信息的输入工作。

输出指输出内部工作参数（含机床正常、理想工作状态下的原始参数、故障诊断参数等），一般在机床刚工作状态需输出这些参数做记录保存，待工作一段时间后，再将输出与原始资料作比较、对照，可帮助判断机床工作是否维持正常。

（二）数控装置

数控装置是数控机床的核心与主导，完成所有加工数据的处理、计算工作，最终实现数控机床各功能的指挥工作。它包含微计算机的电路、各种接口电路、CRT 显示器等硬件及相应的软件。

（三）可编程控制器

可编程控制器即 PLC，它对主轴单元实现控制，将程序中的转速指令进行处理而控制主轴转速；管理刀库，进行自动刀具交换、选刀方式、刀具累计使用次数、刀具剩余寿命及刀具刀磨次数等管理；控制主轴正反转和停止、准停、切削液开关、卡盘夹紧松开、机械手取送刀等动作；还对机床外部开关（行程开关、压力开关、温控开关等）进行控制；对输出信号（刀库、机械手、回转工作台等）进行控制。

（四）检测反馈装置

检测反馈装置由检测元件和相应的电路组成，主要是检测速度和位移，并将信息反馈于数控装置，实现闭环控制，以保证数控机床的加工精度。

（五）机床主机

数控机床的主体，包括床身、主轴、进给传动机构等机械部件。

五、数控机床的分类

数控机床有许多分类方法，但通常按以下最基本的 3 个方面进行分类。

（一）按控制运动轨迹分类

1. 直线控制数控机床

直线控制数控机床的特点是机床的运动部件不仅能实现一个坐标位置到另一坐标位置的精确移动和定位，而且能实现平行于坐标轴的直线进给运动或控制两个坐标轴实现斜线的进给运动。用于数控镗床可以在一次安装中对棱柱形工件的平面与台阶进行加工，然后进行点位控制的钻孔、镗孔加工，有效提高了加工精度和生产率。直线控制还可以用于加工阶梯轴或盘类工件的数控车床。图 3-3 所示是直线控制加工示意图。

2. 点位控制数控机床

点位控制数控机床的特点是机床的运动部件只能够实现从一个位置到另一个位置的精确运动，在运动和定位过程中不进行任何加工工序。数控系统只需要控制行程起点和终点的坐标值，而不控制运动部件的运动轨迹，多用于数控钻床、数控锁床、数控电焊机等。图 3-4 所示为点位控制加工示意图。

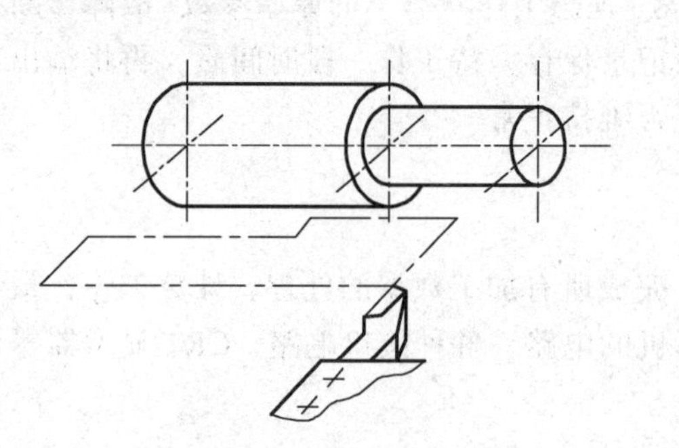

图 3-3　直线控制数控机床加工示意图

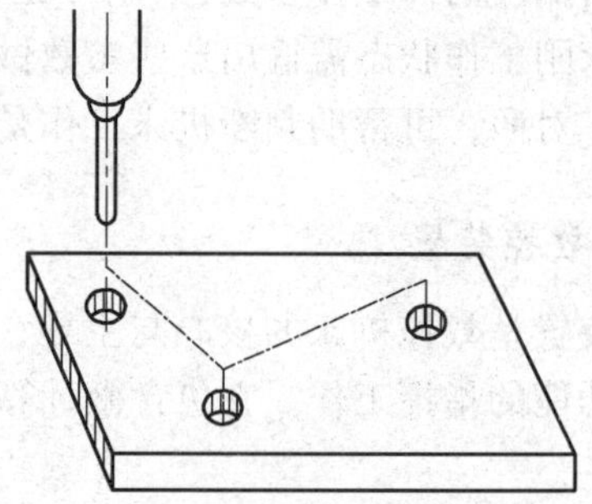

图 3-4 点位控制数控机床加工示意图

3. 轮廓控制数控机床

轮廓控制（又称连续控制）数控机床的特点是机床的运动部件能够实现两个或两个以上

的坐标轴同时进行联动控制。它不仅要控制机床运动部件的起点与终点坐标位置，而且要控制整个加工过程每一点的速度和位移量，即要控制运动轨迹，用于加工平面内的直线、曲线表面或空间曲面。轮廓控制多用于数控铣床、数控车床、数控磨床和各类数控切割机床，取代了所有类型的仿形加工机床，提高了加工精度和生产率，并极大地缩短了生产准备时间。图 3-5 所示为轮廓控制数控机床加工示意图。

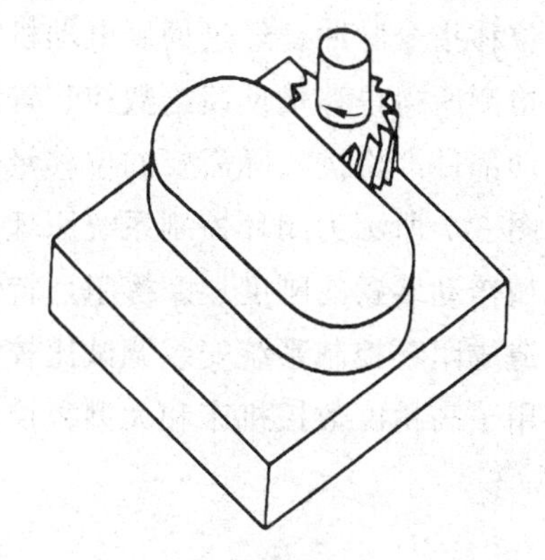

图 3-5　轮廓控制数控机床加工示意图

随着数控装置的发展，要增加轮廓控制功能，只需增加插补运算软件即可，这几乎不带来成本的提高。因此，除少数专用的数控机床（如数控钻床、冲床等）以外，现代的数控机床一般都具有轮廓控制功能。

（二）按控制方式分类

1. 开环控制数控机床

开环控制系统的特点是系统只按照数控装置的指令脉冲进行工作，而对执行的结果，即移动部件的实际位移不进行检测和反馈。

图 3-6 所示是典型的开环控制系统原理。步进电动机作为驱动元件，数控装置发出指令脉冲，通过步进电机驱动线路驱动步进电动机。每一个指令脉冲使步进电动机转一个角度，此角度叫作步进电动机的步距角。齿轮箱、滚珠丝杠传动使工作台产生一定位移，步进电动机转一个步距角使工作台产生的位移量，即是数控装置发出一个指令脉冲而使移动部件产生的相应位移量，通常称为脉冲当量。因此，工作台的位移量与数控装置发出的指令脉冲成正比，移动的速度与脉冲的频率成正比。改变指令脉冲的数目和频率，即可控制工作台的位移量和速度。这种系统结构简单、调试方便、价格低廉、易于维修，但机床的位置精度完全取决于步进电动机的步距角精度和机械部分的传动精度，所以很难得到较高的位置精度。目前，开环控制系统多用于经济型数控机床上。

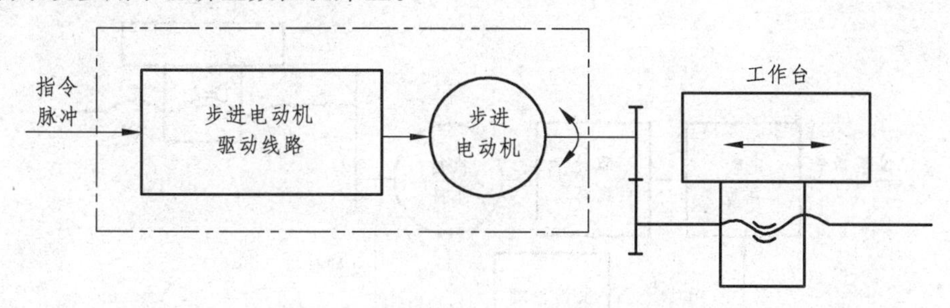

图 3-6　数控机床开环控制系统原理图

2. 闭环控制数控机床

闭环控制系统是在机床最终的运动部件的相应位置安装直线位置检测装置，当数控装置发出位移指令脉冲，经过伺服电动机、机械传动装置驱动运动部件移动时，直线位置检测装置将检测所得位移量反馈给数控装置的比较器，与输入指令进行比较，用差值控制运动部件，使运动部件严格按实际需要的位移量运动。

图 3-7 所示为闭环控制系统原理。闭环控制系统的特点是加工精度高、移动速度快。但是机械传动装置的刚度、摩擦阻尼特性、反向间隙等非线性因素，对系统的稳定性有很大影响，造成闭环控制系统安装调试比较复杂，且直线位移检测装置造价较高，因此闭环控制系统多用于高精度数控机床和大型数控机床。

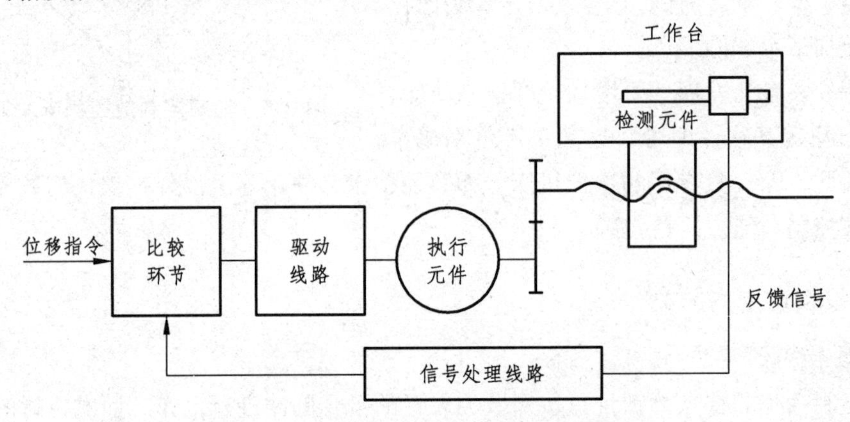

图 3-7　数控机床闭环控制系统原理图

3. 半闭环控制数控机床

半闭环控制系统是在开环控制伺服电动机轴上装有角位移检测装置，通过检测伺服电动机的转角间接地检测出运动部件的位移（或角位移），并反馈给数控装置的比较器，与输入指令进行比较，用差值控制运动部件，如图 3-8 所示。由于半闭环控制的运动部件的机械传动链不包括在闭环之内，机械传动链的误差无法得到校正或消除。惯性较大的机床运动部件不包括在闭环之内，控制系统的调试十分方便，并具有良好的系统稳定性。同时，由于目前广泛采用的滚珠丝杠螺母机构具有良好的精度和精度保持性，且采取了可靠的消除反向运动间隙的结构，在一般情况下，半闭环控制正成为首选的控制方式并被广泛采用。

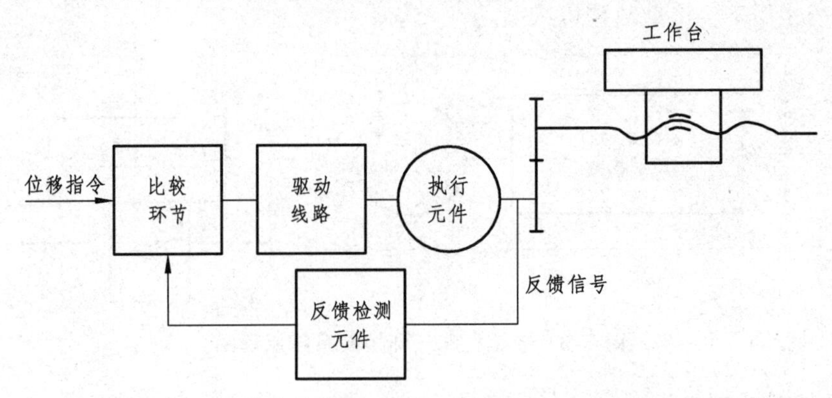

图 3-8　数控机床半闭环控制系统原理图

（三）按工艺用途分类

1. 数控机床

数控机床和普通机床的分类方法相似，可分为数控车床、数控钻床、数控铣床、数控镗床、数控磨床和数控齿轮加工机床等。它们和普通机床的工艺用途相似，但生产率和自动化程度比普通机床高，都适合加工单件、小批量、多品种和复杂形状的工件。

2. 数控加工中心

数控加工中心是在一般数控机床上加装一个刀库和自动换刀装置，构成一种带自动换刀装置的数控机床。在一次装夹后，可以对工件的大部分表面进行加工，而且具有两种以上的切削功能。例如以钻削为主兼顾铣、镗的数控机床，称为钻削中心；以车削为主兼顾铣、钻的数控机床，称为车削中心；集铣、钻、镗所有功能于一体的数控机床，称为加工中心。

（四）按功能水平分类

1. 经济型数控机床

经济型数控机床大多指采用开环控制系统的数控机床，其功能简单、价格便宜，适用于自动化程度和加工精度要求不高的场合。

2. 中档数控机床

中档数控机床大多指采用半闭环控制系统的数控机床，一般配置有单色显示的阴极射线显像管（CRT），具备程序存储和编辑、刀尖圆弧半径补偿、固定循环、螺纹切削等功能。

3. 多功能型数控机床

这类数控机床的功能齐全，价格较贵。加工复杂零件的大中型机床及柔性制造系统、计算机集成制造系统使用的数控机床一般为多功能型。这是指较高档次的数控车床，这类机床一般具备刀尖圆弧半径自动补偿、恒线速度切削、倒角、固定循环、螺纹切削、图形显示、用户宏程序等功能。

此外，数控机床也可根据联动轴数、数控装置的构成进行分类。如数控机床按联动轴数分为三轴两联动、三轴联动、四轴四联动、五轴五联动机床等。

第二节　数控车床

数控车床是数控机床中应用最为广泛的一种，在数控车床上可以加工各种带有复杂母线的回转体零件，高级的数控车床（一般称为车削中心）还能进行铣削、钻削以及加工多边形零件，如图 3-9 所示。

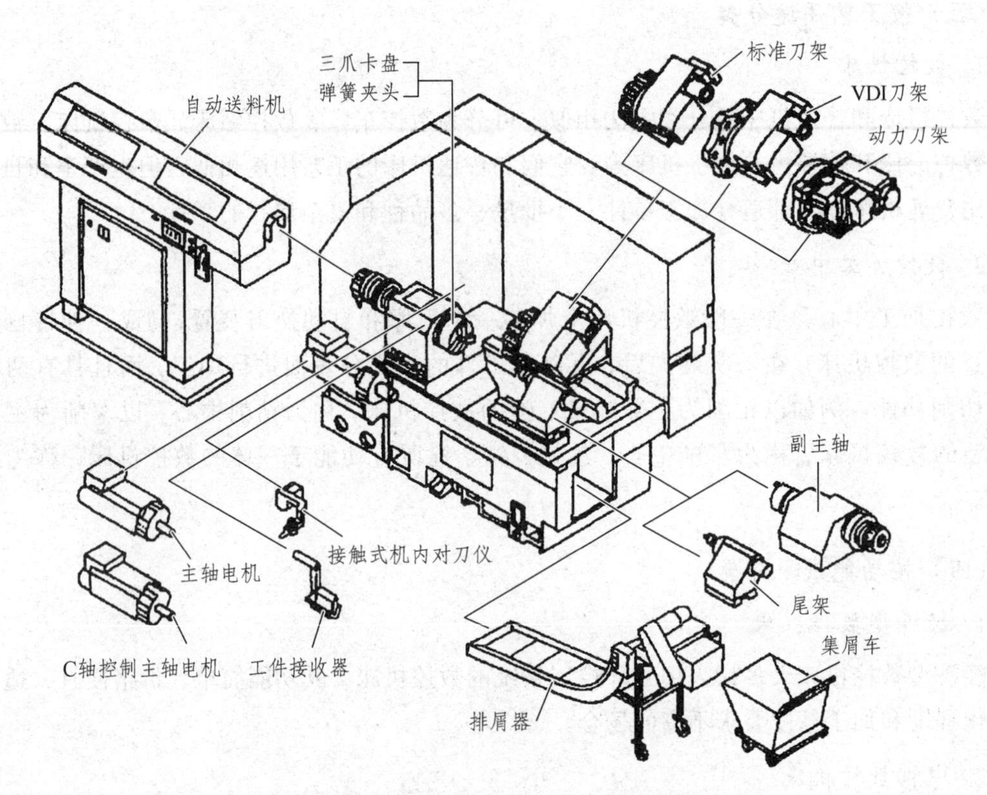

图 3-9 典型数控车床结构组成示意图

一、数控车床的特点

数控车床具有加工灵活、通用性强、能适应产品的品种和规格频繁变化的特点，能满足新产品的开发和多品种、小批量、生产自动化的要求。数控车床加工有普通车床无法比拟的优点，主要有以下几点：

（一）短传动

与普通车床相比，主轴驱动不再是电机-皮带-齿轮副机构变速，而是采用横向和纵向进给分别由两台伺服电机驱动刀架运动完成，不再使用挂轮、离合器等传动部件，传动链大大缩短。

（二）高刚性

为了与数控系统的高精度相匹配，数控机床的刚性高，以便适应高精度的加工。

（三）轻拖动

刀架移动采用滚珠丝杠副，摩擦小，移动轻便。丝杠两端的支承是专用轴承，其压力角比普通轴承大，在出厂时便选配好；数控车床的润滑部分采用油雾自动润滑，这些措施都使得数控车床移动轻便。

卧式数控车床常见的布局形式如图 3-10 所示。

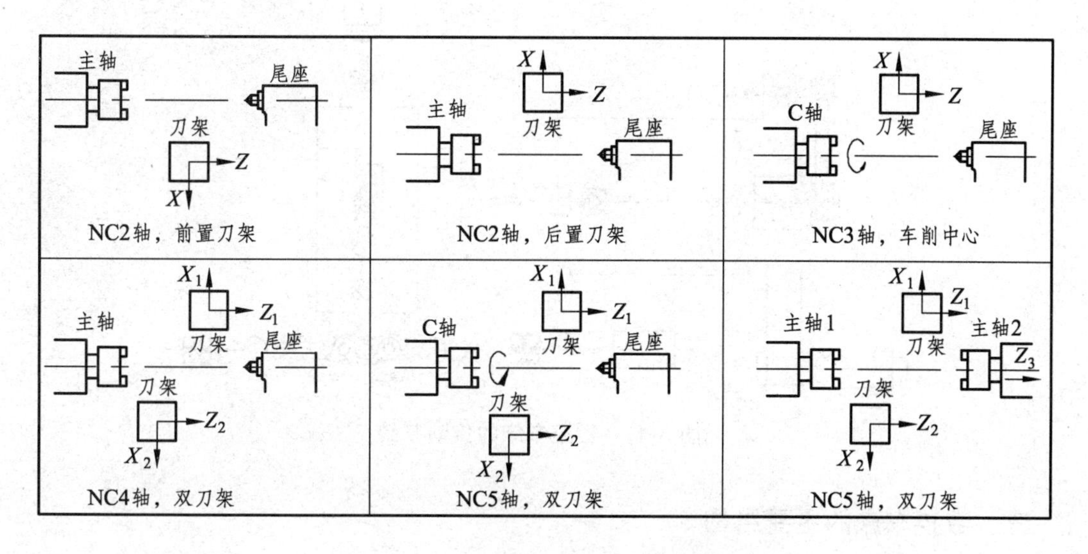

图 3-10 卧式数控车床常见的布局形式

二、数控车床的传动系统

（一）主传动系统

数控车床的主运动传动链的两端部件是主电动机与主轴，它的功用是把动力源的运动及动力传递给主轴，使主轴带动工件旋转实现主运动，并满足主轴变速和换向的要求。主运动传动系统是数控车床的最重要组成部分之一，它的最高与最低转速范围、传递功率和动力特性决定了数控车床的最高切削加工工艺能力。

数控车床的主传动系统现在一般采用交流主轴电动机，通过带传动或主轴箱内 2 ~ 4 级齿轮变速传动主轴。主轴电动机在额定转速时可输出全部功率和最大转矩，随着转速的变化，功率和转矩将发生变化。

（二）进给传动系统

数控车床的进给传动系统是控制 *X*、*Z* 坐标轴的伺服系统的主要组成部分，它将伺服电动机的旋转运动转化为刀架的直线运动，而且对移动精度要求很高。一般采用滚珠丝杠螺母传动副，以有效提高进给系统的灵敏度、定位精度和防止爬行。另外，消除丝杠螺母的配合间隙和丝杠两端的轴承间隙，也有利于提高传动精度。

数控车床进给传动方式一般有两种：滚珠丝杠与伺服电动机轴端通过联轴器直接连接，滚珠丝杠通过同步齿形带及带轮与伺服电动机连接。

数控车床的传动系统如图 3-11 所示。

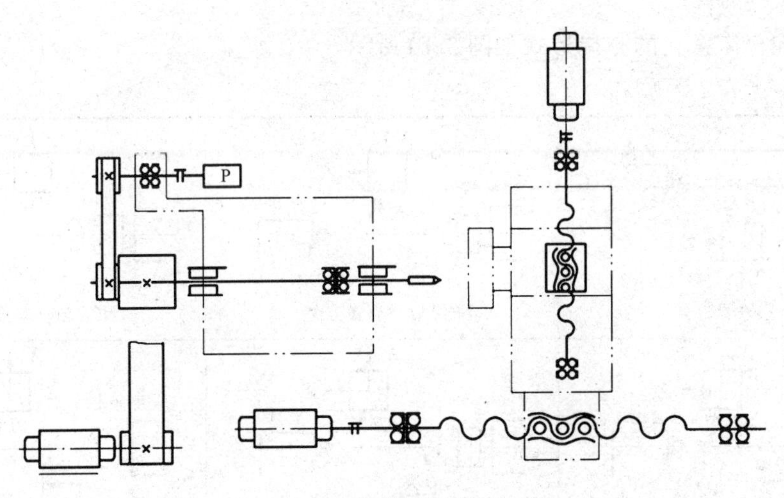

图 3-11　数控车床的传动系统

三、数控车床的主要结构

（一）主轴箱的结构

图 3-12 为 HTC205 型数控车床主轴箱展开图，主轴前支承是三个角接触球轴承 7020ACTBTP4，前面两个大口向外（朝向主轴前端），后面一个大口朝里（朝向主轴后端），形成背靠背组合形式。轴承由压块锁紧圆螺母 9 预紧，预紧量在轴承制造时已调好，为了防止圆螺母 9 回松，用圆螺母 8 锁紧。后支承是两个角接触球轴承 7018CDBP4，形成背靠背组合形式，轴承由压块锁紧圆螺母 5 预紧。主轴脉冲编码器 11 是由主轴通过带轮 1、带轮 2 和齿形带及联轴器 12 带动，与主轴同步运转，实现螺纹切削和主轴每转进给量控制。

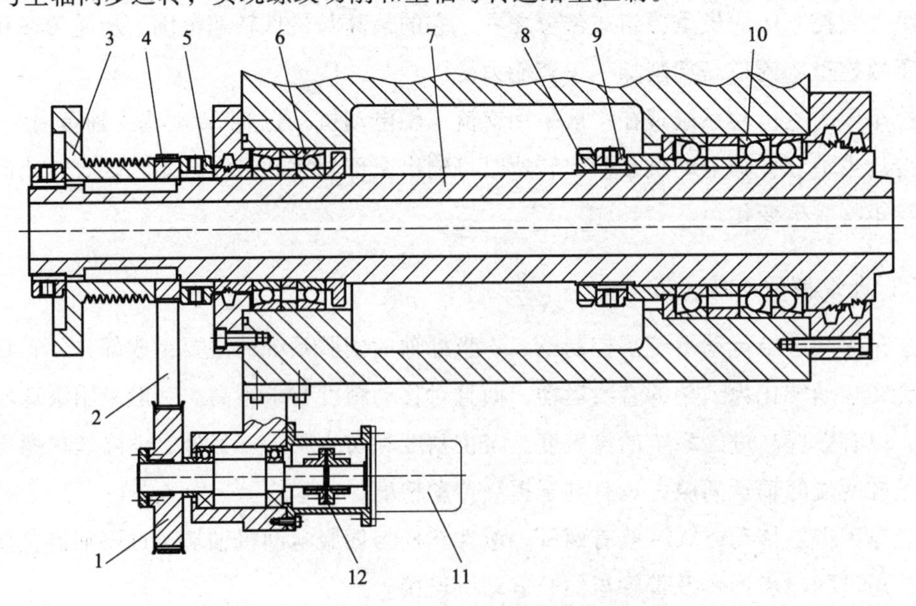

图 3-12　HTC205 型数控车床主轴箱展开图

1—同步带轮；2—皮带；3，4—带轮；5，8，9—圆螺母；6—后轴承；
7—主轴；10—轴承；11—主轴脉冲编码器；12—联轴器

图 3-13 为 CK7815 型数控车床主轴箱展开图，电动机经二级塔形带轮 1、2 和三联 V 带带动主轴，带轮 2 直接安装在主轴上，主轴前支承采用角接触球轴承。为了加强刚性，主轴后支承为双列向心短圆柱滚子轴承。主轴脉冲发生器 4 是由主轴通过一对带轮和齿形带带动的，与主轴同步运转。齿形带的松紧由螺钉 5 来调节。

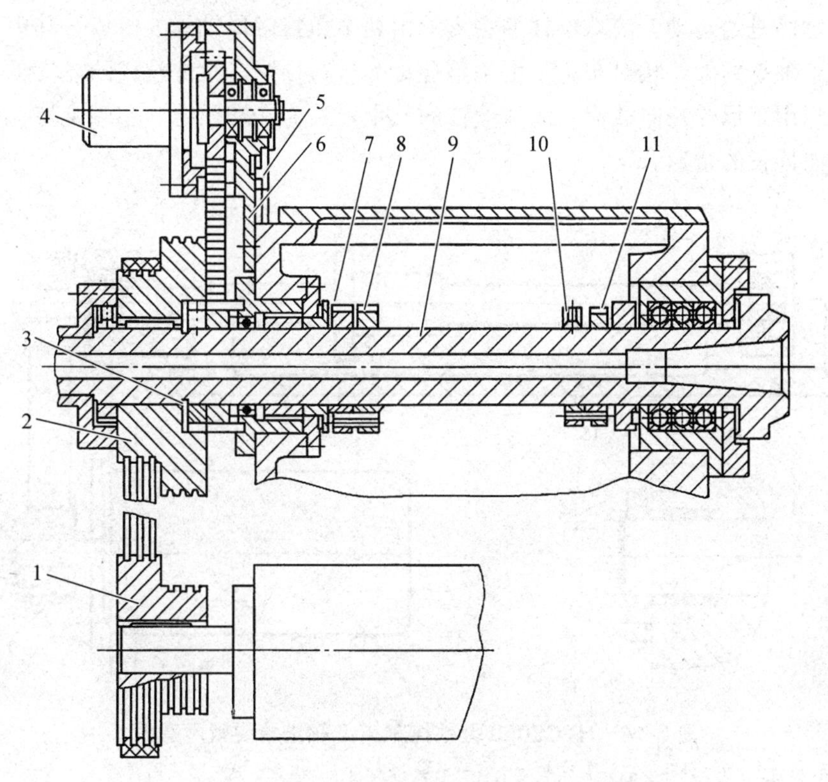

图 3-13　CK7815 型数控车床主轴箱展开图

1—同步带轮；2—带轮；3，7，8，10，11—螺母；4—主轴脉冲发生器；5—螺钉；6—支架；9—主轴

这种结构的特点是可选择主轴高速挡或者低速挡，通过低速挡来提高主轴扭矩，因此适合低速车削。

（二）主轴编码器

主轴编码器采用与主轴同步的光电脉冲发生器。该装置可以通过中间轴上的齿轮或同步带轮（见图 3-12 和图 3-13）1∶1 与主轴同步转动，也可以通过弹性联轴器与主轴同轴安装。利用主轴编码器检测主轴的运动信号，一方面可实现主轴调速的数字反馈，另一方面可用于进给运动的控制，如车螺纹时，控制主轴与刀架之间的准确运动关系。

（三）进给传动系统的结构

数控车床的进给传动系统是控制 X、Z 坐标轴的伺服系统的主要组成部分，它将伺服电动机的旋转运动转化为刀架的直线运动，而且对移动精度要求很高。采用滚珠丝杠螺母传动副，可以有效地提高进给系统的灵敏度、定位精度和防止爬行。另外，消除丝杠螺母的配合间隙和丝杠两端的轴承间隙，也有利于提高传动精度。

图 3-14 是 HTC2050 型数控车床 *Z* 轴进给传动装置示意图。伺服电动机 11 经同步带轮 10 和 8 以及同步皮带 9 传动到滚珠丝杠 3，由螺母带动床鞍连同刀架沿床身 15 的矩形导轨移动，实现 *Z* 轴的进给运动。滚珠丝杠的右支承由两个角接触球轴承 5 组成，其中右边一个轴承与左边一个轴承的大口相对布置，由调整螺母 6 进行预紧。滚珠丝杠的左支承 2 为一个深沟球轴承，只用于承受径向载荷。滚珠丝杠的支承形式为右端固定，左端支持，留有丝杠受热膨胀后轴向伸长的余地。

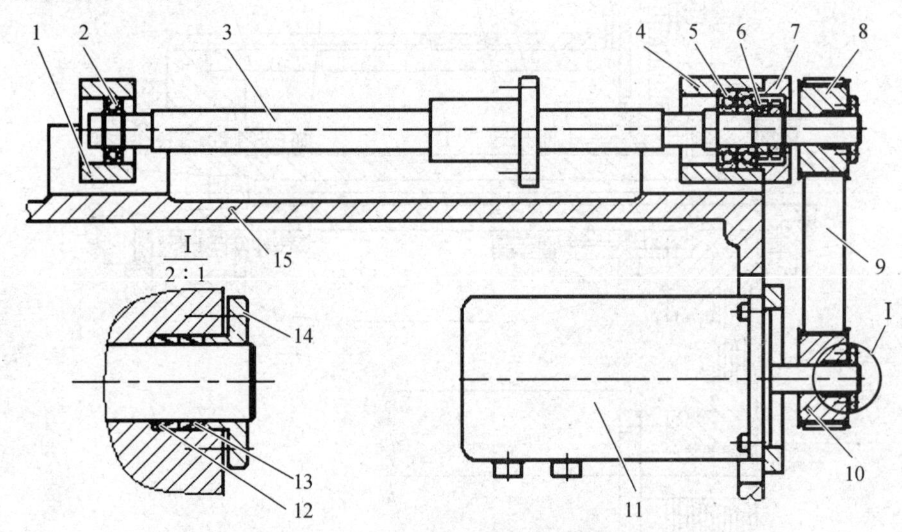

图 3-14　HTC2050 型数控车床 Z 轴进给装置示意图

1，4—轴承座；2，5—轴承；3—滚珠丝杠；6—调整螺母；7—端盖；8，10—同步带轮；9—同步皮带；11—伺服电动机；12—内锥环；13—外锥环；14—端盖；15—床身

第三节　工业机器人

“机器人”一词源于一个科幻的形象。1920 年，捷克作家 Karel Capek 发表了一个科幻剧 *Rossum's Universal Robots*（罗萨姆的万能机器人），robot 是由捷克文 robota（意为农奴、苦力）衍生而来的。剧中描述了一家发明类人机器 robot 的公司，该公司将 robot 作为工业产品推向市场，让它们去充当劳动力。它们按照主人的指令工作，没有感觉和感情，以呆板的方式从事繁重的劳动。

国际上一般认为机器人是一种自动的、位置可控的、具有编程能力的多功能机械手，这种机械手有几个轴，能够借助可编程序操作来处理各种材料、零件、工具和专用装置，以执行各种任务。

我国对机器人的定义：机器人是一种自动化的机器，所不同的是这种机器具备一些与人或生物相似的智能能力，如感知能力、规划能力、动作能力和协同能力，是一种具有高度灵活性的自动化机器。

在研究和开发未知及不确定环境下作业的机器人的过程中，人们逐步认识到机器人技术的本质是感知、决策、行动和交互技术的结合。

为了防止机器人伤害人类，1940 年，一位名叫阿西莫夫的科幻作家首次使用了 robotics（机器人学）来描述与机器人有关的科学，并提出了“机器人学三原则”：

（1）机器人不得伤害人类或由于故障而使人遭受不幸。

（2）机器人应执行人们下达的命令，除非这些命令与第一原则相矛盾。

（3）机器人应能保护自己的生存，只要这种保护行为不与第一或第二原则相矛盾。

这是给机器人赋予的伦理性纲领。机器人学学术界一直将这三原则作为机器人开发的准则。

机器人有多种分类方式，按照应用领域分类可分为工业机器人和操纵型机器人。

工业机器人（industrial robot）是在工业生产中使用的机器人的总称，主要用于完成工业生产中的某些作业。依据具体应用目的的不同，工业机器人常以其主要用途命名。

操纵型机器人（teleoperator robot）主要用于非工业生产的各种作业，又可分为服务机器人与特种作业机器人。服务机器人通常是可移动的，在多数情况下，可由一个移动平台构成，平台上装有一只或几只手臂，代替或协助人完成为人类提供服务和安全保障的各种工作，如清洁、护理、娱乐和执勤等。

一、工业机器人概述

（一）工业机器人的定义

工业机器人是面向工业领域的多关节机械手或多自由度的机器人。工业机器人是自动执行工作的机器装置，是靠自身动力和控制能力来实现各种功能的一种机器。它可以接受人类指挥，也可以按照预先编排的程序运行，现代工业机器人还可以根据人工智能技术制定的原则纲领行动。

1987 年，国际标准化组织对工业机器人进行了定义：工业机器人是一种具有自动控制的操作和移动功能，能完成各种作业的可编程操作机。目前，部分国家倾向于美国机器人协会所给出的机器人的定义：一种可以反复编程和多功能的，用来搬运材料、零件、工具的操作机；为了执行不同的任务而具有可改变的和可编程的动作的专门系统。

随着技术的发展，工业机器人已得到了广泛的应用，最有代表性的是在汽车制造业中。其次是在金属加工制造业、电器制造业、塑料加工业等。除制造业外，工业机器人还用于海洋及太空开发、原子能工业、医疗、农业、林业、交通等领域。

焊接机器人是目前应用最多的工业机器人，包括点焊机器人和弧焊机器人，用于实现自动化焊接作业；装配机器人比较多地用于电子部件或电器的装配；喷涂机器人可以代替人进行各种喷涂作业；搬运、上料、下料及码垛机器人的功能都是根据工况要求的速度和精度，将物品从一处运到另一处；还有很多其他用途的机器人，如将金属溶液浇到压铸机中的浇注机器人等。

工业机器人的优点在于它可以通过更改程序，方便、迅速地改变工作内容或方式，以满足生产要求的变化，如改变焊缝轨迹及喷涂位置、变更装配部件或位置等。随着工业生产线越来越高的柔性要求，对各种工业机器人的需求也越来越广泛。

（二）工业机器人行业概况

国际机器人联盟（IFR）发布的一份报告显示，2016 年全球工业机器人本体销量达 19.2 万台。全球机器人贸易市场规模已达 95 亿美元，如包括相关软件、外围设备和系统工程在内，该市场规模则高达 290 亿美元。随着网络技术的发展，使得不同厂商的机器人和系统之间的通信与协作更加容易，正逐步向智能工厂、工业物联网（IIoT）、工业 4.0 框架推进。

近十几年来，欧洲的德国、瑞典、法国及英国的机器人产业发展较快。目前，世界上的机器人无论是从技术水平上，还是从已装备的数量上，其优势集中在以日、欧、美为代表的少数几个发达的工业化国家和地区。

（三）我国工业机器人的发展概况

我国工业机器人起步于 20 世纪 70 年代初期，经过几十年的发展，大致经历了 3 个阶段：20 世纪 70 年代的萌芽期，20 世纪 80 年代的开发期和 20 世纪 90 年代的实用化期。

20 世纪 70 年代是世界科技发展的一个里程碑，我国于 1972 年开始研制自己的工业机器人。

进入 20 世纪 80 年代后，我国机器人技术的开发与研究得到了政府的重视与支持。1986 年，国家高技术研究发展计划（863 计划）开始实施，智能机器人主题跟踪世界机器人技术的前沿，经过几年的研究，取得了一大批科研成果，成功地研制出了包括水下无缆机器人、多功能装配机器人和各类特种机器人等，并进行了智能机器人体系结构、机构、控制、人工智能、机器视觉、高性能传感器及新材料等的应用研究。

从 20 世纪 90 年代初期起，我国的工业机器人又在实践中迈进一大步，先后研制出了各种用途的工业机器人，并实施了一批机器人应用工程，形成了一批机器人产业化基地，在喷涂机器人、点焊机器人、弧焊机器人、搬运机器人、装配机器人及矿山、建筑、管道作业的特种工业机器人技术和系统应用的成套技术方面继续开发与完善，进一步开拓市场，扩大应用领域，从汽车制造业逐步扩展到其他制造业，并渗透到非制造业领域，为我国机器人产业的腾飞奠定了基础。

目前，我国市场销售机器人的数量，年化增长率高达 34%，成为全球增长速度最快的工业机器人市场，预计 2019 年工业机器人年供应量将超过 100 000 台。

二、工业机器人的结构组成

工业机器人由机械、传感和控制 3 个基本部分组成，包括驱动系统、机械结构系统、感受系统、人-机交互系统、机器人-环境交互系统和控制系统 6 个子系统，如图 3-15 所示。

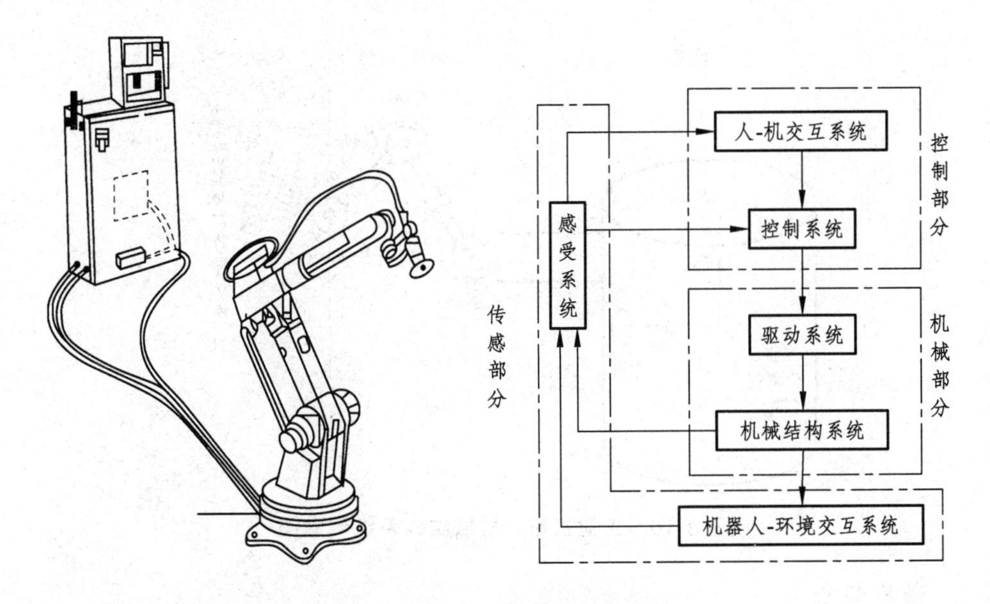

图 3-15　工业机器人组成示意图

（一）机械部分

1. 驱动系统

要使机器人运行起来，需给各个关节（每个运动自由度）安装传动装置，这就是驱动系统。其作用是提供机器人各部位、各关节动作的原动力。

根据驱动源的不同，驱动系统可分为电动、液压和气动 3 种，也包括把它们结合起来应用的综合系统。驱动系统可以与机械系统直接相连，也可通过同步带、链条、齿轮、谐波传动装置等与机械系统间接相连。

2. 机械结构系统

机械结构系统又称为操作机或执行机构系统，是机器人的主要承载体，它由一系列连杆、关节等组成。机械结构系统通常包括机身、手臂、关节和末端执行器，具有多自由度。

（1）机身。如同机床的床身结构一样，机器人的机身构成了机器人的基础支撑。有的机身底部安装有机器人行走机构，构成行走机器人；有的机身可以绕轴线回转，构成机器人的“腰”；若机身不具备行走及回转机构，则构成单机器人臂。

（2）手臂。手臂一般由上臂、下臂和手腕组成，用于完成各种简单或复杂的动作。

（3）关节。关节通常分为滑动关节和转动关节，以实现机身、手臂、末端执行器之间的相对运动。

（4）末端执行器。末端执行器是直接装在手腕上的一个重要部件，它通常是模拟人的手掌和手指的，可以是两手指或多手指的手爪末端操作器，有时也可以是各种作业工具，如焊枪、喷漆枪等。

工业机器人机械结构系统示意图如图 3-16 所示。

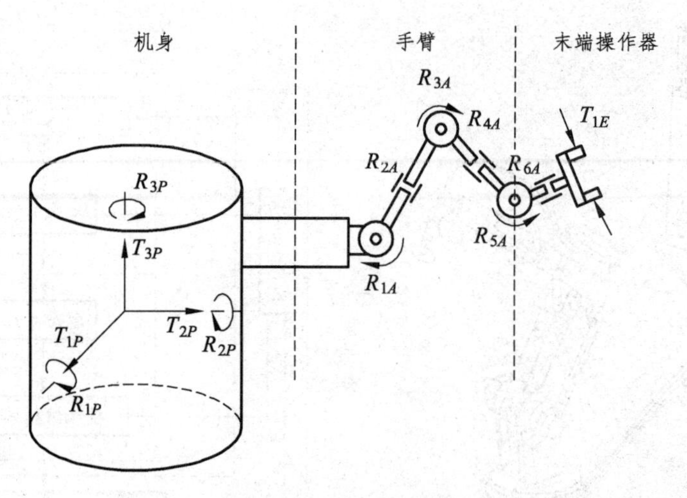

图 3-16　工业机器人机械结构系统示意图

（二）传感部分

1. 感受系统

感受系统通常由内部传感器模块和外部传感器模块组成，用于获取内部和外部环境中有意义的信息。智能传感器的使用提高了机器人的机动性、适应性和智能化。人类的感受系统对外部世界信息的感知是极其灵巧的，然而，对于一些特殊的信息，传感器比人类的感受系统更有效率。

2. 机器人-环境交互系统

机器人-环境交互系统是实现机器人与外部环境中的设备相互联系和协调的系统。工业机器人往往与外部设备集成为一个功能单元，如加工制造单元、焊接单元、装配单元等；工业机器人也可以是多台机器人、多台机床或设备、多个零件储存装置等集成为一个去执行复杂任务的功能单元。

（三）控制部分

1. 人-机交互系统

人-机交互系统是人与机器人进行联系和参与机器人控制的装置，如计算机的标准终端、指令控制台、信息显示板及危险信号报警器等。该系统归纳起来实际上就是两大类，即指令给定装置和信息显示装置。

2. 控制系统

控制系统的任务是根据机器人的作业指令程序及从传感器反馈回来的信号，控制机器人的执行机构去完成规定的动作。若机器人不具备信息反馈特征，则该控制系统为开环控制系统；若具备信息反馈特征，则该控制系统为闭环控制系统。控制系统根据控制原理可分为程序控制系统、适应性控制系统和人工智能控制系统。控制系统根据控制运动的形式可分为点位控制系统和连续轨迹控制系统。

三、工业机器人的分类

（一）按机器人的驱动方式分类

1. 气压驱动式

气动式机器人以压缩空气来驱动其执行机构。这种驱动方式的优点是空气来源方便，动作迅速，结构简单，造价低；缺点是空气具有可压缩性，致使工作速度的稳定性较差。因气源压力一般只有 60 kPa 左右，故此类机器人适宜对抓举力要求较小的场合。

2. 液压驱动式

相对于气压驱动，液压驱动的机器人具有大得多的抓举能力，抓举质量可高达上百千克。液动式机器人结构紧凑，传动平稳且动作灵敏，但对密封的要求较高，且不宜在高温或低温的场合工作，要求的制造精度较高，成本较高。

3. 电力驱动式

目前，越来越多的机器人采用电力驱动式，这不仅是因为电动机可供选择的品种众多，更因为可以运用多种灵活的控制方法。电力驱动是利用各种电动机产生的力或力矩，直接或经过减速机构驱动机器人，以获得所需的位置、速度、加速度。电力驱动具有无污染、易于控制、运动精度高、成本低、驱动效率高等优点，其应用最为广泛。电力驱动又可分为步进电动机驱动、直流伺服电动机驱动、无刷伺服电动机驱动等。

随着机器人技术的发展，出现了利用新的工作原理制造的新型驱动器，如静电驱动器、压电驱动器、形状记忆合金驱动器、人工肌肉及光驱动器等。

（二）按机器人的智能方式分类

1. 示教机器人

示教机器人是第一代机器人，又称为示教再现型机器人，主要指只能以示教再现方式工作的工业机器人。示教内容为机器人操作结构的空间轨迹、作业条件和作业顺序等。示教指由人教机器人运动的轨迹、停留点位、停留时间等。然后，机器人依照教给的行为、顺序和速度重复运动，即所谓的再现。

示教可以由操作员手把手地进行。比如，操作员抓住机器人上的喷枪把喷涂时要走的轨迹走一遍后，机器人记住了这一过程，工作时将自动重复这些动作，从而完成喷涂工作。现在比较普遍的示教方式是通过控制面板完成。操作人员利用控制面板上的开关或按键控制机器人逐步运动，机器人自动记录下每一个步骤，然后自动重复。目前在工业现场应用的机器人多采用此方式。

2. 传感机器人

传感机器人又称为感觉机器人，是第二代机器人，它带有一些可感知环境的传感器，对外界环境有一定的感知能力。工作时，根据感觉器官（传感器）获得的信息，通过反馈控制，使机器人能在一定程度上灵活调整自己的工作状态，保证在适应环境的情况下完成工作。

这样的技术现在正越来越多地应用在机器人身上。例如，焊缝跟踪技术，在机器人焊接的过程中，一般通过示教方式给出机器人的运动曲线，机器人携带焊枪走这个曲线进行焊接。

这就要求工件的一致性好，也就是说工件被焊接的位置必须十分准确；否则，机器人行走的曲线和工件上的实际焊缝位置将产生偏差。焊缝跟踪技术是在机器人上加一个传感器，通过传感器感知焊缝的位置，再通过反馈控制，机器人自动跟踪焊缝，从而对示教的位置进行修正。即使实际焊缝相对于原始设定的位置有变化，机器人仍然可以很好地完成焊接工作。

3. 智能机器人

智能机器人是第三代机器人，它不仅具有感觉能力，还具有独立判断和行动的能力，并具有记忆、推理和决策的能力，因而能够完成更加复杂的动作。智能机器人的“智能”特征就在于它具有与外部世界（对象、环境和人）相适应、相协调的工作机能。从控制方式看，智能机器人是以一种“认知适应”的方式自律地进行操作。

这类机器人带有多种传感器，使机器人可以知道其自身的状态，如在什么位置、自身系统是否有故障等。这类机器人可通过装在机器人身上或工作环境中的传感器感知外部状态，如发现道路与危险地段，测出与协作机器人的相对位置与距离以及相互作用力等。机器人能根据得到的这些信息进行逻辑推理、判断、决策，在变化的内部状态与外部环境中，自主决定自身的行为。

这类机器人具有高度的适应性和自治能力，这是人们努力使机器人达到的目标。经过人类多年的研究，已经出现了很多各具特点的装置和新方法、新思想。但是，在实践中机器人的自适应能力仍十分有限，这方面的技术是机器人今后发展的重要方向。

智能机器人的发展方向大致有两种：一是类人型智能机器人，这是人类的梦想；另一种并不像人，但具有机器智能。

（三）按机器人的控制方式分类

1. 非伺服机器人

按照预先编好的程序顺序进行工作，使用限位开关、制动器、插销板和定序器来控制机器人的运动。插销板用来预先规定机器人的工作顺序，且往往是可调的。定序器按照预定的正确顺序接通驱动装置的动力源。驱动装置接通动力源后，就带动机器人的手臂、腕部和手部等装置运动。

当它们移动到由限位开关所规定的位置时，限位开关切换工作状态，给定序器送去一个工作任务已经完成的信号，并使终端制动器动作，切断驱动能源，使机器人停止运动。非伺服机器人工作能力比较有限。

2. 伺服控制机器人

把通过传感器取得的反馈信号与来自给定装置的综合信号比较后，得到误差信号，经过放大后用于激发机器人的驱动装置，进而带动手部执行装置以一定规律运动，到达规定的位置或速度等，这是一个反馈控制系统。伺服系统的被控量可以是机器人手部执行装置的位置、速度、加速度和力等。伺服控制机器人比非伺服机器人有更强的工作能力。

伺服控制机器人按照控制的空间位置不同又可以分为点位伺服控制机器人和连续轨迹伺服控制机器人。

点位伺服控制机器人的受控运动方式为从一个点位目标移向另一个点位目标，只在目标点上完成操作。机器人可以以最快和最直接的路径从一个端点移到另一个端点。

按点位方式进行控制的机器人的运动为空间点到点之间的直线运动，在作业过程中只控制几个特定工作点的位置，不对点与点之间的运动过程进行控制。在点位伺服控制机器人中，所能控制点数的多少取决于控制系统的复杂程度。

通常，点位伺服控制机器人适用于只需要确定终端位置而对编程点之间的路径和速度不做主要考虑的场合。点位控制主要用于点焊、搬运机器人。

连续轨迹伺服控制机器人能够平滑地跟随某个规定的路径，其轨迹往往是某条不在预编程端点停留的曲线路径。

按连续轨迹方式进行控制的机器人的运动轨迹可以是空间的任意连续曲线。机器人在空间的整个运动过程都可以进行控制，能同时控制两个以上的运动轴，使手部位置可沿任意形状的空间曲线运动，而手部的姿态也可以通过腕关节的运动得以控制，这对焊接和喷涂作业是十分有利的。

第四章　金属切削机床设计

第一节　机床总体设计

金属切削机床又叫工作母机，是机械制造业的基础装备。金属切削机床的总体设计是根据设计要求，通过研究调查、检索资料、类似机床使用的情况及所要设计机床的先进性，掌握机床设计的依据；然后根据工艺分析，拟定工艺方案，在此基础上，确定运动方案、技术参数，最后画出机床总体布局图。

一、机床工艺方案拟定

首先确定加工对象的加工方法，根据加工方法，对所设计机床的工艺范围进行分析，在传统的工艺基础上，扩大工艺范围，以增加机床的功能和适应新工艺发展的需求；拟定出多个工艺进行经济效果预测，再从中找出性能优良、经济实用的工艺方案。

二、机床运动方案拟定

根据工艺方案和所确定的加工方法，进行机床运动方案的分配。即什么样的运动才能实现机床所需要的加工功能；运动方案不同，机床的运动也截然不同。

1. 机床的运动学原理

工件的加工表面是通过机床上刀具与工件的相对切削运动而形成的，因此要分析机床的运动功能，需要了解工件表面的形成方法。

任何一个表面都可以看成是一条曲线（或直线）沿着另一条曲线（或直线）运动的轨迹，这两条曲线（或直线）成为该表面的发生线，前者称为母线，后者称为导线。

2. 发生线的形成方法

工件加工表面的发生线是通过刀具切削刃与工件接触并产生相对运动而形成的，有如下4种方法：

（1）轨迹法：如图 4-1（a）所示，车削外圆，发生线（直导线）是由点切削刃做直线运动轨迹形成的。因此，为了形成发生线，刀具和工件之间需要有一个相对直线运动。

（2）成形法（仿形法）：如图 4-1（b）所示，宽刃车刀车削短外圆，刀具是线切削刃，与工件的发生线（直导线）吻合，因此发生线由刀刃实现，发生线的形成不需要刀具与工件的相对运动。

（3）相切法：如图 4-1（c）所示，圆柱铣刀铣削外圆柱面，面切削刃及发生线是由轨迹法生成的，需要一个运动 n_1，而发生线（圆）是面切削刃运动轨迹的切线组成的包络面，故发生线是由相切法生成的，需要两个直线运动 f_1 和 f_2 才能形成发生线。

（4）展成法：如图 4-1（d）所示，滚齿加工，发生线（渐开母线）是由切削刃（线切削刃）在刀具与工件做展成运动时所形成的一系列轨迹线的包络线。刀具与工件之间需要一个相对的复合运动（简称展成运动）。

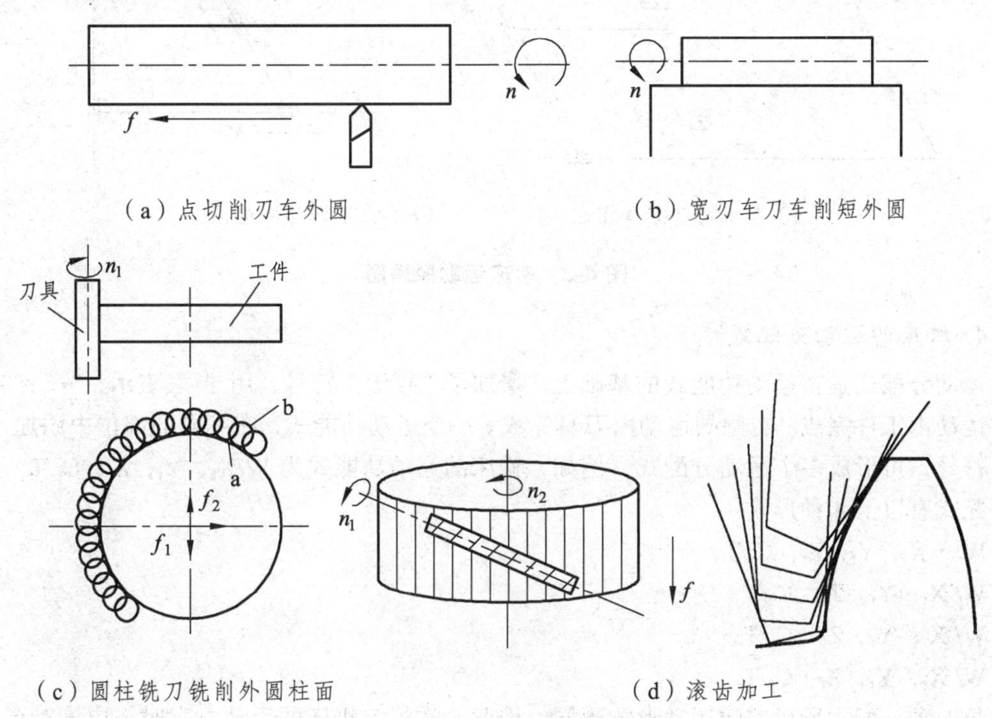

（a）点切削刃车外圆　　（b）宽刃车刀车削短外圆

（c）圆柱铣刀铣削外圆柱面　　（d）滚齿加工

图 4-1　发生线的形成方法

3. 机床运动功能的描述形式

机床运动功能的描述采用运动功能图和运动功能式。运动功能图是将机床的运动功能式用简洁的符号和图形表示出来，如图 4-2 所示。运动功能式表示了机床运动的个数、形式、功能以及运动顺序。左边写工件，用 W 表示；右边写刀具，用 T 表示，中间写运动，按运动顺序排列，并用符号“/”分开。主运动用下标 p 表示、进给运动用 f 表示、非成形运动用 a 表示。车床的运动功能式为 $W/C_p, Z_f, X_f/T$，三轴铣床的运动功能式为 $W/X_f, Y_f, Z_f, C_p/T$，如图 4-3 所示。

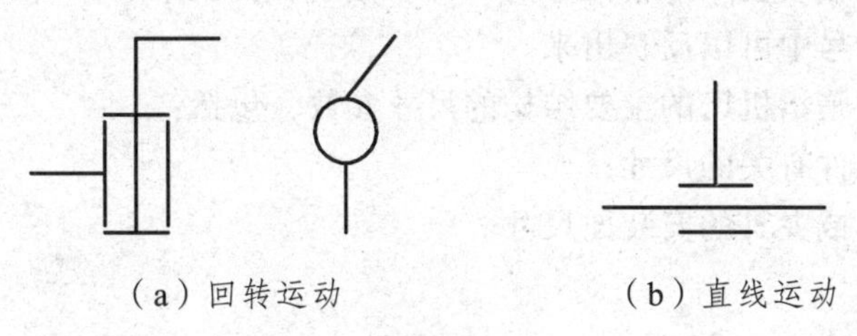

（a）回转运动　　（b）直线运动

图 4-2　运动原理符号

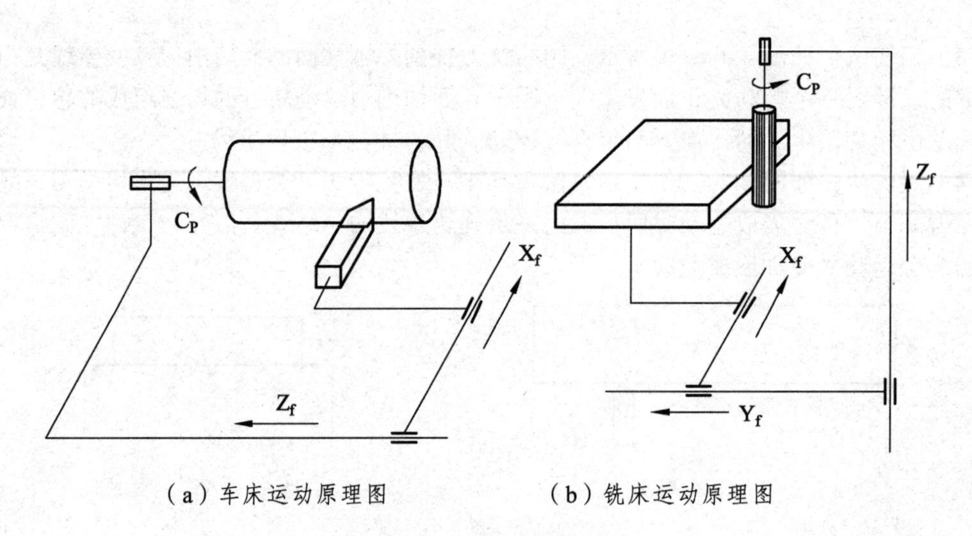

图 4-3　机床运动原理图

4. 机床的运动分配式

运动分配式是在运动功能式的基础上，增加了“接地”符号，用“•”表示，“•”符号左侧的运动由工件完成，右侧的运动由刀具完成。一个运动功能式，在不同的部位中添加“接地”符号，可形成多个运动分配式，例如，铣床的运动功能式为 W/X_f，Y_f，Z_f，C_p/T，其运动分配式有以下 4 种形式：

W/ · X_f，Y_f，Z_f，C_p/T；

W/ X_f · Y_f，Z_f，C_p/T；

W/ X_f，Y_f · Z_f，C_p/T；

W/ X_f，Y_f，Z_f · C_p/T。

每一种分配式所对应的运动形式不同。因此，在拟定机床的运动方案时，应该对众多的运动分配式进行评价筛选，选出其中合理的方案。

三、机床技术参数拟定

机床的技术参数包括主参数和基本参数，基本参数又包括尺寸参数、运动参数、动力参数。

1. 主参数和尺寸参数

机床的主参数是代表机床规格大小的一种参数。各类机床以什么尺寸作为主参数已有统一的规定，并且在型号中可以反映出来。

机床的尺寸参数是指机床的主要结构的尺寸参数，包括：

（1）与被加工零件有关的尺寸；

（2）标准化工具或夹具的安装面尺寸。

2. 运动参数

机床的运动参数是指机床执行件的运动速度，对于专用机床通常是固定的，可根据切削速度计算其运动速度，方法简单，不再赘述。下面主要介绍通用机床的运动参数的确定方法。

运动参数包括主运动参数、进给运动参数。

（1）主运动参数：对于通用机床，由于加工工件工序、尺寸、材料等的变化，一般要求主运动执行件具有多级不同的运动速度，可采用无级变速，也可采用有级变速，但都需要确定其变速范围。若采用有级变速，还应确定变速级数。

直线主运动和回转主运动机床的运动参数设计类似。回转主运动的机床，主运动参数为主轴转速，具体设计过程如下：

例：工件的回转运动（车床）和刀具的旋转运动（铣床），转速（r/min）与切削速度的关系为

$$n = \frac{1\,000v}{\pi d}$$

式中：n——转速（r/min）；

v——切削速度（m/min），通常与刀具的类型、材质和切削角度等有关；

d——工件（或刀具）直径（mm）。

主运动是直线运动的机床，主运动参数是每分钟的往复次数（次/分）（双行程数），如插床、刨床。

① 最低转速 n_{min} 和最高转速 n_{max} 的确定。

可选择典型工序的加工状态，按照下式计算主轴转速：

最高转速：$n_{max} = \dfrac{1\,000v_{max}}{\pi d_{min}}$

最低转速：$n_{min} = \dfrac{1\,000v_{min}}{\pi d_{max}}$

变速范围：$R_n = \dfrac{n_{max}}{n_{min}}$

式中，v_{min}、v_{max} 可根据切削用量手册或切削试验确定。

通用机床的 d_{max}、d_{min} 并不是指机床上可能加工的最大和最小直径，而是在实际使用情况下，采用 v_{max}、v_{min} 时常用的经济加工直径，对于通用机床，一般取：

$$d_{max} = KD_{max}，\quad R_d = \frac{d_{min}}{d_{max}}$$

式中　D_{max}——机床能加工的最大直径（mm）；

K——系数，卧式车床 $K = 0.5$，摇臂钻床 $K = 1$；

R_d——计算直径范围 $R_d = 0.2 \sim 0.25$。

例如：$\phi 400$ mm 卧式车床，用硬质合金车刀精车外圆，主轴转速为最高，可采用 $v_{max} = 200$ m/min，则

$$d_{max} = KD_{max} = 0.5 \times 400 \text{ mm} = 200 \text{ mm}$$

$$d_{min} = (0.2 \sim 0.25)d_{max} = (0.2 \sim 0.25) \times 200 \text{ mm} = (40 \sim 50) \text{ mm}$$

取 $d_{\min} = 50\ \text{mm}$

$$n_{\max} = \frac{1\,000 v_{\max}}{\pi d_{\min}} = \frac{1\,000 \times 200}{\pi \times 50} = 1\,273(\text{r/min})$$

用高速工具钢低速精车丝杠，主轴转速为最低，可采用 $v_{\min} = 1.5\ \text{m/min}$，$\phi 400\ \text{mm}$ 的车床，加工丝杠用的最大直径 $d_{\max} = 50\ \text{mm}$，则

$$n_{\min} = \frac{1\,000 v_{\min}}{\pi d_{\max}} = \frac{1\,000 \times 1.5}{\pi \times 50} = 9.55\ （\text{r/min}）$$

CA6140 型车床主轴的最低转速为 10 r/min，最高转速为 1 400 r/min，与计算结果相符。考虑到今后的技术储备，适当提高和缩小最高转速和最低转速，新设计的 ϕ400 mm 车床的最低转速为 10 r/min，最高转速为 1 600 r/min。

② 主轴转速的合理排列方式。

为了满足各种不同工艺的要求，主轴必须有若干不同的转速，如采用分级变速方式。

在采用分级变速时，在确定了 $n_{\max}$、$n_{\min}$ 之后还应该进行转速分级，确定中间级的转速。目前，多数机床的主轴转速是按等比级数排列，公比用 φ 表示，分级变速机构共有 Z 级，即

$$\left.\begin{aligned}
&n_1 = n_{\min} \\
&n_2 = n_1 \varphi \\
&n_3 = n_2 \varphi = n_1 \varphi^2 \\
&\vdots \\
&n_z = n_{z-1} \varphi = n_1 \varphi^{z-1} = n_{\max}
\end{aligned}\right\}$$

例：有一台车床，主轴转速（r/min）共 12 级，分别为 31.5、45、63、90、125、180、250、355、500、710、1 000、1 400 r/min。呈等比数列，公比为 $\varphi = 1.41$。按等比数列排列的主轴转速有下列优点：

a. 使转速范围内的转速相对损失均匀。

设某一工序的合理转速为 n，而在机床上可能没有 n 这一级，n 落在相邻两转速 n_j、n_{j+1} 之间，即

$$n_j < n < n_{j+1}$$

若选用 n_{j+1}，由于过高的切削速度会使刀具寿命下降。为了不降低刀具耐用度，一般选用转速 n_j。因此，将产生转速损失，其相对损失率：

$$A = \frac{n - n_j}{n}$$

当 n 趋近 n_{j+1} 时，最大的相对转速损失率为

$$A_{\max} = \lim_{n \to n_{j+1}} \frac{n - n_j}{n} = \frac{n_{j+1} - n_j}{n_{j+1}} = 1 - \frac{n_j}{n_{j+1}} = 1 - \frac{1}{\varphi}$$

b. 使变速传动系统简化。

按等比数列排列的主轴转速，一般借助串联若干个滑移齿轮组来实现。当每一滑移齿轮组内的各齿轮副的传动比是等比数列时，各串联齿轮副传动比的乘积，即主轴转速也是等比数列。 因此，采用等比数列的主轴转速，使机床变速传动系统简单了。

③ 标准公比值φ和标准转速数列。

a. 制定公比φ标准值的原则：

- 满足转速递增和相对损失的最大值不大于 50%，因 $1\leqslant \varphi <2$；
- 为了便于设计和使用机床，希望转速数列是十进制，满足：$\varphi=\sqrt[E1]{10}$；
- 为了便于采用多速电机，希望转速列中有某一转速 n，隔几级后再有转速 $2n$，应满足：$\varphi=\sqrt[E2]{2}$。

b. 标准数列当采用标准公比后，转速数列可直接查出（见表 4-1）。

表 4-1　标准公比

φ	1.06	1.12	1.26	1.41	1.58	2
$\sqrt[A]{2}$	$\sqrt[12]{2}$	$\sqrt[6]{2}$	$\sqrt[3]{2}$	$\sqrt{2}$	—	2
$\sqrt[B]{10}$	$\sqrt[40]{10}$	$\sqrt[20]{10}$	$\sqrt[10]{10}$	—	$\sqrt[3]{10}$	—
相对速度损失	5.6%	11%	21%	29%	37%	50%

例：设计一台卧式车床，$n_{\min}$=12.5 r/min，$n_{\max}$=2 000 r/min，φ =1.26。查表 4-2，首先找 12.5，然后每隔 3 个数（$1.26=1.06^4$）取一个值，可得如下数列：12.5、16、20、25、31.5、40、50、63、80、100、125、160、200、250、315、400、500、630、800、1 000、1 250、1 600、2 000 共 23 级。

表 4-2　标准数列表

1	2	4	8	16	31.5	63	125	250	500	1 000	2 000	4 000	8 000
1.06	2.12	4.25	8.5	17	33.5	67	132	265	530	1 060	2 120	4 250	8 500
1.12	2.24	4.5	9	18	35.5	71	140	280	560	1 120	2 240	4 500	9 000
1.18	2.36	4.75	9.5	19	37.5	75	150	300	600	1 180	2 360	4 750	9 500
1.25	2.5	5	10	20	40	80	160	315	630	1 250	2 500	5 000	10 000
1.32	2.8	5.3	10.6	21.2	42.5	85	170	335	670	1 320	2 650	5 300	10 600
1.4	2.65	5.6	11.2	22.4	45	90	180	355	710	1 400	2 800	5 600	11 200
1.5	3.0	6	11.8	23.6	47.5	95	190	375	750	1 500	3 000	6 000	11 800
1.6	3.15	6.3	12.5	25	50	100	200	400	800	1 600	3 150	6 300	12 500
1.7	3.35	6.7	13.2	26.5	53	106	212	425	850	1 700	3 350	6 700	13 200
1.8	3.55	7.1	14	28	56	112	224	450	900	1 800	3 550	7 100	14 100
1.9	3.75	7.5	15	30	60	118	236	475	950	1 900	3 750	7 500	15 000

④ 公比选用的一般原则。

从使用性能考虑，公比最好选得小一些，以减少相对转速损失。但公比越小，级数越多，使机床结构越复杂。对于通用机床，公比一般可取 1.26 或 1.41；对于专用机床、自动化机床，减少相对转速损失率的要求更高，常取 1.06、1.12；有些小型机床希望简化结构，公比可取大些，如 1.58、1.78 或 2。

⑤ 变速范围 R_n、公比 φ 和级数 z 的关系。

$R_n = \dfrac{n_{\max}}{n_{\min}} = \varphi^{z-1}$，则，$z = \dfrac{\lg R_n}{\lg \varphi} + 1$。

知道任意两个可求出第三个，φ 和 z 值应圆整为标准数和整数。

（2）进给运动参数（进给量）的确定。

数控机床和重型机床的进给为无级调整，普通机床多采用分级调整。为使相对损失为一定值，进给量的数列也应取等比数列。首先根据工艺要求，确定最大、最小进给量 $f_{\max}$、$f_{\min}$，然后选择标准公比 φ_f 和进给量级数 z_f，再计算其他参数。有的往复主运动机床，是等差数列，如卧式车床，进给箱的分级是根据螺纹标准而定，是一个分段的等差数列。

四、动力参数的确定

动力参数包括机床驱动的各种电动机的功率和转矩。

1. 主运动电动机功率的确定

机床主运动驱动电机的功率：

$$P = P_{切} + P_{空} + P_{附}$$

式中　$P_{切}$——消耗于切削的功率，又称为有效功率（kW）；

$P_{空}$——空载功率（kW）；

$P_{附}$——载荷附加功率（kW）；

（1）$P_{切}$ 的计算：

$$P_{切} = \frac{F_z v}{60\,000}$$

式中　F_z——切削力（N）；

v——切削速度（m/min），由手册查得。

（2）$P_{空}$ 的计算。

机床主运动空转时由于传动件摩擦、搅油、克服空气阻力等所消耗的功率，它与载荷无关，只随传动件速度和数量的增加而增大。中型机床主传动链的空载功率损失由下列公式计算：

$$P_{空} = \frac{K d_{平均}}{955\,000}\left(\sum n_i + C n_{主}\right)$$

$$C = C_1 \frac{d_{主}}{d_{平均}}$$

式中　$d_{平均}$——主运动系统中除主轴外所有传动轴的平均直径（cm），主运动系统的结构尚未确定时，按主运动电动机的功率估算：

1.5 kW < $P_{主}$ ≪ 2.5 kW　　　$d_{平均} = 3.0$ cm

2.5 kW < $P_{主}$ ≪ 7.5 kW　　　$d_{平均} = 3.5$ cm

7.5 kW < $P_{主}$ ≪ 14 kW　　　$d_{平均} = 4.0$ cm

（3）$P_{附}$的计算。

加上切削载荷后，传动件摩擦功率有所增加。它随切削功率的增加而增大，计算公式为

$$P_{附} = \frac{P_{切}}{\eta_{机}} - P_{切}$$

式中，$\eta_{机}$为各串联传动副的机械效率，$\eta_{机} = \eta_1\eta_2\cdots$；因此，主运动驱动电动机的功率为$P_{主} = \frac{P_{切}}{\eta_{机}} + P_{空}$。当机床结构尚未确定时，用下式可粗略估计主电动机的功率：$P_{主} = \frac{P_{切}}{\eta_{总}}$，$\eta_{总}$为机床总效率。主运动为回转运动时，$\eta_{总}$取 0.7 ~ 0.85；主运动为直线运动时，$\eta_{总}$取 0.6 ~ 0.7。

2. 进给驱动电动机功率的确定

（1）进给运动与主运动合用一个电机时，进给运动所消耗的功率远小于主传动功率，可忽略进给运动所需的功率。

（2）进给运动与快速进给合用一个电机时，快速进给所需的功率远大于进给运动的功率，因此不必考虑进给运动所需的功率。

（3）进给运动采用单独的电机驱动。对于普通交流电动机，进给运动的功率由下式计算：

$$P_{进} = \frac{Qv_{进}}{60\,000\eta_{进}}$$

式中　Q——牵引力（N）；

$v_{进}$——进给速度；

$\eta_{进}$——进给传动系的机械效率，一般取 0.15 ~ 0.2。

粗略计算时，可根据进给传动与主传动所需功率之比值来估算进给驱动电动机功率。

3. 快速运动（空行程）电动机功率的确定

快速运动一般由单独电动机驱动。快速运动电动机启动时消耗的功率最大，要同时克服移动件的惯性力和摩擦力，由下式计算：

$$P_{快} = P_{惯} + P_{摩}$$

式中　$P_{惯}$——克服惯性力所需的功率（kW）；

$P_{摩}$——克服摩擦力所需的功率（kW）。

$$P_{惯} = \frac{M_{惯} n}{9\ 550\eta}$$

式中　$M_{惯}$——克服惯性力所需电动机轴上的转矩（N · m）;

n——电动机转速

η——传动件的机械效率。

$$M_{惯} = J\frac{\omega}{t}$$

式中　J——转化到电动机轴上的当量转动惯量（kg · m²）;

ω——电动机的角速度（rad/s）;

t——电动机启动时转速加速过程的时间（s），数控机床可取伺服电动机机械时间常数的 4 倍，中小型普通机床可取 $t = 0.5$ s，大型机床可取 $t = 1$ s。

$$J = \sum_k J_k \left(\frac{\omega_k}{\omega}\right)^2 + \sum_i m_i \left(\frac{v_i}{\omega}\right)^2$$

式中　J_k——各旋转件的转动惯量（kg · m²）;

ω_k——各旋转件的角速度（rad/s）;

m_i——各直线运动件的质量（kg）;

v_i——各直线运动件的速度（m/s）。

如果快速移动部件是垂直升降运动，则电动机要同时克服部件重力和摩擦力，则

$$P_{摩} = \frac{(mg + \mu' F)v}{60\ 000\eta}\ （kW）$$

如果快速移动部件是水平运动，则

$$P_{摩} = \frac{\mu' mgv}{60\ 000\eta}\ （kW）$$

式中　m——移动部件的质量（kg）;

v——移动部件的速度（m/min）;

g——重力加速度，$g = 9.8\ \text{m/s}^2$;

F——移动部件与升降机构（如丝杠）不同心而引起的导轨上的挤压力（N）;

μ'——当量摩擦系数，矩形导轨 $\mu' = 0.12 \sim 0.13$，直角三角形导轨 $\mu' = 0.17 \sim 0.18$，燕尾形导轨 $\mu' = 0.2$。

一般普通机床的快速移动电动机的功率和移动速度见表 4-3。

表 4-3　机床部件快速移动速度和功率

机床类型	主参数/mm	移动部件名称	速度/m · min^{-1}	功率/kW
卧式车床	400	溜板箱	3 ~ 5	0.25 ~ 0.6
	630 ~ 800		4	1.1
	1 000		3 ~ 4	1.5
	2 000		3	4
立式车床	单柱 1 250 ~ 1 600	横　梁	0.44	2.2
	双柱 2 000 ~ 3 150		0.35	7.5
	5 000 ~ 10 000		0.3 ~ 0.37	17
摇臂钻床	25 ~ 35	摇　臂	1.28	0.8
	40 ~ 50		0.9 ~ 1.4	1.1 ~ 1.2
	75 ~ 100		0.6	3
	125		1.0	7.5
卧式镗床	63 ~ 75	主轴箱和工作台	2.8 ~ 3.2	1.5 ~ 2.2
	85 ~ 110		2.5	2.2 ~ 2.8
	125		2.0	4.0
	200		0.8	7.5
升降台铣床	200	工作台和升降台	2.4 ~ 2.8	0.6
	250		2.5 ~ 2.9	0.6 ~ 1.7
	320		2.3	1.5 ~ 2.2
	400		2.3 ~ 2.8	2.2 ~ 3
龙门铣床	800 ~ 1 000	横梁工作台	0.65	5.5
			2.0 ~ 3.2	4
龙门刨床	1 000 ~ 1 250	横　梁	0.57	3.0
	1 250 ~ 1 600		0.57 ~ 0.9	3.0 ~ 5.5
	2 000 ~ 2 500		0.42 ~ 0.6	7.5 ~ 10

第二节　机床总体布局设计

拟定最佳工艺方案，进行运动方案的分配，最终确定机床合理的布局形式，这是机床设计的重要工作，它对机床的设计、制造与使用都有很大影响。

一、分配机床的运动

机床运动分配不同，布局就不同。因此，机床的运动分配应注意以下 4 点：

（1）将运动分配给质量小的零部件。运动件质量小，惯性小，需要的驱动力就小，传动件体积小，制造成本就低。例如：加工大型工件的龙门铣床，由于工件质量大于铣削头的质量，工作台带动工件只完成纵向往复运动，而铣削主轴则完成旋转、垂直和横向进给运动。铣削小型工件用的铣床，工件质量相对于铣削头来说，质量较小，因此，工件分别由工作台、床鞍、升降台带动完成纵向、横向、垂直运动，铣刀只完成旋转运动。

（2）运动的分配应视工件的形状而定。例如，同样是加工孔，箱体上的内孔可以在镗床上加工，圆柱形工件的内孔则可以在车床上加工，因此，应视工件的形状确定运动部件。

（3）运动分配应有利于提高工件的加工精度。

（4）运动分配应有利于提高运动部件的刚度。

二、结构布局的设计

机床的结构布局形式有立式、卧式及斜置式等，基础支承件的形式又有底座式、立柱式、龙门式等。卧式机床可用卧式支承，也可用立式支承。例如：CA6140 型卧式机床为卧式支承，X6132A 型卧式机床为立式支承。

卧式支承的机床，重心低，刚度大，是中小型机床的首选支承形式。立式支承又称为柱式支承，简称为立柱。这种支承占地面积小，刚度较卧式差，机床的操作位置比较灵活。龙门框架支承，是单臂支承的改进形式，又称为双柱式支承，适用于立式大型机床。

三、操作装置的设计

机床总体设计，在考虑达到技术性能指标的同时，必须注意机床操作者的生理和心理特征，充分发挥人和机床的各自特点，达到人机最佳综合功效。

机床各部件相对位置的安排，应保证：①设计时应注意操作装置的形状、大小、位置、运动状态和操作力的大小等，留出人操作的位置，有足够的活动空间，让操作者有一个合适的姿态，以便于工件的装卸、刀具的安装调试、加工情况的观察和工件检验，达到操作准确、省力、方便。②功能不同的按钮应有不同的颜色，且这些颜色应和人的视觉习惯一致、符合人的心理生理特征，防止误操作。

当操作者站立不动时，常用手柄应集中设置在操作者的正常活动范围内，不常用的手柄就近设计，以方便操作。此外，当运动件做直线运动时，手柄操作方向应大致平行于运动件的移动轨迹，并与运动件产生的运动方向一致。当运动件做回转运动时，手柄的回转平面应与运动件的回转平面平行，手柄的操作方向应与运动件产生的回转方向一致。按钮的排列直线应和运动件的运动方向相平行，即操纵运动件向右、向前或向上的按钮应布置在按钮板的最右、最前和最上方，如图 4-4 所示。

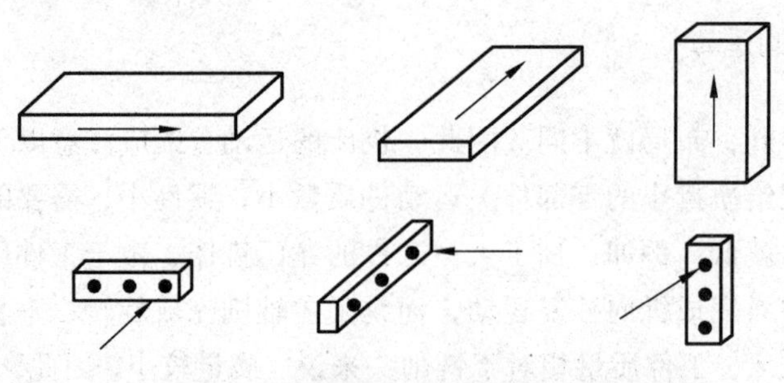

图 4-4　平面运动按钮布置规则

要实现正确的操作，操作者必须能够准确、全面、及时地接受外界的信息。设计时应研究和分析人感觉器官的感知能力和范围，确定合适的人机界面。人眼对直线轮廓比对曲线轮廓更易接受。人眼最易辨别红色，依次为绿、黄、白；因此，通常用红色表示危险、禁止，红色按钮为停车；黄色表示提醒、警告，达到临界状态，黄色按钮为点动；绿色表示安全、正常的工作状态，绿色按钮表示工作。当两种颜色匹配在一起时，最易辨别的顺序是黄底黑字、黑底白字、蓝底白字、白底黑字等。

四、造型设计

机床造型设计力求做到好用、经济、美观和创新，要求功能与形式、技术与艺术相协调，体现产品功能、结构和艺术的综合美感，总原则是经济、实用、美观、大方。造型设计应从机床造型设计和色彩两方面去评价。

外观造型设计应使机床对称、均衡，比例协调。为了达到良好的视觉效果，部件的形体采用小圆角过渡，长宽的比例常为黄金分割比例。各部分之间的设计达到调和统一、稳重安定且不失对比、轻巧。

色彩造型设计要适合人的心理、生理要求。不同的色调给人心理和生理上带来不同的反应。绿色有助于劳动生产率的提高，而蓝色和紫色则会降低劳动生产率。工业产品种类繁多，功能、形态各异，色彩应有区别。

对于大型设备，要增强其视觉的稳定感和力度感，不宜用太浅的颜色，而是用纯度、明度都较低的色彩为主色调。为了提高其生动和活泼的效果，可以少部分用与主体调和的明度较高的其他色彩，有目的和有重点地配置。

第三节　主传动系统的设计

机床的主传动系统用来实现机床的主运动，其末端件直接参与切削加工，形成所需要的表面和加工精度，并且变速范围宽，传递功率大，结构复杂，是机床中最重要的传动链，因此，在设计时结合具体机床具体分析。一般应满足以下要求：

（1）满足机床的使用要求，主轴要有足够的变速范围和转速级数；直线运动机床，应有足够的双行程数范围和变速级数；传动系统设计合理，操纵方便灵活、迅速、安全可靠等。

（2）满足机床传递动力的要求，传动系统应能传递足够的功率和转矩。

（3）满足机床的工作性能要求，传动系统中所有零件应有足够的刚度、精度、抗振性能和较小的热变形。

（4）满足经济性要求。传动链尽可能短，零件数目尽可能少，以便节材，降低成本。

（5）调整维修方便，结构简单、合理，便于加工和装配。

一、分级变速主传动系统设计

分级变速系统的设计步骤如下：在确定运动参数的基础上，拟定结构式、画出转速图，合理分配各变速组中的传动比，确定齿轮齿数和带轮直径，最后绘制出主变速传动系的传动系图。

（一）转速图

转速图由三线一点组成。三线分别指传动轴的格线（竖线）、转速格线（横线）、传动线（斜线），一点指转速点。

（1）传动轴格线：由距离相等的竖线组成。按传动顺序，从左到右依次排列，轴号写在上面。竖线之间距离相等是为了图示清楚，不表示传动轴间的真实距离。

（2）转速格线：由间距相等的水平横线组成。由于主轴的转速数列是等比数列，因此相邻转速线的间距为 $\lg\varphi$，为了计算方法，通常省去 lg，按照 φ 来计算，每升高（或降低）一格，所代表的转速就升高（降低）φ 倍。

（3）转速点：转速图中的小圆点。主轴和各传动轴上有几个小圆点，就表示有几级转速。

（4）传动线：两转速点之间的连线。传动线的倾斜方式代表传动比的大小，传动比大于 1，传动线向上倾斜，表示升速运动。传动比等于 1，传动线水平传动，表示等速运动。传动比小于 1，传动线向下倾斜，表示降速运动。一个主动转速点引出的传动线的数目，代表该变速组的传动副数，即有几条传动线，表示该变速组有几对传动副；平行的传动线代表同一传动副。

有一台中型卧式机床，其变速传动系图如图 4-5（a）所示，转速图如图 4-5（b）所示。

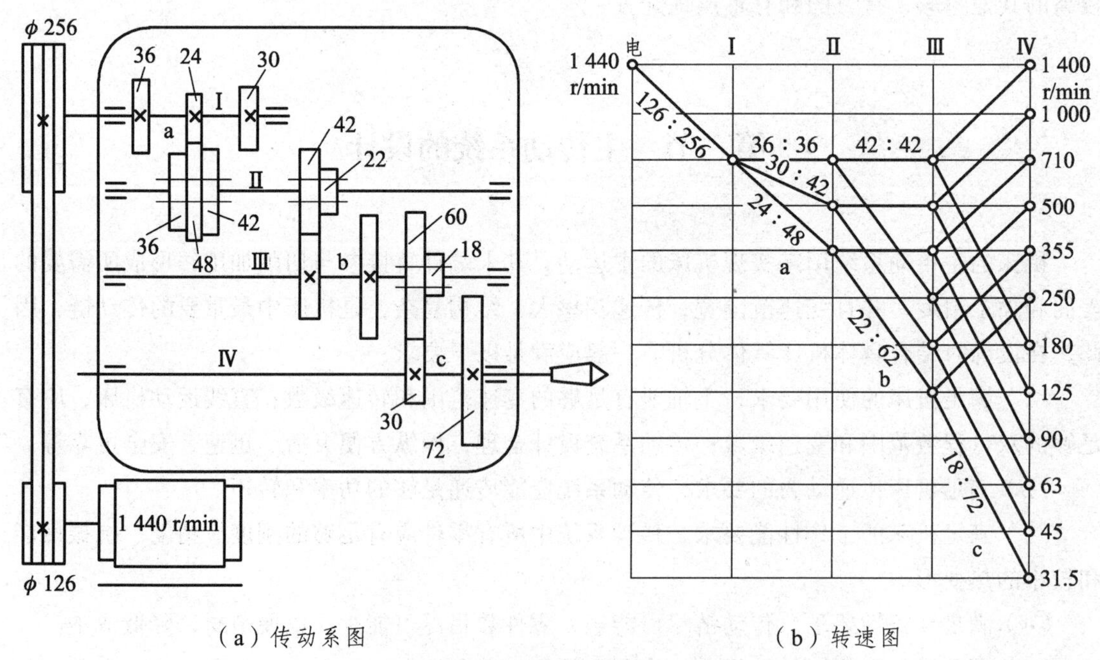

（a）传动系图　　（b）转速图

图 4-5　卧式车床主变速传动系的传动系图和转速图

传动系统内共有 5 根轴：依次是电动机轴、轴Ⅰ、轴Ⅱ、轴Ⅲ、轴Ⅳ，轴Ⅳ为主轴。轴Ⅰ-Ⅱ之间为变速组 a，轴Ⅱ-Ⅲ、轴Ⅲ-Ⅳ之间分别为变速组 b、c。主轴上有 12 个小圆点，代表 12 级转速，即 $z = 12$，变速范围为 31.5 ~ 1 440 r/min，公比 $\varphi = 1.41$。

电动机与轴Ⅰ之间为定比传动，传动比 $i = \dfrac{126}{256} \approx \dfrac{1}{2} = \dfrac{1}{\varphi^2}$，是降速运动，传动线向右下方倾斜两格，轴Ⅰ转速为

$$n_1 = 1\,440 \text{ r/min} \times \frac{126}{256} = 710 \text{ r/min}$$

在轴Ⅰ-Ⅱ之间的变速组 a 中，由一个转速点引出 3 条传动线，即有 3 个传动副，其传动比分别为

$$i_{a1} = \frac{36}{36} = 1$$

$$i_{a2} = \frac{30}{42} = \frac{1}{1.41} = \frac{1}{\varphi}$$

$$i_{a3} = \frac{24}{48} = \frac{1}{2} = \frac{1}{\varphi^2}$$

在转速图上，3 条线分别是水平、下降一格、下降两格，因此，在轴Ⅱ上有 3 个速度，分别为 710 r/min，500 r/min，355 r/min。

在轴Ⅱ-Ⅲ之间的变速组 b 中，由一个转速点引出两条传动线，即有两个传动副，其传动比分别为

$$i_{b1} = \frac{42}{42} = 1$$

$$i_{b2} = \frac{22}{62} = \frac{1}{2.82} = \frac{1}{\varphi^3}$$

在转速图上，两条线分别是水平、下降三格。由于轴Ⅱ上有 3 个速度，每个速度都通过上述两条线与轴Ⅲ相连接，故轴Ⅲ上有 $3 \times 2=6$ 种转速，连线中的平行线代表同一传动比。

在轴Ⅲ-Ⅳ之间的变速组 c 中，由一个转速点引出两条传动线，即有两个传动副，其传动比分别为

$$i_{c1} = \frac{60}{30} = 2 = \varphi^2$$

$$i_{c2} = \frac{18}{72} = \frac{1}{4} = \frac{1}{\varphi^4}$$

在转速图上，两条线分别是上升两格、下降四格。由于轴Ⅲ上有 6 个速度，每个速度都通过上述两条线与轴Ⅳ相连接，故轴Ⅳ上有 $6 \times 2=12$ 种转速。

（二）各变速组的变速范围及极限传动比

变速组的级比是指主动轴上同一点传往从动轴上相邻两传动线的比值，用 φ^{x_i} 表示，级比中的幂指数 x_i 称为级比指数，它相当于由上述相邻两传动线与从动轴交点之间拉开的格数。

设计时，把级比指数等于 1 的变速组称为基本组。基本组的传动副数用 P_0 表示，级比指数用 x_0 表示。后面的变速组因起变速扩大的作用，称为扩大组。

变速组中最大传动比与最小传动比的比值，称之为变速范围，用 R 表示。

在该车床主传动系统中，变速组 a 有 3 个传动副，其传动比之间的关系为

$$i_{a1} : i_{a2} : i_{a3} = 1 : \frac{1}{\varphi} : \frac{1}{\varphi^2}$$

级比为

$$\varphi_a = \frac{i_{a1}}{i_{a2}} = \frac{i_{a2}}{i_{a3}} = \varphi^1$$

级比指数 $x_a = 1$。从转速图中可见，轴Ⅱ-Ⅲ之间、轴Ⅲ-Ⅳ之间都是在变速组 a 的基础上逐步将变速范围扩大，故变速组 a 为基本组。变速范围为 $R_a = \frac{i_{a1}}{i_{a3}} = \frac{1}{\frac{1}{\varphi^2}} = \varphi^2$。

变速组 b 有两个传动副，其传动比之间的关系为

$$i_{b1} : i_{b2} = 1 : \frac{1}{\varphi^3} = \varphi^3$$

级比为

$$\varphi_b = \frac{i_{b1}}{i_{b2}} = \varphi^3$$

级比指数 $x_b = 3$，变速组 b 是将基本组的变速范围进行第一次扩大，因此称为第一扩大组。变速范围为 $R_a = \frac{i_{b1}}{i_{b2}} = \frac{1}{\frac{1}{\varphi^3}} = \varphi^3$。

变速组 c 有两个传动副，其传动比之间的关系为

$$i_{c1} : i_{c2} = \varphi^2 : \frac{1}{\varphi^4} = \varphi^6$$

级比为

$$\varphi_c = \frac{i_{c1}}{i_{c2}} = \varphi^6$$

级比指数 $x_c = 6$，变速组 c 是将变速组 b 的变速范围进行第二次扩大，因此称为第二扩大组。变速范围 $R_c = \frac{i_{c1}}{i_{c2}} = \varphi^6$。

以 P_0、P_1、$P_2 \cdots P_n$ 表示基本组、第一扩大组、第二扩大组……的传动副数，以 x_0、x_1、$x_2 \cdots x_n$ 表示基本组、第一扩大组、第二扩大组……的级比指数。在本例中：

$x_0 = 1$，$P_0 = 3$，基本组的变速范围 $R_a = \varphi^2 = \varphi^{x_0(P_0-1)}$；

$x_1 = 3$，$P_1 = 2$，第一扩大组的变速范围：$R_b = \varphi^3 = \varphi^{x_1(P_1-1)}$；

$x_2 = 6$，$P_2 = 2$，第二扩大组的变速范围：$R_c = \varphi^6 = \varphi^{x_2(P_2-1)} = \varphi^{x_0 P_0 P_1 (P_2-1)}$。

则第 k 个扩大组有：

$$x_k = x_0 P_0 P_1 \cdots P_{k-1}$$

$$R_k = \varphi^{x_k(P_k-1)} \varphi_0^{x_0 P_0 P_1 P_2 \cdots P_{k-1}(P_k-1)}$$

主轴的变速范围应等于主变速传动系中各变速组变速范围的乘积，即

$$R_n = R_0 R_1 R_2 \cdots R_j$$

（三）结构式

为了分析比较不同传动系统的方案，常采用结构式。如 $12 = 3_1 \times 2_3 \times 2_6$，12 表示主轴转速，3、2、2 依次表示变速组 a、b、c 的传动副数。结构式中的下标 1、3、6 为变速组 a、b、c 的级比指数。

在该结构式中，传动顺序与扩大顺序相一致，即基本组在前，扩大组在后，还有许多方案。基本组和扩大组还可以采用不同的传动顺序，即 $12 = 3_2 \times 2_1 \times 2_6$，$12 = 2_3 \times 3_1 \times 2_6$，$12 = 3_4 \times 2_1 \times 2_2$ 等。

（四）主变速传动系的设计原则

1. 极限传动比、极限变速范围的原则

设计主变速传动系时，为避免从动齿轮尺寸过大而增加箱体径向尺寸，一般限制最小传动比 $i_{\min} \gg \frac{1}{4}$，为避免扩大传动误差，减少振动和噪声，一般限制直齿圆柱齿轮的最大升速比 $i_{\max} \ll 2$，斜齿圆柱齿轮传动较平稳，可取 $i_{\max} \ll 2.5$。因此，各变速组的变速范围相应受到限制：$R_{\max} = i_{\max} / i_{\min} \ll 8 \sim 10$。

检查变速组的变速范围是否超过极限值，只需检查最后一个扩大组。因为其他变速组的变速范围都比最后扩大组的小，只要最后扩大组的变速范围不超过极限值，其他变速组更不会超过极限值。

例如：结构式 $12 = 3_1 \times 2_3 \times 2_6$，$\varphi = 1.41$，求最后扩大组的变速范围。

解：最后扩大组的传动副数 $P_2 = 2$，级比指数 $x_2 = 6$。

最后扩大组的变速范围：$R_2 = 1.41^{6\times(2-1)} = 8$，符合 8 ~ 10 的范围，其他变速组的变速范围肯定也符合要求。

2. 传动副前多后少的原则

主变速传动系从电动机到主轴，通常是降速运动，越靠近电动机的传动件速度越高，转矩就越小，变速箱的尺寸就小些。因此，在设计主变速传动件的过程中，尽量将传动副多的变速组放在前面，传动副少的变速组放在后面，使更多的传动件集中在高速区工作，以减小变速箱尺寸。例如，$12 = 3 \times 2 \times 2$，$12 = 2 \times 3 \times 2$，$12 = 2 \times 2 \times 3$，第一种传动方案最好。

3. 传动顺序与扩大顺序相一致的原则

在设计主变速传动系时，确定了传动顺序后，还有不同的扩大顺序。例如，$12 = 3 \times 2 \times 2$，还有以下 6 种不同的扩大顺序：$12 = 3_1 \times 2_3 \times 2_6$，$12 = 3_2 \times 2_1 \times 2_6$，$12 = 3_2 \times 2_6 \times 2_1$，$12 = 3_1 \times 2_6 \times 2_3$，$12 = 3_4 \times 2_1 \times 2_2$，$12 = 3_4 \times 2_2 \times 2_1$，转速图如图 4-6 所示。

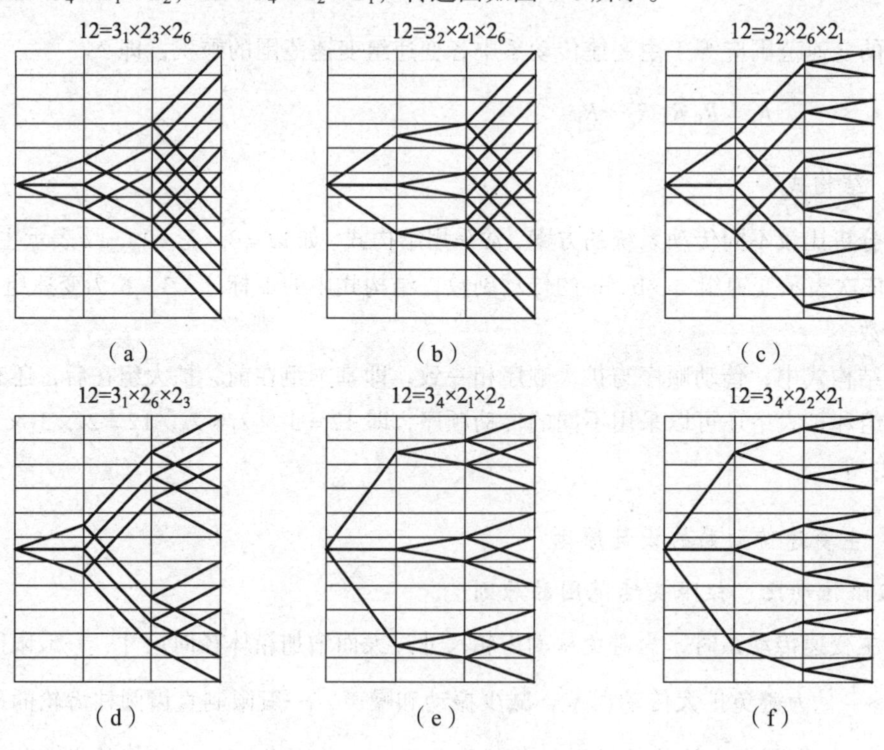

图 4-6　6 种方案的结构

在这 6 种方案中，比较 $12 = 3_1 \times 2_3 \times 2_6$ 和 $12 = 3_2 \times 2_1 \times 2_6$，在图 4-6（a）中，传动顺序

与扩大顺序相一致，即基本组在前，后面依次是第一扩大组、第二扩大组。在图 4-6（b）图中，传动顺序与扩大顺序不一致，第一扩大组在前，后依次是基本组、第二扩大组。比较两种方案，（b）方案扩大组在前，速度变化范围大，（a）方案和（b）方案在传递功率相等的情况下，（b）方案所受转矩大，传动件的尺寸比前一种方案大。同时，由转速图可看出，当传动顺序与扩大顺序相一致时，传动线的分布前面紧密，后面疏松，所以，该原则也称为“前密后疏”原则。

（五）齿轮齿数的确定

1. 齿轮齿数确定的原则

确定的总原则是在保证输出转速准确的前提下，尽量减少齿数，使齿轮结构紧凑，具体要求如下：

（1）齿轮副的齿数和 S_z 不宜过大。

过大的 S_z，会使两轴之间的中心距加大，使机床结构加大，一般推荐齿数和 $S_z \ll 100 \sim 120$；对于标准直齿齿轮，为了避免发生根切，一般取最小齿数 $Z_{\min} \gg 17$。

（2）为了保证齿轮能套在轴上，齿轮的齿槽到孔壁或键槽的壁厚 $a \gg 2m$（m 为齿轮模数），如图 4-7 所示。

（3）三联滑移齿轮的齿数。

变速组内采用三联滑移齿轮时，在确定齿数之后，还应检查滑移齿轮之间的齿数关系：最大齿轮和次大齿轮之间的齿数差应大于等于 4，以保证滑移时，齿轮外圆不相碰。

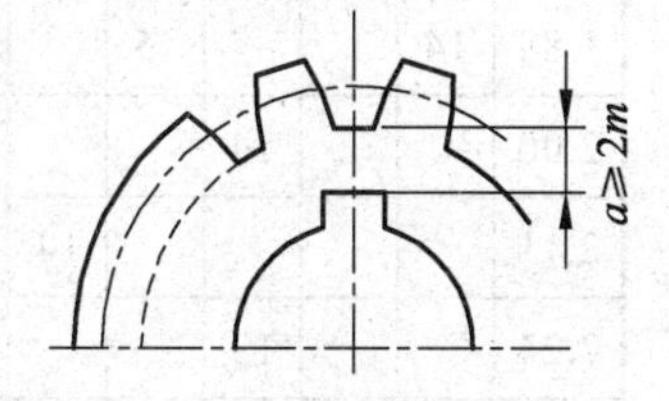

图 4-7　齿轮壁厚

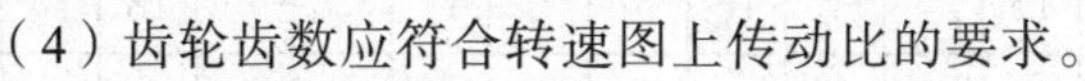

（4）齿轮齿数应符合转速图上传动比的要求。

实际传动比（齿轮齿数比）与理论传动比（转速图上给定的传动比）之间的转速误差应在允许的范围内，即

$$\frac{n'-n}{n} \ll \pm 10(\varphi - 1)\%$$

式中　n'——主轴的实际转速；

n——主轴的标准转速；

φ——公比。

2. 变速组内模数相等时齿轮齿数的确定

确定变速组内齿轮的齿数时，当传动比是标准公比的整数次方时，齿轮的齿数和 S_z 及被动齿轮的齿数可从表 4-4 中选取，表的横坐标是主被动齿轮的齿数和 S_z：$S_z = Z_{主} + Z_{被}$；纵坐标是传动副的传动比 i，$i>1$ 是升速传动。表中所列的值是被动齿轮齿数 $Z_{被}$，主动齿轮的齿数 $Z_{主} = S_z - Z_{被}$。对于降速传动，$i<1$，取倒数查表，查出的为主动齿轮的齿数 Z主。

表 4-4　各种传动比的适用齿数

U	S_z																				
	40	41	42	43	44	45	46	47	48	49	50	51	52	53	54	55	56	57	58	59	60
1.00	20		21		22		23		24		25		26		27		28		29		30
1.06		20		21		22		23									27		28		29
1.12	19							22		23		24		25		26		27		28	
1.19					20		21		22		23					25		26		27	
1.25		19		19		20					22		23		24		25			26	
1.33	17		18		19			20		21		22			23		24	25			
1.41		17					19		20			21		22		23			24		25
1.50	16					18		19			20		21			22		23			24
1.60		16			17				18	19			20		21			22		23	23
1.68	15			16								19			20		21			22	
1.78			15					17			18			19			20		21		
1.88	14			15			16			17			18			19			20		21
2.00			14			15			16			17			18			19			20
2.11					14			15			16			17			18			19	
2.24			13			14				15			16			17			18		
2.37					13			14				15			16			17			
2.51			12				13			14				15			16				17
2.66					12				13			14				15			16	16	
2.82																					
2.99									12				13				14				15
3.16																					
3.35																					
3.55																					
3.76																					
3.98																					
4.22																					
4.47																					
4.73																					

续表

U	S_z																		
	61	62	63	64	65	66	67	68	69	70	71	72	73	74	75	76	77	78	79
1.00		31		32		33		24		35		36		37		38		39	
1.06		30		31		32		33		34		35		36		37		38	
1.12		29		30		31		32		33		34		35		36	36	37	37
1.19	28		29	29		30		31		32		33		34	34	35	35		36
1.25	27		28		29	29		30		31		32		33	33		34		35
1.33	26		27		28			29		30		31			32		33		24
1.41			26		27		28	28		29		30	30		31		32		33
1.50					26		37	27		28		29	29		30		31	31	
1.60		24			25		26			27		28	28		29		30	30	
1.68		23		24			25		26	26		27	27		28		29	29	
1.78	22			23			24		25	25		26			27			28	
1.88	21		22	22		23	23		24			25			26			27	
2.00			21			22			23			24			25			26	
2.11		20			21	21		22	22		23	23		24	24			25	
2.24	19	19			20			21			22	22		23	23		24	24	
2.37	19			19			20	20				21			22			23	
2.51			18			19	19			20	20		21	21			22	22	
2.66		17				18			19	19			20	20			21		
2.82	16				17			18	18			19	19			20	20		
2.99				16			17	17			18	18			19	19			20
3.16						16	16			17	17				18				19
3.35									16	16				17				18	18
3.55												16	16				17	17	
3.76											15	15				16	16		
3.98																			
4.22																			
4.47																			
4.73																			

续表

U	S_z																				
	80	81	82	83	84	85	86	87	88	89	90	91	92	93	94	95	96	97	98	99	100
1.00	40		41		42		43		44		45		46		47		48	49	49	50	50
1.06	39		40	40	41	41	42	42	43	43	44	44	45	46	46	47	47		48		
1.12	38	38		39		40		41		42		43		43	44	45	45	46	46	47	47
1.19		37		38		39	39	40	40	41	41		42		43		44	44	45	45	45
1.25		36	36	37	37		38		39			40	41	41		42		43		44	44
1.33	34	35	35		36		37	37	38	38		39		40	40	41	41		42		43
1.41	33		34		35	35		36		37	37	38	38		39		40	40		41	
1.50	32		33	33		34		35	35		36		37	37	38	38		39	39	40	40
1.60	31		32	32		33	33		34		35	35		36		37	37		38	38	39
1.68	30	30		31		32	32		33	33		34		35	35		36	36		37	37
1.78	29	29		30	30		31			32		33	33		34	34		35	35		36
1.88	28	28		29	29		30	30		31	31		32	32		33	33		34	34	35
2.00		27			28		29	29		30	30		31	31		32		33	33		
2.11		26			27			28	28		29	29		30	30		31	31		32	32
2.24		25			26	26		27	27		28	28		29	29			30	30		31
2.37		24			25	25		26	26				27	27		28	28		29	29	
2.51	23	23			24	24		25	25			26	26		27	27			28	28	
2.66	22	22			23	23		24	24			25	25			26	26		27	27	
2.82	21	21			22			23	23			24	24			25	25			26	26
2.99	20			21	21			22	22			23	23			24	24			25	25
3.16	19			20	20			21	21			22	22			23	23			24	24
3.35			19	19			20	20	20			21	21			22	22			23	23
3.55		18	18	18			19	19			20	20	20			21	21			22	22
3.76	17	17				18	18				19	19				20	20			21	21
3.98	16	16			17	17	17			18	18	18			19	19	19			20	20
4.22				16	16				17	17	17			18	18	18				19	19
4.47		15	15	15				16	16				17	17	17			18	18	18	18
4.73	14	14				15	15	15				16	16	16			17	17	17	16	

续表

U	S_z																			
	101	102	103	104	105	106	107	108	109	110	111	112	113	114	115	116	117	118	119	120
1.00	51	51	52	52	53	53	54	54	55	55	56	56	57	57	58	58	59	59	60	60
1.06	49		50		51		52		53	53	54	54	55	55	56	56	57	57	58	58
1.12		48		49		50		51	51	52	52	53	53	54	54	55	55	56	56	57
1.19	46		47		48		49	49	50	50	51	51	52	52		53		54	54	55
1.25	45	45		46		47	47	48	48	49	49	50	50		51	51	52	52	53	53
1.33	43	44	44		45		46	46	47	47		48	48	49	49	50	50	51	51	52
1.41	42	42	43	43		44	44	45	45	46	46		47	47	48	48		49	49	50
1.50		41	41	42	42		43	43	44	44		45	45	46	46		47	47	48	48
1.60	39		40	40	41	41	41	42	42		43	43	44	44		45	45	46	46	46
1.68	38	38		39	39		40	40	41	41		42	42		43	43	44	44	44	45
1.78	36	37	37		38	38		39	39		40	40	41	41	41	42	42		43	43
1.88	35		36	36		37	37		38	38		39	39		40	40		41	41	42
2.00	34	34		35	35		36	36		37	37		38	38	38	39	39	39	40	40
2.11		33	33		34	34		35	35	35	36	36	36		37	37		38	38	
2.24	31		32	32		33	33	33	34	34	34		35	35		36	36		37	37
2.37	30	30		31	31		32	32	32		33	33		34	34		35	35	35	
2.51	29	29			30	30		31	31	31		32	32		33	33	33		34	34
2.66		28	28		29	29	29		30	30	30		31	31		32	32	32		33
2.82		27	27	27		28	28	28		29	29	29		30	30			31	31	
2.99			26	26	26		27	27			38	38			29	29			36	30
3.16	24		25	25	25		26	26	26			27	27			28	28			29
3.35	23			24	24			25	25	25		26	26	26			27	27		
3.55	22			23	23	23		24	24	24			25	25	25		26	26	26	
3.76	21			22	22	22		23	23	23			24	24	24			25	25	25
3.98	20		21	21	21	21		22	22	22	22		23	23	23	23		24	24	24
4.22			20	20	20	20		21	21	21	21		22	22	22	22			23	23
4.47			19	19				20	20	20	20		21	21	21	21			22	22
4.73		18	18	18				19	19	19			20	20	20	20			21	21

例如，如图 4-5 所示，变速组 a 有 3 个传动副：

$$i_{a1}=\frac{36}{36}=1$$

$$i_{a2}=\frac{30}{42}=\frac{1}{1.41}$$

$$i_{a3}=\frac{24}{48}=\frac{1}{1.41^2}=\frac{1}{2}$$

$i<1$，降速传动，取其倒数，按 $i=1$，$i=1.41$，$i=2$，查取。

$i=1$：$S_z=\cdots$，60，62，64，66，68，70，72，74，…

$i=1.41$：$S_z=\cdots$，60，63，65，67，68，70，72，73，…

$i=2$：$S_z\cdots$，60，63，66，69，72，75，…

如变速组内所有齿轮的 m（模数）相同，且为标准齿轮，则三对传动副的齿数和 S_z 相等，符合上述条件的有 $S_z=60$ 或 $S_z=72$。取 $S_z=72$，从表中查出主动齿轮齿数分别为 36，30，24。被动齿轮齿数为 36，42，48。

（六）计算转速

1. 机床的功率转矩特性

由《切削原理》得知，切削速度对切削力的影响不大。因此，主运动做直线运动的机床，无论切削速度多大，都有可能出现最大转矩，这类机床的主运动就认定为恒转矩运动。主运动做旋转运动的机床，主运动的转速不仅取决于切削速度，而且还取决于工件或刀具的直径，它与工件或刀具直径成反比，这时，要求的输出转矩就增大了。因此，主运动是旋转运动的机床，输出转矩与转速成反比，但功率基本上是恒定的，认定为恒功率运动。

通用机床的工艺范围广，变速范围大。例如，通用车床主轴转速范围的低速段，常用来切削螺纹、铰孔或精车等，消耗的功率较小，不需要传递全部的功率，如按全部功率计算，会使传动件的尺寸增大，必然造成浪费。在主轴转速的高速段，由于受电动机功率的限制，背吃刀量和进给量不能太大，传动件所受的转矩随速度的增大而减小。

主轴所传递的功率或转矩与转速之间的关系，称为机床主轴的功率或转矩特性，如图 4-8 所示。

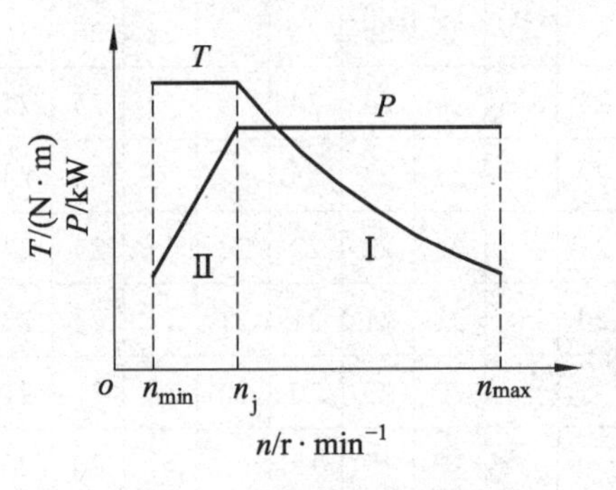

图 4-8　功率转矩特性

主轴或各传动件传递全部功率时的最低转速称为计算转速 n_j。在该特性图中，主轴从 n_j 起到 n_{max}，都能传递全部功率，而输出的转矩则随转速的增加而减小，故该区域称为恒功率区。从 n_{min} 开始到 n_j，各级转速所传递的转矩与计算转速 n_j 时的转矩相等，为恒转矩工作范围，而在此区间，功率则随转速的降低而减小，故该区域称为恒转矩区。

不同类型的机床计算主轴转速 n_j 的选取是不同的，对于大型机床，由于应用范围很广，调速范围宽，计算转速取得高些；对于精密机床、滚齿机，由于应用的范围窄，调速范围小，计算转速取得低些。各类机床主轴计算转速见表 4-5。

表 4-5　各类通用机床的计算转速

机床类型		计算转速	
		等公比传动	混合公比或无级调速
中型通用机床和使用较广的半自动化机床	车床、升降台铣床、转塔车床、液压仿形半自动车床、多刀半自动车床、单轴自动车床、多轴自动车床、立式多轴自动车床、卧式镗床（$\phi 60 \sim \phi 90$）	$n_j = n_{min}\varphi^{\frac{z}{3}-1}$ n_j 为主轴第一个（低的）1/3 转速范围内的最高一级转速	$n_j = n_{min}\left(\frac{n_{max}}{n_{min}}\right)^{0.3}$
	立式钻床、摇臂钻床、滚齿机	$n_j = n_{min}\varphi^{\frac{z}{4}-1}$ n_j 为主轴第一个（低的）1/4 转速范围内的最高一级转速	$n_j = n_{min}\left(\frac{n_{max}}{n_{min}}\right)^{0.25}$
大型机床	卧式车床（$\phi 1\,250 \sim \phi 4\,000$） 单柱车床（$\phi 1\,400 \sim \phi 3\,200$） 双柱车床（$\phi 2\,000 \sim \phi 12\,000$） 卧式镗铣床（$\phi 110 \sim \phi 160$） 落地式镗铣床（$\phi 125 \sim \phi 160$）	$n_j = n_{min}\varphi^{\frac{z}{3}}$ n_j 为主轴第二个 1/3 转速范围内的最低一级转速	$n_j = n_{min}\left(\frac{n_{max}}{n_{min}}\right)^{0.35}$
高精度和精密机床	落地式镗铣床（$\phi 160 \sim \phi 260$）	$n_j = n_{min}\varphi^{z/2.5}$	$n_j = n_{min}\left(\frac{n_{max}}{n_{min}}\right)^{0.4}$
	坐标镗床和高精度车床	$n_j = n_{min}\varphi^{\frac{z}{4}-1}$ n_j 为主轴第一个（低的）1/4 转速范围内的最高一级转速	$n_j = n_{min}\left(\frac{n_{max}}{n_{min}}\right)^{0.25}$

2. 机床变速系统中传动件计算转速的确定

主轴计算转速的确定，按照传动顺序从后往前计算，即先计算主轴的计算转速，再顺次往前推出其他各轴的计算转速，最后确定齿轮的计算转速。

现以图 4-5 所示的中型卧式车床为例说明。

解：（1）主轴的计算转速。

根据表 4-5，大中型车床的计算转速是第二个 1/3 范围内的最低一级转速，即 $n_j = 125\ \text{r/min}$。

（2）各传动轴的计算转速。

主轴的计算转速是轴Ⅲ经过 18/72 的传动副获得的。轴Ⅲ的最低转速为 125 r/min 时，经过 60/30 的传动副可使主轴获得转速 250 r/min，250 r/min>125 r/min 可传递全部功率，所以轴Ⅲ的计算转速为 125 r/min；轴Ⅲ的计算转速是通过轴Ⅱ的最低转速 355 r/min 获得的，所以轴Ⅱ的计算转速为 355 r/min；同理，可得到轴Ⅰ的计算转速为 710 r/min。

（3）各齿轮的计算转速：各变速组内一般只计算组内最小的，也就是强度最薄弱的齿轮。

传动组 c 中，最小齿轮为 $Z=18$，经该齿轮传动，主轴获得 6 级转速，即 31.5 r/min、45 r/min、63 r/min、90 r/min、125 r/min、180 r/min，主轴的计算转速为 125 r/min，故 $Z=18$ 的计算转速为 500 r/min。传动组 b 中应计算 $Z=22$ 的齿轮，应用同样的方法分析得到 $n_j = 355\ \mathrm{r/min}$；传动组 a 中 $Z=24$ 的计算转速 $n_j = 710\ \mathrm{r/min}$。

二、无级变速主传动系统设计

（一）无级变速的特点

无级变速是在一定范围内，速度能连续地改变，从而使机床获得最佳切削速度，无相对转速损失。无级变速通常采用直流或交流电动机，从额定转速到最高转速，采用调磁的方法来调速，属于恒功率变速，变速范围为 2 ~ 4；从额定转速下至最低转速，通过调压的方法来调速，属于恒转矩变速，变速范围大于 100。如果用它们来驱动主运动为旋转运动的主轴，则主轴要求的恒功率调速范围远大于电动机所能提供的恒功率调速范围，因此，常需要串联分级变速箱来扩大恒功率调速的范围。

在设计分级变速箱时，考虑到机床的结构、运转的平稳性等因素，机械分级变速箱的公比选取有以下 3 种情况：

（1）变速箱的公比 φ_f 等于电机恒功率调速范围 R_{dn}，功率特性图是连续的，无缺口、无重合（不考虑摩擦滑动）。

$$R_n = R_{dn} \times R_f$$

$$R_n = R_{dn} \times \varphi_f^{Z-1} = \varphi_f^Z$$

$$Z = \frac{\lg R_n}{\lg \varphi_f}$$

式中　R_n——主轴要求的变速范围；

R_f——串联的机械分级变速箱的变速范围；

R_{dn}——电动机恒功率调速范围；

Z——机械分级变速箱的变速级数；

φ_f——机械分级变速箱的公比。

例：有一数控机床，主轴最高转速为 4 000 r/min，最低转速为 30 r/min，计算转速为 150 r/min。采用直流电动机，功率为 5.5 kW。额定转速为 1 500 r/min，最高转速为 4 500 r/min，最低转速为 310 r/min，设计分级变速传动系统并选择电动机的功率。

解：主轴要求的恒功率的调速范围为

$$R_n = \frac{4\ 000}{150} = 26.7$$

电动机所能提供的恒功率的调速范围为

$$R_{dn} = \frac{4\ 500}{1\ 500} = 3$$

选取变速箱的公比 $\varphi_f = R_{dn} = 3$，则

$$Z = \frac{\ln R_n}{\lg \varphi_f} = \frac{\lg 26.7}{\lg 3} = 2.99$$

取 $Z = 3$，转速图和功率特性图如图 4-9（a）、（b）所示。

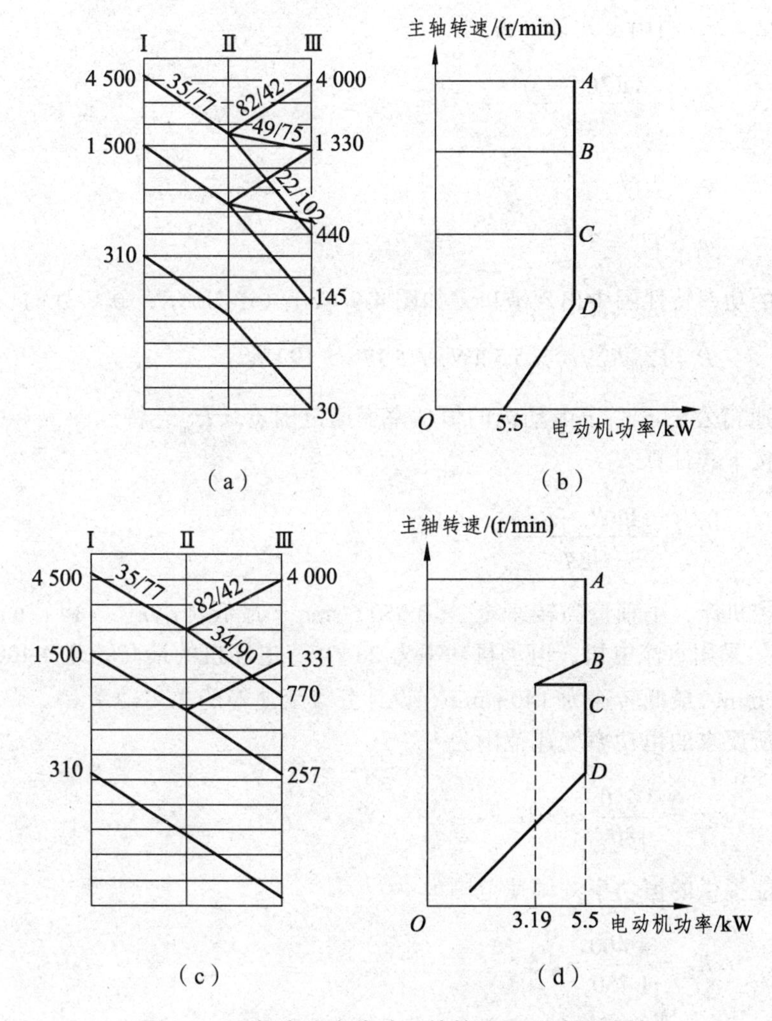

图 4-9　无级变速主传动系的转速图和功率特性

（2）若简化变速箱结构，变速级数应少些，变速箱公比 φ_f 大于电动机的恒功率调速范围 R_{dn}，即 $\varphi_f > R_{dn}$。

变速箱每挡内有部分低转速只能恒转矩变速，主传动功率特性图中出现“缺口”，称功率

降低区。使用“缺口”内的转速时，为限制转矩过大，得不到电动机输出的全部功率，为保证缺口处的输出功率，电动机的功率相应增大。

主轴的恒功率变速范围 R_n 为

$$R_n = R_{dn} \times \varphi_f^{Z-1}$$

变速箱的级数为

$$Z = 1 + \frac{\lg(R_n - R_{dn})}{\lg \varphi_f}$$

例：条件与上例相同，为了简化变速箱结构和操纵装置，采用两对齿轮进行变速，试设计传动系统。

解：选取 $Z = 2$，利用上式计算得到：

$$2 = 1 + \frac{\lg(26.7 - 3)}{\lg \varphi_f}$$

$$\varphi_f = 5.17$$

$$\varphi_f > R_{dn} = 3$$

此时主轴的功率特性图中出现缺口，如图 4-9（c）、（d）所示，缺口处的功率为

$$P = P_{电机} R_{dn} / \varphi_f = 5.5\ \text{kW} \times 3/5.17 = 3.19\ \text{kW}$$

（3）取变速箱公比 φ_f 小于电动机的恒功率变速范围 $\varphi_f < R_{dn}$，特性图上有小段重合，变速箱变速级数按下式计算。

$$Z = 1 + \frac{\lg(R_n - R_{dn})}{\lg \varphi_f}$$

例：某数控机床，主轴最高转速 $n_{max} = 3\,550\ \text{r/min}$，最低转速 $n_{min} = 14\ \text{r/min}$，计算转速 $n_j = 180\ \text{r/min}$，采用直流电机，电动机功率为 28 kW，电动机的最高转速 4 400 r/min，额定转速为 1 750 r/min，最低转速为 140 r/min，设计分级变速箱的主传动系。

解：主轴所要求的恒功率变速范围为

$$R_n = \frac{3\,550}{180} = 19.72$$

电动机所能提供的恒功率的调速范围为

$$R_{dn} = \frac{4\,400}{1\,750} = 2.5$$

选取变速箱的公比 $\varphi_f = 2 < R_{dn} = 2.5$，则

$$Z = 1 + \frac{\lg(R_n - R_{dn})}{\lg \varphi_f} = 3.98$$

取 $Z=4$，如图 4-10 所示，由于变速箱的公比小于电动机恒功率的变速范围，因此功率特性图上出现可重合线段，如图 4-10 所示。

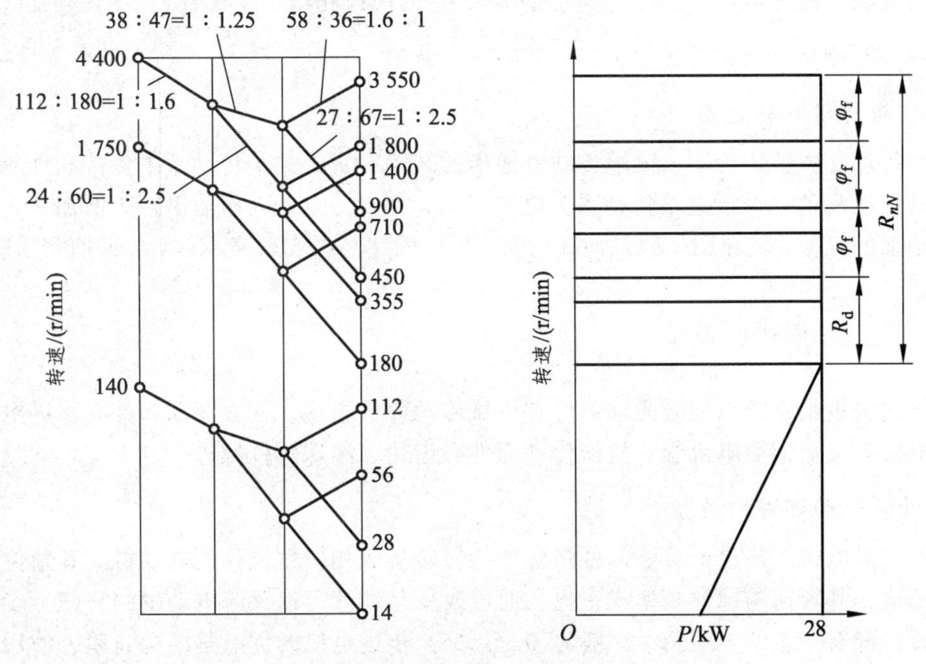

图 4-10　无级变速主传动系的转速图和功率特性图

第四节　进给传动系统的设计

一、进给传动系设计应满足的基本要求

进给传动用来实现机床的进给运动和辅助运动。进给传动系在设计过程中应满足以下要求：

（1）有较高的静刚度。

（2）有良好的快速响应性；抗振性好，噪声低，在低速进给或微量进给时不爬形。

（3）有较高的传动精度和定位精度。

（4）有足够的变速范围，能满足不同零件的加工要求。

（5）结构简单，制造工艺性好，调整维修方便，操纵灵活。

二、进给传动系的设计原则

1. 进给传动系是恒转矩传动

进给传动系运动的速度低，转矩大，功率小，因此，进给传动与主运动不同，不是恒功率传动，而是恒转矩传动。

2. 进给传动的变速范围小

进给传动系速度低，受力小，消耗的功率小，因而齿轮薄，模数小，极限传动比 $i_{\min} \gg \frac{1}{5}$，$l_{\min} \ll 2.8$，极限传动比的范围 $R \ll 14$。

3. 进给传动的转速图

进给传动是恒转矩传动，末端传动件输出的转矩一定，进给传动系中各传动件所受的转矩与传动比成反比，由于进给传动系为降速运动，因此 $i<1$，因而输出转矩增加。为了减小中间转动轴的尺寸，转速图一般是前疏后密，传动顺序与扩大顺序不一致，即前密后疏原则。

三、电气伺服进给系统

电气伺服进给系统由伺服驱动部件和机械传动部件组成。伺服驱动部件有步进电机、直流伺服电机、交流伺服电机等；机械传动部件有齿轮、滚珠丝杠螺母。

1. 进给驱动部件的类型

（1）步进电机。步进电机是一种将脉冲信号转换成相应角位移的电动机。其角位移与脉冲数成正比，其转速与脉冲频率成正比，通过改变脉冲就可以调节电动机的转速。步进电机每转一转，都有一定的步距角，一般为 0.5°～3°。步进电机的优点是结构简单，使用维修方便，成本低，适用于中小型机床和速度精度要求不高的地方；缺点是效率低，发热量大，有时会失步。

（2）直流伺服电机。直流伺服电机具有良好的调速性，在数控机床中被广泛采用，主要有小惯量直流电机和大惯量直流电机。

① 小惯量直流电机优点是转子直径小，故转动惯量小，动态响应性好，常用于高速轻载的数控机床中。

② 大惯量直流电机，有电励磁式和永磁式两种类型。电励磁式的特点是励磁量便于调整，成本低。永磁式的特点是能在较大的过载转矩下长期工作，转动惯量大，因此能直接与丝杠相连接，不需要中间的传动环节。

（3）交流伺服电动机。从 20 世纪 80 年代中期开始，以异步电动机和永磁式同步电动机为基础的交流伺服进给驱动得到了飞速发展。交流伺服电动机没有电刷和换向器，因此与直流伺服电机相比可靠性好、结构简单、质量轻、动态响应好。

2. 直线伺服电动机

直线伺服电动机是一种直接将电能转化为直线运动机械能的驱动装置，是适应超高速加工技术而发展起来的一种新型电动机，它省去了联轴器、滚珠丝杠螺母副等传动装置，可直接驱动工作台进行直线运动，使工作台的速度提高了 3～4 倍。

直线伺服电动机目前应用较多的是交流直线电动机，将旋转电动机沿径向剖开后，拉直展开就成了直线电机，原来的定子称为直线电机的“初级”，转子称为直线电机的“次级”，将初级和次级分别安装在机床的运动部件和固定部件上，绕组通电时可实现相对运动，如图 4-11 所示。

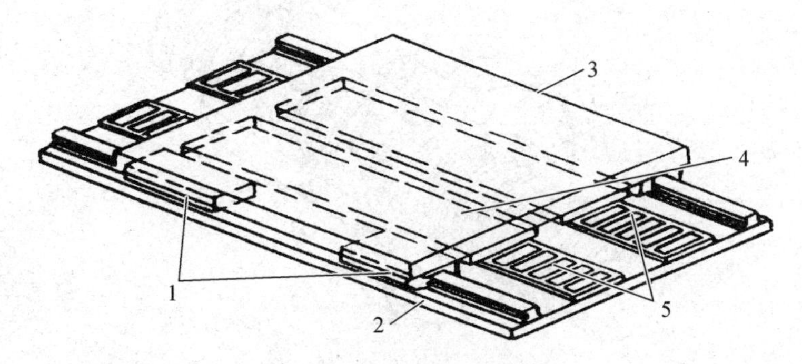

图 4-11　直线伺服电动机

1—直线滚动导轨；2—床身；3—工作台；4—直线电动机的动件（绕组）；
5—直线电动机的定件（永久磁铁）

四、机械进给传动系的设计

机械进给传动部件主要指齿轮或同步齿形带和丝杠螺母传动副。

1. 齿轮传动间隙的消除

传动副为齿轮传动时，要消除传动间隙。齿轮传动间隙的消除有刚性调整法和柔性调整法两种。刚性调整法是调整后的齿侧间隙不能自动进行补偿。柔性调整法是指调整后的齿侧间隙可以自动进行补偿，如图 4-12 所示。

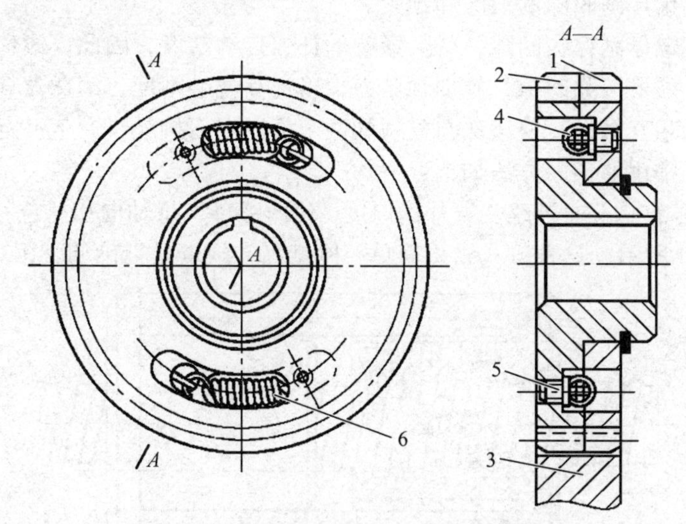

图 4-12　双片直齿轮错齿间隙消除机构

1，2，3—齿轮；4，5—凸耳；6—拉簧

2. 滚珠丝杠螺母副

滚珠丝杠是将旋转运动转换成执行件的直线运动的运动转换机构。滚珠丝杠螺母副由螺母、丝杠、滚珠、回珠器、密封环组成，如图 4-13 所示。

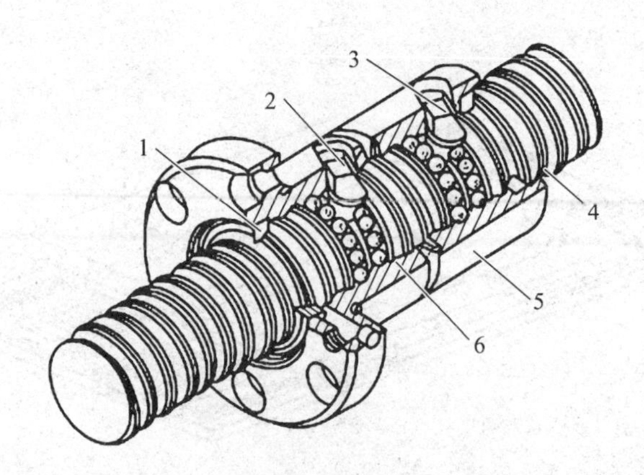

图 4-13　滚珠丝杠螺母副的结构

1—密封环；2，3—回珠器；4—丝杠；5—螺母；6—滚珠

（1）滚珠丝杠螺母副的特点

① 传动效率高，摩擦损失小。滚珠丝杠副的传动效率，比普通丝杠螺母副提高了 3 ~ 4 倍。因此，功率消耗只相当于普通丝杠螺母副的 1/4 ~ 1/3。

② 适当预紧，可消除丝杠和螺母的螺纹间隙，反向时就可以消除空行程死区，定位精度高，刚度好。

③ 运动平稳，低速运动时无爬行现象，传动精度高。

④ 磨损小，无自锁，能实现可逆传动，可以从旋转运动转换为直线运动，也可以从直线运动转换为旋转运动。

（2）滚珠丝杠螺母副间隙的消除和预紧。

如果滚珠丝杠螺母副存在间隙，就会影响丝杠的传动精度，因此，滚珠丝杠螺母副与齿轮传动副一样，必须要消除间隙，施加预紧力，以提高接触刚度。滚珠丝杠螺母副通过左右螺母的相互离开和相互靠近，使滚珠与丝杠的两个不同侧面接触，产生一定的预紧力，达到消除间隙的目的，常用的预紧方法如下：

① 垫片式调隙结构：通过改变垫片的厚度，使两螺母产生轴向相对位移，实现消除间隙和预紧，如图 4-14 所示。这种方式结构简单，刚度高，缺点是精确调整困难。

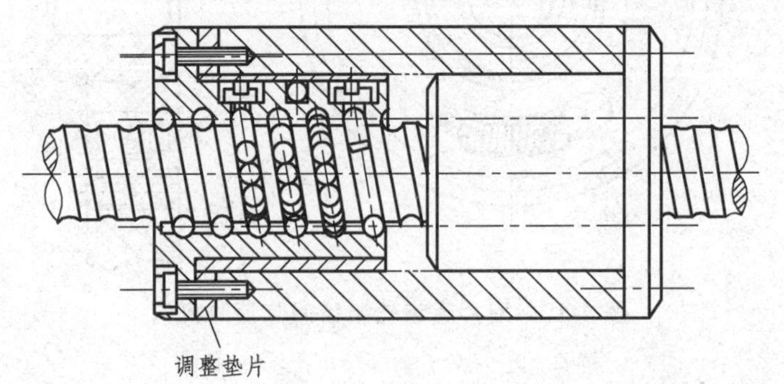

图 4-14　滚珠丝杠螺母副垫片式调隙结构

② 齿差式调隙结构：如图 4-15 所示，在左右两螺母的外凸缘上制有外齿轮，齿数相差为 $1(Z_1 - Z_2 = 1)$，这两个外齿轮分别与螺母两端的两个内齿圈相啮合，调整时，两个螺母相对其啮合的内齿圈同向转过一个齿，其轴向移动的位移为

$$S = L\left(\frac{1}{Z_1} - \frac{1}{Z_2}\right) = \frac{L}{Z_1 Z_2}$$

式中　Z_1、Z_2——两齿轮齿数；

L——丝杠导程。

若 Z_1、Z_2 分别为 99、100，$L = 10$ mm，则 $S = 0.001$ mm。

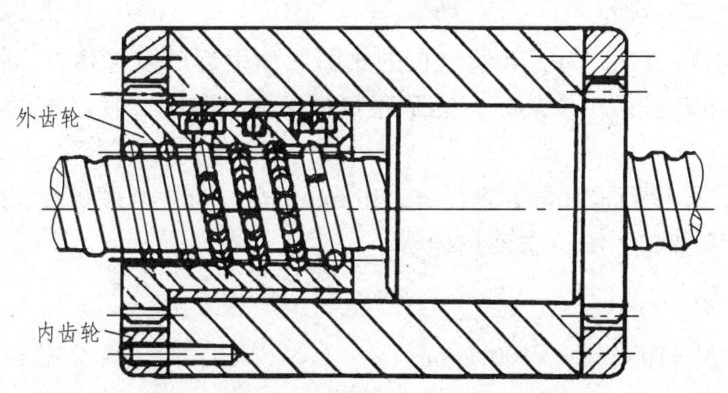

图 4-15　滚珠丝杠螺母副差齿式调隙机构

（3）滚珠丝杠的支承。

滚珠丝杠主要承受轴向载荷，因此对丝杠轴承的轴向精度和刚度要求较高，常采用角接触球轴承或双向推力圆柱滚子轴承与滚针轴承的组合等，如图 4-16 所示。两端支承的配置形式如图 4-17 所示，图 4-17（a）为一端固定，一端自由的支承方式，常用于短丝杠和垂直进给丝杠；图 4-17（b）为图一端固定，一端浮动的支承方式，用于较长的卧式安装丝杠；图 4-17（c）为图两端固定的方式，用于长丝杠或高转速、高刚度、高精度的丝杠，这种配置方式会对丝杠进行预拉伸。

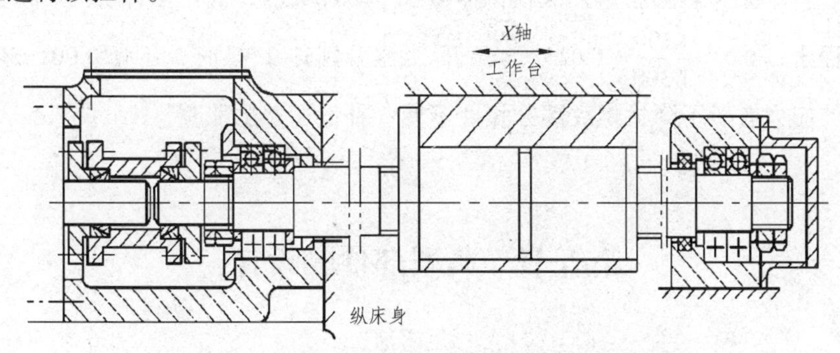

图 4-16　滚珠丝杠采用角接触球轴承的支承方式

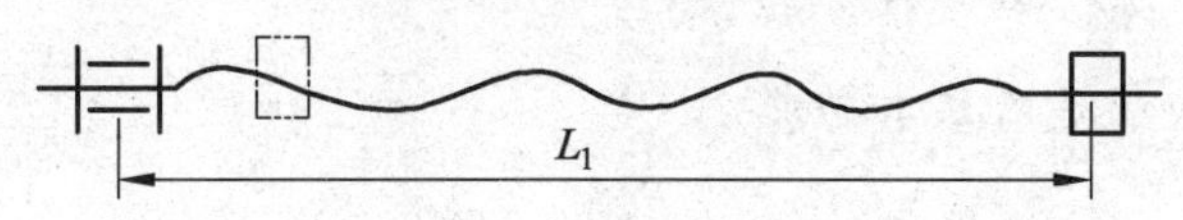

（a）一端固定，一端自由的支承方式

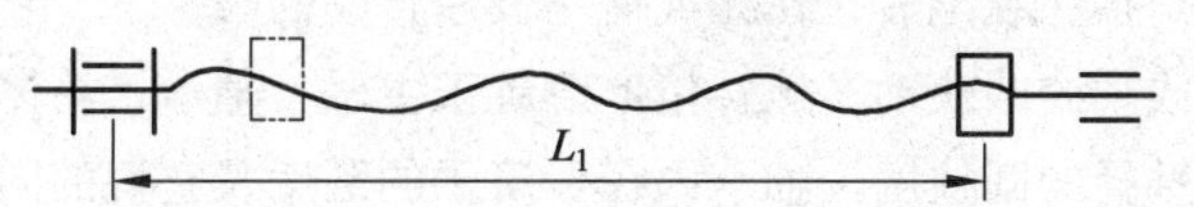

（b）一端固定，一端浮动的支承方式

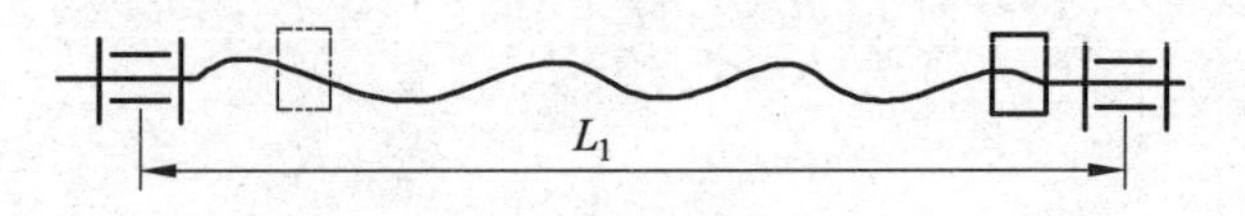

（c）两端固定的支承方式

图 4-17　滚珠丝杠的支承方式

（4）滚珠丝杠的预拉伸。

滚珠丝杠工作时要发热，为了补偿丝杠的热膨胀而引起的定位精度，常采用预拉伸方式，使预拉伸量略大于热膨胀量。发热时，热膨胀量抵消预拉伸量，使丝杠的拉应力下降，但长度不变。

例：某一丝杠，导程为 10 mm，直径 $d = 40$ mm，全长有 110 圈螺纹，跨距 $L = 1\,300$ mm，工作时丝杠温度比床身高 2 °C，求预拉伸量。

解：螺纹长度为

$$L_1 = 10 \times 110 = 1\,100\text{（mm）}$$

丝杠的热膨胀量为

$$\Delta L_1 = \alpha_1 L \Delta t$$

式中　α_1——热膨胀系数，钢取 $\alpha_1 = 11 \times 10^{-6}$；

L——丝杠长度；

Δt——丝杠与床身的温差。

$$\Delta L_1 = \alpha_1 L \Delta t = 11 \times 10^{-6} \times 1\,100 \times 2 = 0.024\text{（mm）}$$

预拉伸量应略大于热膨胀量，取预拉伸量 $\Delta L = 0.03$ mm，向厂家订货时，应指明目标行程比公称行程小：$0.03 \times \dfrac{1\,100}{1\,300} = 0.025$（mm），当温升到达 2 °C 时，还有 0.001 mm 的剩余拉伸量，预拉伸应力有所下降，螺纹部分长度不变，补偿了热膨胀量。

第五节　典型部件的设计

一、主轴组件设计

（一）主轴组件应满足的基本要求

1. 旋转精度

主轴的旋转精度是指在装配后，在无载荷、低速转动的条件下，在安装工件或刀具的主轴部位的径向圆跳动或轴向圆跳动。旋转精度取决于主轴、轴承、箱体孔的制造、装配和调整精度。如主轴支承轴径的圆柱度、轴承内径、滚子的圆度及它们的同轴度等因素，均可造成径向圆跳动。轴承的支承端面、主轴轴肩等对回转体轴线的垂直度误差，推力轴承的滚道与支承端面的误差，都可使主轴产生端面圆跳动。

通用机床和数控机床的旋转精度国家已有统一标准规定。

2. 刚　度

主轴组件的刚度指在外载荷作用下抵抗变形的能力，通常以主轴端部产生单位位移弹性变形时，位移方向上所施加的力表示。当外伸端受径向作用力 P（N），受力方向上的弹性位移为 δ(μm) 时（见图 4-18），主轴的刚度为

$$K = P / \delta$$

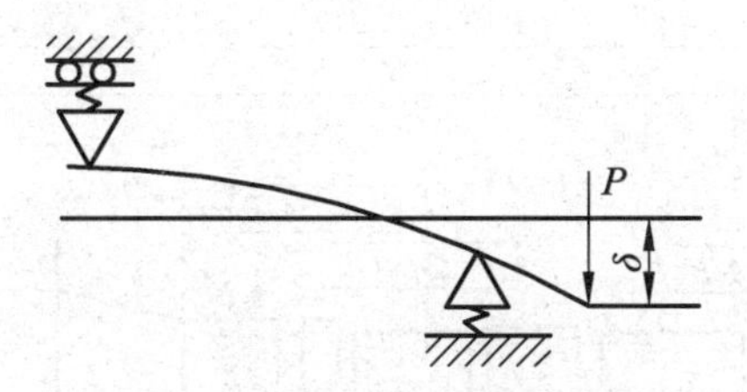

图 4-18　主轴组件的刚度示意

如果引起弹性变形的作用力是静力，则由此力和变形引起的刚度称为静刚度。如果引起弹性变形的作用力是交变力，则由此力引起的刚度称为动刚度。

主轴组件刚度是综合性参数，与主轴自身的刚度和支承轴承的刚度相关。主轴自身的刚度取决于主轴的惯性矩、主轴端部的悬伸量和支承跨距；支承轴承刚度由轴承的类型、精度、安装形式、预紧程度等因素决定。

3. 抗振性

主轴组件的抗振性是指抵抗受迫振动和自激振动的能力。在切削过程中，主轴组件产生的振动，不仅影响工件的表面加工质量、刀具的寿命，还会产生很大的噪声。影响抗振性的主要因素是主轴部件的静刚度、质量分布以及阻尼。主轴的固有频率应远大于激振力的频率，以使它不易发生共振。

4. 温升、热变形

主轴部件运转时，因各相对运动处的摩擦生热，切削区的切削热等使主轴部件的温度升高，形状尺寸和位置发生变化，造成主轴部件的热变形。主轴组件的热变形使轴承间隙发生变化。轴心位置偏移，定位基面的形状尺寸和位置产生变化；润滑油温度升高后，黏度下降，阻尼降低；因此主轴组件的热变形，将严重影响加工精度。

5. 精度保持性

主轴组件的精度保持性是指长期保持其原始制造精度的能力，主轴组件主要的失效形式是磨损，所以精度保持性又称为耐磨性。主要磨损有主轴轴承的疲劳磨损，主轴轴颈表面、装卡刀具的定位基面的磨损等。磨损的速度与摩擦性质、摩擦副的结构特点，摩擦副材料的

硬度、摩擦面积、摩擦面表面精度，以及润滑方式等有关。因此，要长期保持主轴部件的精度，必须提高耐磨性。

（二）主轴的结构

1. 主轴的主要结构

主轴一般为空心阶梯轴，前端径向尺寸大，中间径向尺寸逐渐减小，尾部径向尺寸最小，如图 4-19 所示。主轴的前端形式取决于机床类型和安装夹具或刀具的形式。主轴前端部位已经标准化，应参照标准进行设计。

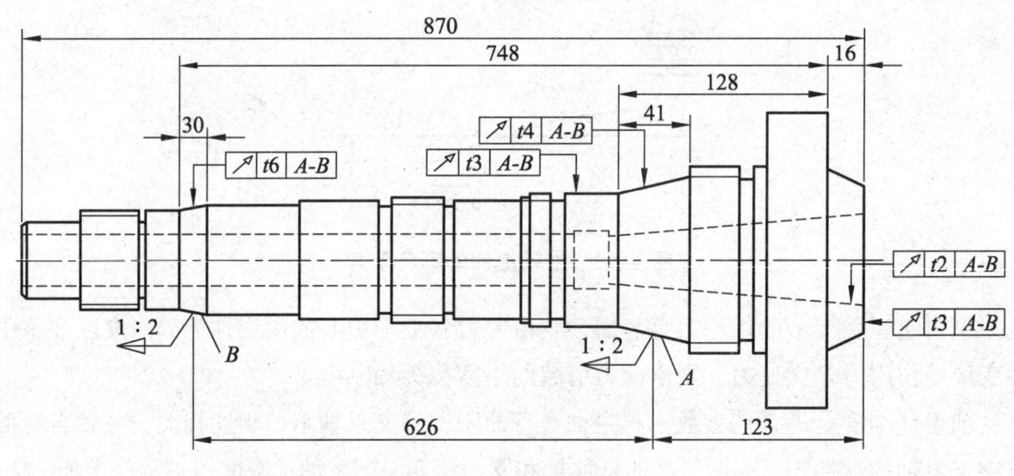

图 4-19　车床主轴

2. 主轴的主要结构参数的确定

主轴的主要结构参数有前轴径 D_1、后轴径 D_2、内孔直径 d、前端的悬升量 a 和主轴前后支承的跨距 L，这些参数直接影响着主轴的旋转精度及刚度。

（1）主轴前轴颈直径 D_1 的选取。

直径越粗，刚度越高，但同时与它相配的轴承部件的尺寸也越大。因此，在初设计时，只能根据统计的资料选择主轴直径。车床、铣床、镗床和加工中心的主轴一般是从前往后逐步减小的。对于车床、铣床，后轴径 $D_2=(0.7\sim0.9)D_1$，磨床主轴 $D_1=D_2$。

（2）主轴内孔直径 d 的确定。

多数机床的主轴是空心的，用来通过棒料或安装夹料机构。通常卧式车床的主轴孔径 d 不小于主轴平均直径的 55% ~ 60%；铣床主轴孔径 d 比刀具拉杆直径大 5 ~ 10 mm。

（3）主轴前端悬伸量 a 的确定。

主轴前端悬伸量 a 是指主轴定位基面至前支承径向支反力作用点之间的距离。悬伸量一般取决于主轴端部的结构形式和尺寸、主轴轴承的布置形式及密封形式，在满足结构要求的前提下，应尽量减少悬伸量，提高主轴的刚度。

（4）主轴支承跨距 L 的确定。

支承跨距是指两支承反力作用点之间的距离，是影响主轴组件刚度的重要参数。支承跨距过小，主轴的弯曲变形小，但因支承变形引起主轴前轴端的位移量增大；若支承跨距过大，支承变形引起主轴前轴端的位移量尽管减小了，但主轴的弯曲变形增大，因此，存在一个最佳跨距 $L_0=(2\sim3.5)a$ 。

3. 主轴的材料及热处理

主轴材料的选择主要根据耐磨性和热处理变形来考虑。普通机床主轴，可用 45 号或 60 号中碳钢，调质处理。其端部的定心锥面、定心轴颈和锥孔等部位，应高频淬硬以提高耐磨性。精密机床的主轴，需要减小热处理后的热变形，可采用 40Cr 或低碳合金钢（20Cr16 MnCr5）渗碳淬火。高精度机床主轴，可采用 65 Mn，淬硬 52 ~ 58 HRC。对于高速、高效、高精度机床的主轴，据资料介绍，目前出现一种叫玻璃陶瓷材料，线膨胀系数几乎接近于零，是制作高精度机床主轴理想的材料。

4. 主轴的技术要求

主轴的技术要求首先要满足旋转精度所必需的技术要求，如前后轴承轴径的同轴度，锥孔相对于前、后轴颈中心连线的径向跳动度，定心轴颈及定位轴肩相对于前、后轴颈中心连线的径向跳动度和端面跳动等；再考虑其他性能所需的要求，如表面粗糙度、硬度等。

如图 4-19 所示的机床主轴，*A*、*B* 为轴承支承轴径，设计基准是 *A* 和 *B* 的连线。检测时以 *A* 和 *B* 的连线为基准，检测主轴上各内、外圆表面的同轴度、径向跳动度和端面跳动度。

（三）主轴组件

1. 传动方式

主轴组件的传动方式主要有齿轮传动、带传动和电动机直接驱动。主轴传动方式的选择取决于主轴的转速、传递的转矩和对平稳性的要求等因素。

（1）齿轮传动。

多数机床的主轴选择齿轮传递动力，其优点是可传递较大的转矩，结构简单、紧凑，能适应变速、变载荷工作；缺点是线速度不能太高，一般 $v_{max}=12\sim15\ m/s$ ，要想提高线速度但又不使噪声增大，只能提高齿轮的制造精度。

（2）带传动。

带传动是靠摩擦力传递动力，结构简单，中心距调整方便；能抑制振动，噪声低，工作平稳，特别适用于高速主轴。

线速度小于 30 m/s 时，可采用 V 带传动。当线速度大于 30 m/s 时，可采用多楔带，其具有平带的柔软、V 带摩擦力大的特点，带体薄，强度高，效率高，曲挠性能好，是近年来发展较快的一种传动带，有取代普通 V 带的趋势。

同步齿形带是通过带上的齿形与带轮上的轮齿相啮合来传递动力和速度，传动比准确，线速度可达到 60 m/s，缺点是制造工艺复杂，安装要求高。

（3）电动机直接驱动。

电动机直接驱动主轴，即将电动机轴与主轴做成一体，即内装电动机主轴，转子轴就是主轴，电动机座就是主轴单元的壳体，大大简化了主轴结构，提高了主轴的速度、刚度，降低了噪声，是精密机床、高速加工中心和数控车床常用的一种驱动形式。

2. 传动件的布置

合理布置主轴上传动件的位置，可以减小主轴的弯曲变形，提高主轴的抗振性。合理布置的原则是传动力 Q 引起的主轴弯曲变形要小；引起主轴前轴端在影响加工精度方向上的位移要小。

多数主轴采用齿轮传动。齿轮可位于两支承之前、之间，也可位于后支承外侧。如图 4-20（a）所示，齿轮放在两支承之间，应尽量靠近前支承，若主轴上有多个齿轮，则大齿轮靠近前支承。由于前支承直径大，刚度高，大齿轮靠近前支承可减少主轴的弯曲变形，且转矩变形小，此种情况应用最为普遍。图 4-20（b）所示的传动件放在前支承的悬伸端，主要用于大转盘的机床，如镗床、立式车床等；图 4-20（c）所示的齿轮放在后支承的外侧，前后支承距离较小，支承刚度高，多用于带传动，如磨床。

因此主轴上传动件轴向布置时，应尽量靠近前支承，有多个传动件时，其中最大传动件应靠近前支承。

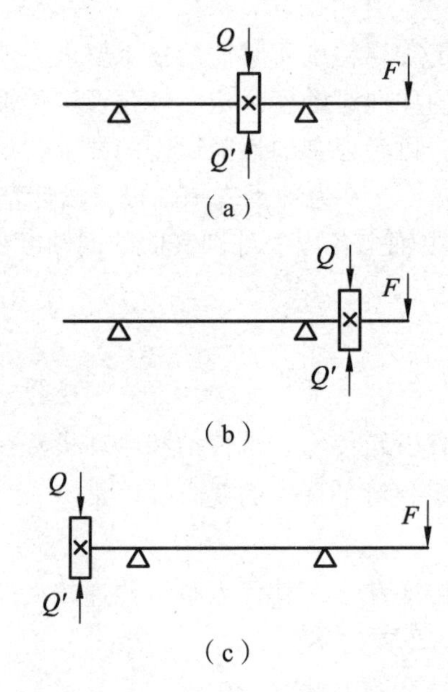

图 4-20　主轴上传动件的布置

3. 推力轴承的配置形式

合理的布置主轴上的推力轴承，不仅可以提高主轴的刚度，而且可以改变主轴热变形的方向。推力轴承的布置有以下 3 种方式：

（1）前端定位：如图 4-21（a）所示，推力轴承安装在前轴承内侧，前支承结构复杂，受力大，温升高，主轴受热膨胀向后伸长，对主轴前端位置影响较小，故适用于轴向精度和刚度要求高的高精度机床和数控机床。

（2）后端定位：如图 4-21（b）所示，推力轴承安装在后支承处，前支承结构简单，无轴向力影响，温升低；但主轴受热膨胀向前伸长，主轴前端轴向误差大，故适用于轴向精度要求不高的普通机床，如普通车床、立式铣床等。

（3）两端定位：如图 4-21（c）所示，推力轴承安装在前后两支承内侧，前支承发热较小，两推力轴承之间的主轴受热膨胀时会产生弯曲，即影响轴承的间隙，又使轴承处产生角位移，影响机床精度。这种定位适用于较短的主轴或轴向间隙变化不影响正常工作的机床，如钻床、组合机床。

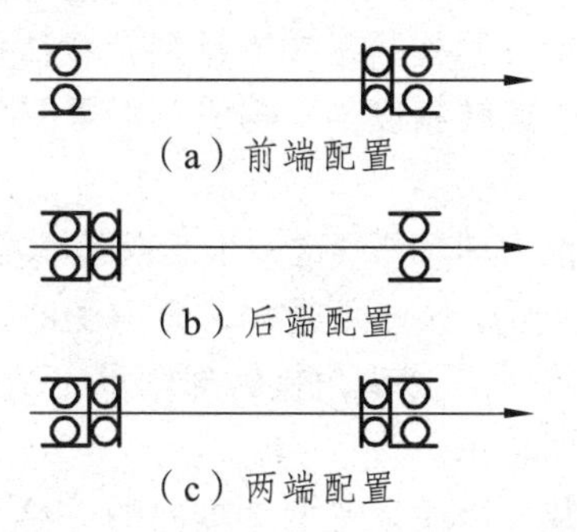
（a）前端配置

（b）后端配置

（c）两端配置

图 4-21　主轴上推力轴承的配置形式

（四）主轴的滚动轴承

1. 主轴上常用的滚动轴承的类型

轴承是主轴组件中最重要的组件，轴承的类型、配置方式、精度等因素都影响主轴的工作性能。主轴组件中最常用的滚动轴承如图 4-22 所示。

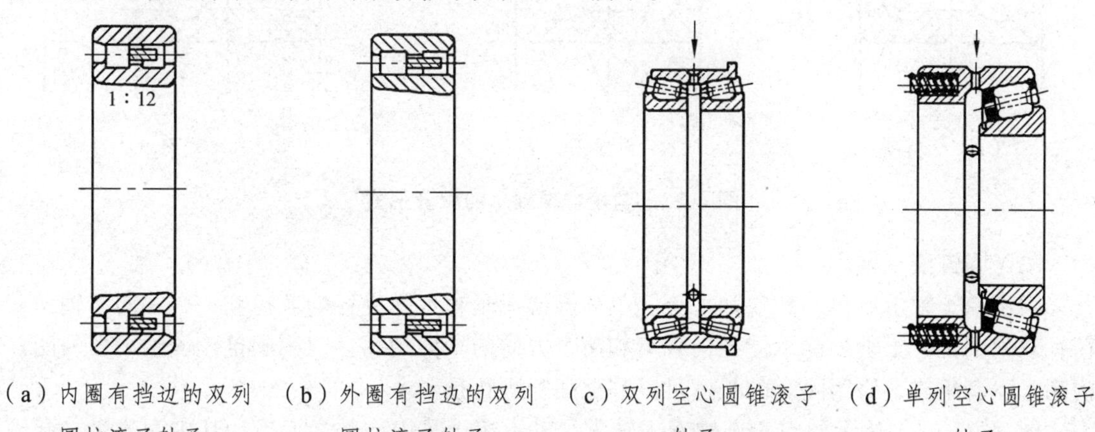

（a）内圈有挡边的双列圆柱滚子轴承　（b）外圈有挡边的双列圆柱滚子轴承　（c）双列空心圆锥滚子轴承　（d）单列空心圆锥滚子轴承

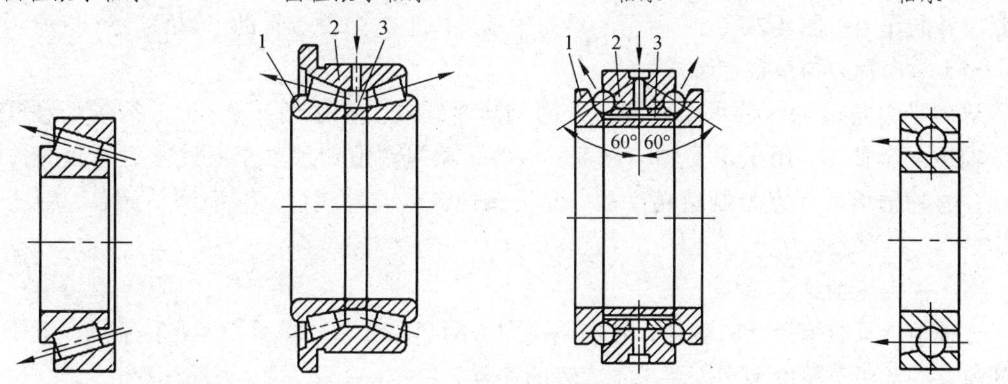

（e）圆锥滚子轴承　（f）双列圆锥滚子轴承　（g）双向推力角接触球轴承　（h）角接触球轴承

图 4-22　主轴上常用的几种滚动轴承

1—内圈；2—外圈；3—隔套

（1）双列圆柱滚子轴承。

内圈上有 1∶12 的锥孔与主轴的锥形轴颈相配合，通过轴向移动内圈，靠弹性变形使内圈胀大来消除间隙或预紧。轴承有两列滚子交叉排列，载荷均布，承载能力大。这种轴承的特点是径向刚度和承载能力大，旋转精度高。但它不能承受轴向力。

（2）角接触球轴承。

角接触球轴承又称为向心推力球轴承，这种轴承既能承受径向载荷，又能承受轴向载荷；接触角α是球轴承的一个主要参数，接触角越大，可承受的轴向力越大。当接触角为 0°时，称为深沟球轴承；当 $0° < \alpha \leqslant 45°$时，称为角接触球轴承；当 $45° < \alpha \leqslant 90°$时，为推力角接触球轴承；当$\alpha = 90°$时，为推力球轴承。

角接触球轴承必须成对安装，以便承受两个方向的进给力和调整轴承间隙或进行预紧。图 4-23（a）所示为背对背安装，图 4-23（b）所示为面对面安装，图 4-23（c）所示为三联组合，背对背安装力矩较面对面安装力矩大，支承刚度较面对面安装大，故主轴上的角接触球轴承多采用背对背安装。在三联组合的配置中，两联同向，一联反向，主要用于数控机床的主轴中。

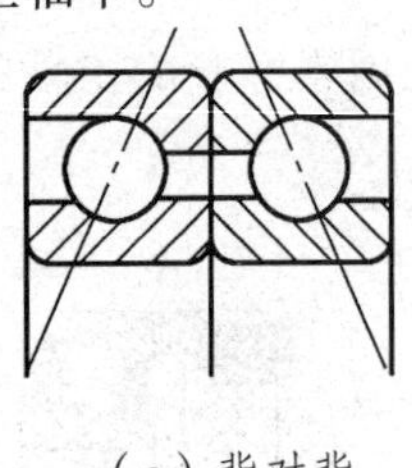

（a）背对背

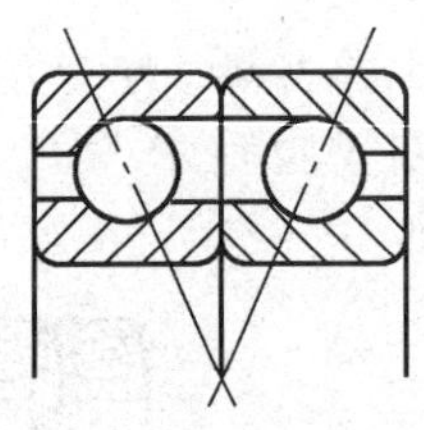

（b）面对面

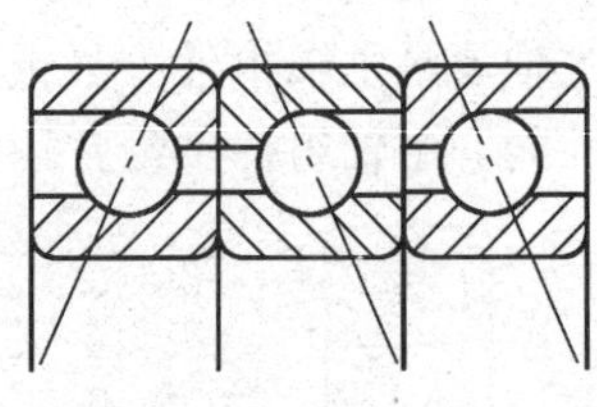

（c）三联组合

图 4-23　角接触球轴承的配置形式

（3）圆锥滚子轴承。

圆锥滚子轴承有单列和双列之分。单列圆锥滚子轴承承受径向载荷和一个方向的轴向载荷；双列圆锥滚子轴承能承受径向载荷和两个方向的轴向载荷。双列圆锥滚子轴承由外圈、内圈、隔套组成，修磨隔套的长度可以调整间隙进行预紧。

图 4-22（c）所示的空心圆锥滚子轴承，轴承滚子是中空的，润滑油从中间流过，起到控制温升的作用；图 4-22（d）所示的单列轴承外圈上有弹簧，有助于预紧。

（4）双向推力角接触球轴承。

双向推力角接触球轴承由内圈、外圈和隔套组成。接触角α为 60°，常与双列短圆柱滚子轴承配套使用，用于承受轴向载荷。轴承间隙的调整和预紧是通过修磨隔套的长度来实现。这种轴承的优点是制造精度高，允许转速高，温升较低，装配调整简单，精度稳定可靠。

（5）深沟球轴承。

这种轴承只能承受径向载荷，轴向载荷则由配套的推力轴承承受。此种轴承一般不能调整间隙，故常用于精度和刚度要求不太高的地方。

2. 滚动轴承精度的选择

轴承的精度，应采用 P2、P4、P5 级和 SP、UP 级。SP、UP 级轴承的旋转精度相当于 P4、

P2，内外圈的尺寸精度比旋转精度低一级，相当于 P5、P4 级。这是因为轴承的工作精度主要取决于旋转精度，主轴支承轴颈和箱体轴承孔可按一定配合要求配作，适当降低轴承内外圈的尺寸精度可降低成本。

在主轴轴承中，前后轴承的精度对主轴旋转精度的影响是不同的。如图 4-24（a）所示，前轴承轴心有偏移 δ_A，后轴承偏移量为零，由偏移量 δ_A 引起的主轴端轴心偏移为

$$\delta_{A1}=\frac{(L+a)\delta_A}{L}$$

如图 4-24（b）所示，后轴承有偏移 δ_B，前轴承偏移为 0 时，引起主轴端部的偏移为

$$\delta_{B1}=\frac{a\delta_B}{L}$$

由此可见，前轴承的精度对主轴精度影响大一些，因此前轴承的精度应选高一些。

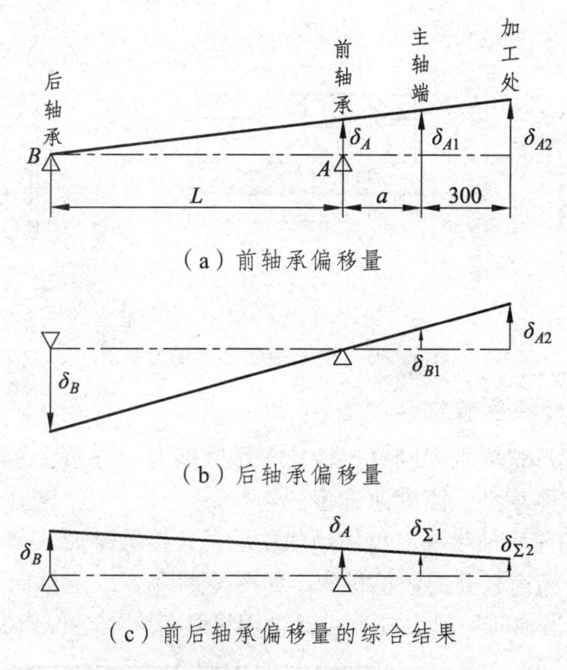

图 4-24　轴承对主轴旋转精度的影响

3. 滚动轴承的预紧

预紧就是采用预加载荷的方法消除轴承间隙，产生一定的过盈量，使滚动体和内外圈产生预变形，提高支承刚度和抗振性。主轴轴承的预紧有径向预紧和轴向预紧。

径向预紧用于双列圆柱滚子轴承。该轴承内圈上有 1∶12 的锥孔，在主轴的锥形轴径上移动，使内圈径向膨胀，从而实现预紧。另外一种方法是采用过盈套轴向固定，即配合轴的两段轴径分别为 d_1、$d_2(d_2=d_1-s_1)$，过盈套的两段孔径分别为 $D_1(D_1=D_2+S_2)$、D_2，装配时 D_1 与 d_1 段过盈配合，D_2 与 d_2 段过盈配合，过盈套将轴承紧紧固定在主轴上，拆卸时，往过盈套的小孔内注入高压油，使过盈套从主轴上卸下，如图 4-25 所示。

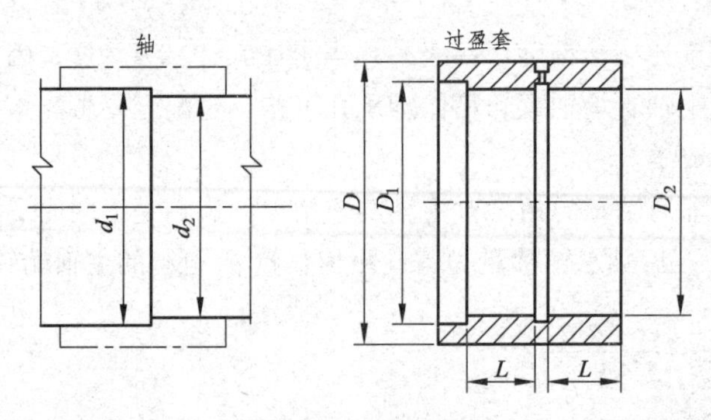

图 4-25　过盈套结构

接触角 $\alpha > 0°$ 的轴承采用轴向预紧法，如圆锥滚子轴承、角接触球轴承等。在轴向力 F 的作用下，使内、外圈产生轴向相对位移实现预紧，如图 4-26 所示。多联角接触球轴承是根据预紧力组配的。在内圈（背靠背组配）或外圈（面对面组配）端面磨去 δ，装配时挤紧即得预紧力。

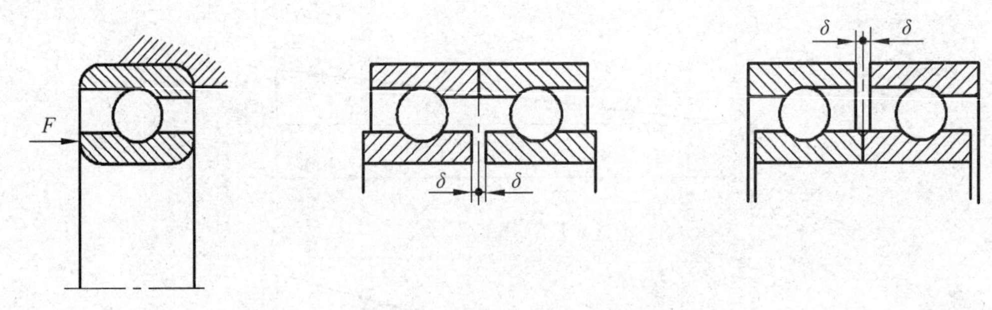

图 4-26　轴承轴向预紧的方法

4. 几种典型的主轴轴承配置形式

主轴轴承常的配置形式应根据刚度、转速、承载能力、抗振性等要求来选用，常用的几种配置形式有速度型、刚度型、刚度速度型。

（1）速度型：主轴前后轴承采用角接触球轴承，角接触球轴承具有较高的转速，但承载能力低，因此，常用于高速轻载的数控机床，如图 4-27 所示。当轴向切削力较大时，选用接触角为 25°的球轴承，当轴向切削力较小时，选用接触角为 15°的球轴承。

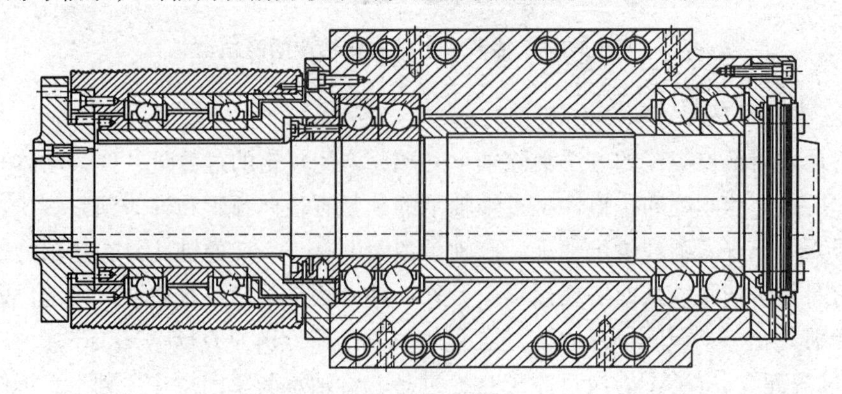

图 4-27　速度型

（2）刚度型：前支承采用双列圆柱滚子轴承承受径向载荷，与 60°角接触双列推力球轴承承受轴向载荷，后支承采用双列圆柱滚子轴承，如图 4-28 所示。双列圆柱滚子轴承具有良好的承载能力，因此，常用于刚度要求高的机床。

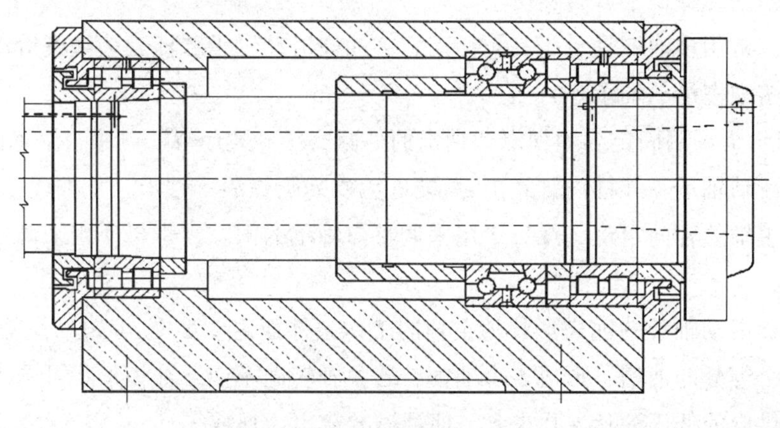

图 4-28　刚度型

（3）刚度速度型：前轴承采用三联角接触球轴承，后支承采用双列圆柱滚子轴承，如图 4-29 所示。

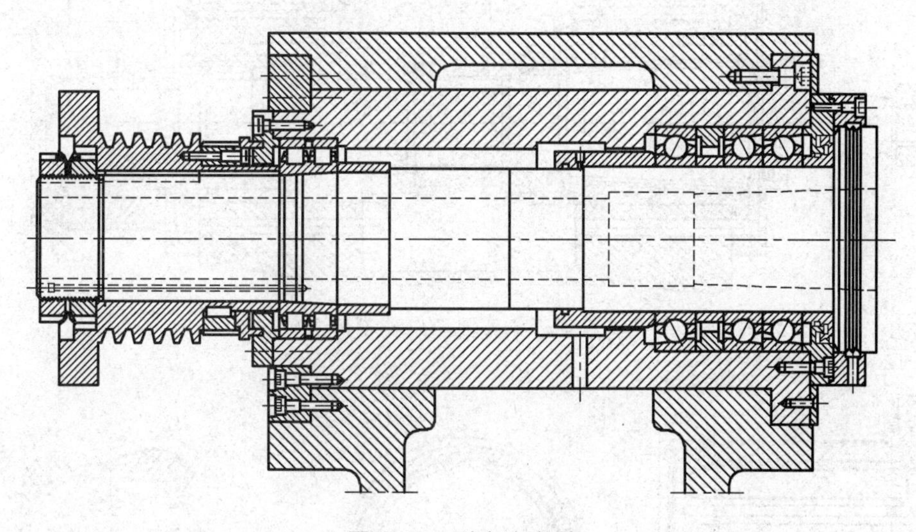

图 4-29　刚度速度型

（五）主轴的滑动轴承

滑动轴承的阻尼性好，旋转精度高，运动平稳，因此用于精密或高精密的数控机床中。主轴的滑动轴承按介质的不同，分为液体滑动轴承、气体滑动轴承两类。液体滑动轴承按照油膜产生的方式不同，分为动压轴承和静压轴承两类。

1．动压滑动轴承

动压滑动轴承是靠主轴以一定的转速旋转时带着润滑油从间隙大处向间隙小处流动，形成压力油膜而将主轴浮起，并承受载荷。动压轴承按照产生压力油膜的数量分为单油楔轴承和多油楔轴承。当载荷、转速等工作条件发生变化时，单油楔轴承的油膜位置、厚度会发生变化，使轴心浮动，降低了旋转精度。

在主轴中，常用多油楔轴承，其包括固定多油楔滑动轴承和活动多油楔滑动轴承。

（1）固定多油楔滑动轴承。

图 4-30 所示为采用固定多油楔滑动轴承的外圆磨床砂轮组件。其中，主轴前端采用的 1 为固定多油楔滑动轴承（外柱内锥式），后端 6 为双列圆柱滚子轴承，止推环 2、5 是滑动推力轴承，用于主轴的轴向定位，螺母 3 用来调整前轴承的间隙，螺母 4 用来调整滑动推力轴承的间隙。

固定多油楔滑动轴承的油楔形状随主轴的工作条件而定。如图 4-30（c）所示，在轴瓦内壁上开有 5 个等分的油槽，形成 5 个油楔，若主轴转向不变，油楔形状可采用阿基米德旋线。由液压泵供应的低压油从 a 孔进入，回油槽 b 流出，形成循环。

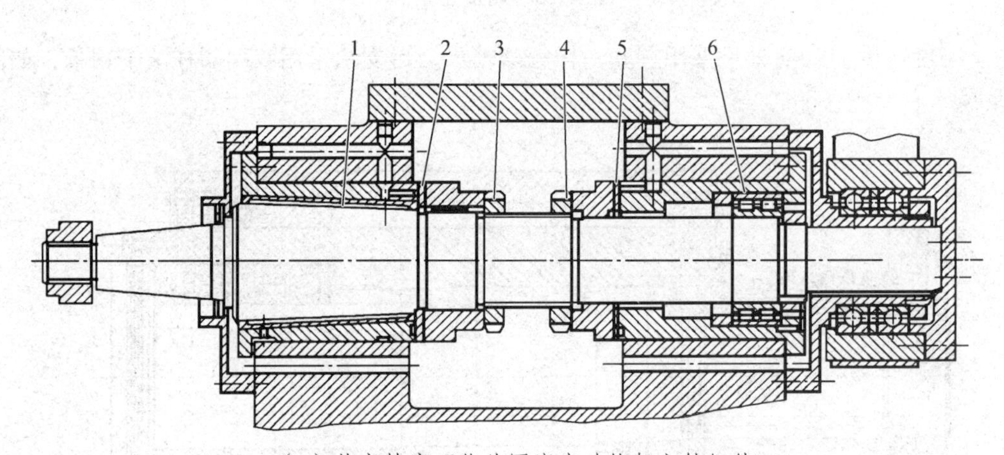

（a）某高精度万能外圆磨床砂轮架主轴组件

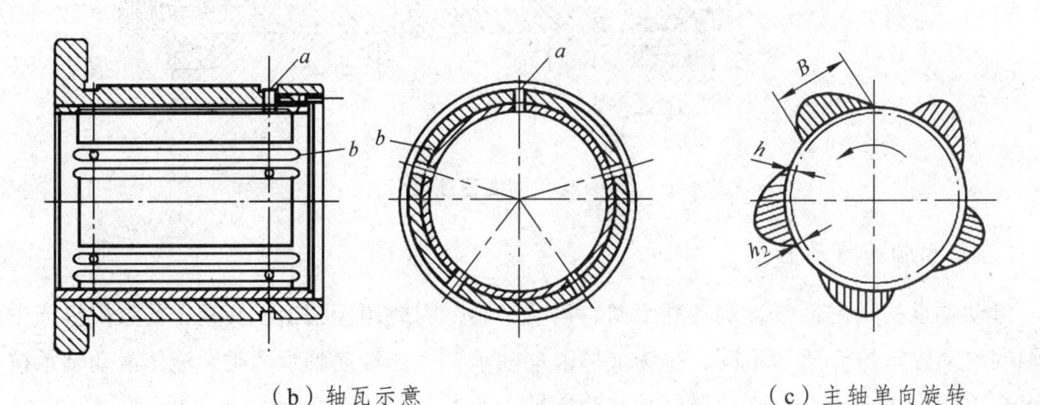

（b）轴瓦示意

（c）主轴单向旋转

图 4-30 固定多油楔滑动轴承

1—固定多油楔滑动轴承；2，5—止推环；3，4—螺母；6—双列圆柱滚子轴承

（2）活动多油楔滑动轴承。

如图 4-31 所示，活动多油楔滑动轴承由 3 块或 5 块轴瓦组成，轴瓦由球形螺钉支承，可以稍作摆动以适应转速或载荷的变化。轴瓦的压力中心 O 离出口的距离 b_0 约等于轴瓦宽度 B 的 0.4 倍，即 $b_0 \approx 0.4B$。主轴旋转时，瓦块在油楔压强的作用下，可以自由摆动，直到达到平衡状态，此时 $h_1/h_2 \approx 2.2$。这种轴承只能沿一个方向旋转，否则不能形成压力油楔。此类轴承的轴瓦靠球形螺钉支承，接触面积小，因此，刚度低于固定多油楔滑动轴承。

2. 液体静压轴承

动压滑动轴承必须在一定的运转速度下才能产生压力油膜。因此，不适用于低速或转速变化范围较大而下限转速过低的主轴。为此，研制了静压滑动轴承，它的油压是由液压泵从外界供给的。它与主轴的开、停及转速的高低无关。承载能力也不随转速的变化而变化。所以，静压轴承适用于低转速或转速范围变化较大以及经常开停的主轴。

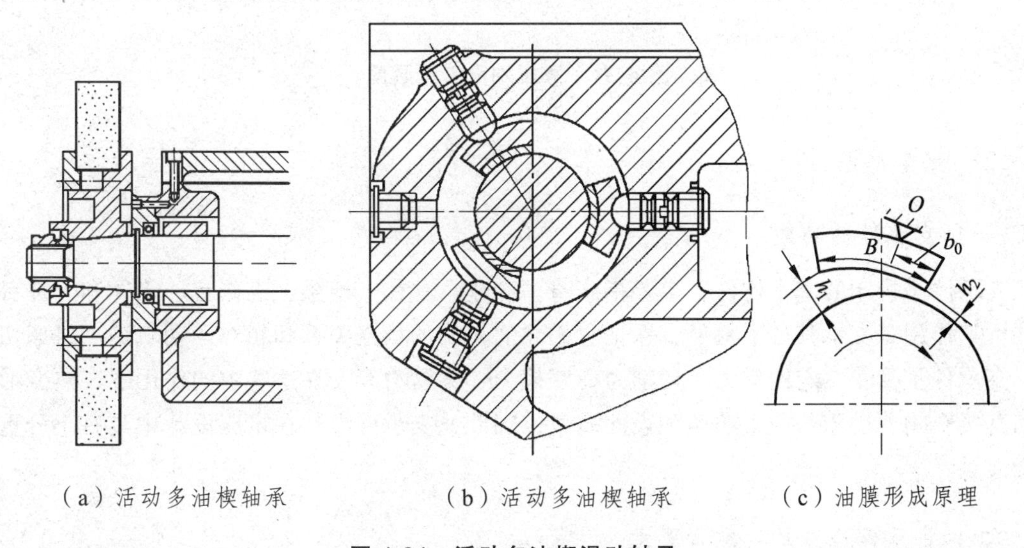

（a）活动多油楔轴承　　（b）活动多油楔轴承　　（c）油膜形成原理

图 4-31　活动多油楔滑动轴承

液体静压轴承由一套专用的供油系统、节流器和轴承三部分组成。其中，节流器的作用是使各个油腔的压力随外载荷的变化自动调节，从而平衡外载荷。

静压轴承的工作原理如图 4-32 所示，在轴承的内圆柱面上等间距的开有 4 个油腔，各油腔之间由回油槽隔开，油腔四周有封油面，其宽度为 a。外界液压泵供给压强为 p_s 的油，分别经节流阀 T_1、T_2、T_3、T_4 进入各油腔，在无外载荷时，各油腔的压力相等 $p_1 = p_2 = p_3 = p_4$，各封油面与轴径之间的间隙均为 h，轴径处于正中央，此时，轴径和轴承之间充满压力油，保证了纯液体摩擦。

当受到外载荷作用时，轴径失去平衡，产生偏移量 e，此时油腔 3 的间距减小至 $h_0 - e$，液阻增大，流量减小，节流阀 T_3 的压降减小，而供应油压 p_s 一定，因此，油腔 3 的油压 p_3 就升高。同理，油腔 1 处的间距增大，液阻减小，流量增大，节流阀 T_1 的压降增大，油腔 1 的油压 p_1 减小。二者的压差 $p_3 - p_1$ 平衡外载荷，将主轴推向中心。

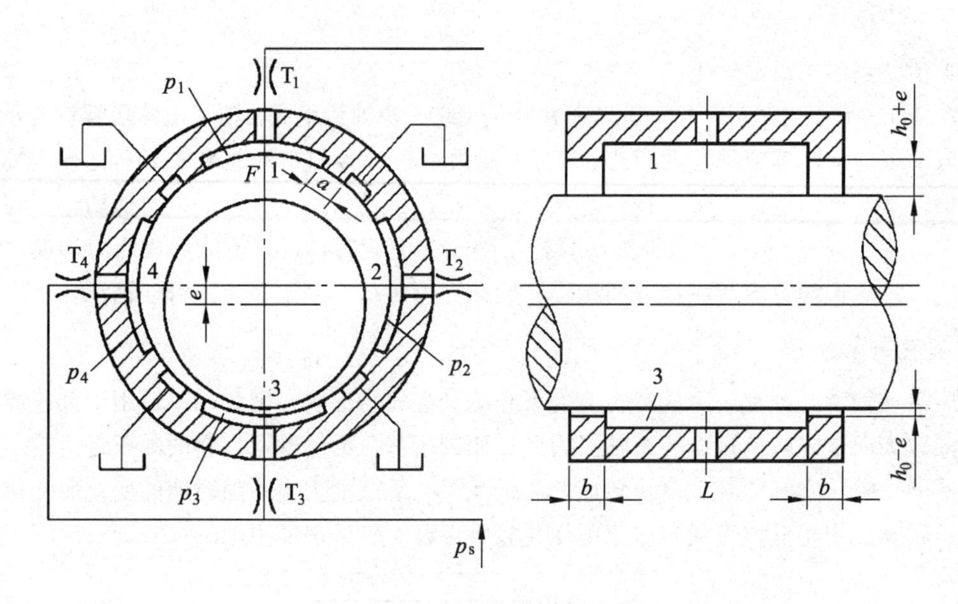

图 4-31　静压轴承工作原理

二、支承件设计

（一）支承件的功能

支承件是机床的基本构件，主要指床身、底座、立柱、横梁、工作台、箱体和升降台等大件，其作用是支承其他零部件，保证它们之间正确的相互关系和相对运动轨迹。机床切削时，支承件承受着一定的重力、切削力、摩擦力、夹紧力等，在这些力的作用下，热变形和振动直接影响着机床的加工精度和表面质量，因此，支承件设计在机床设计中具有十分重要的意义。

（二）支承件应满足的基本要求

（1）应具有足够的静刚度和较高的刚度-质量比。设计时应力求在满足刚度的基础上，减轻机床质量。

（2）应有较好的动态特性：包括有较大的动刚度和阻尼；与其他部件相配合，使整机的各阶固有频率远离激振频率，不产生共振；不会因薄壁振动而产生噪声等。

（3）应具有较好的热稳定性，使整机的热变形较小或热变形对加工精度、表面质量的影响较小。

（4）应考虑到排屑通畅、操作方便、吊运安全；合理地布置液压、电气等器件，并具有良好的工艺性，便于制造和装配。

（三）支承件的结构设计

1. 选择合理的截面形状

支承件承受的变形主要是弯曲和扭转，而弯矩和扭矩主要与截面惯性矩有关，即与截面形状有关。材料和截面面积相同而形状不同时，截面惯性矩相差很大。提高支承件的刚度，必须选取有利的截面形状。表 4-5 为截面面积近似地皆为 10 000 mm^2 时 8 种不同截面形状的抗弯和抗扭惯性矩的比较。

表 4-5 截面形状与惯性矩的关系

序号		1	2	3	4
截面形状		ϕ113	ϕ113, ϕ160	ϕ160, ϕ196	ϕ160, ϕ196
抗弯惯性矩	cm^4	800	2 416	4 027	—
	%	100	302	503	—
抗扭惯性矩	cm^4	1 600	4 832	8 054	108
	%	100	302	503	7
序号		5	6	7	8
截面形状		100, 100	141, 141, 100, 100	173, 173, 141, 141	95, 250, 218, 63
抗弯惯性矩	cm^4	833	2 460	4 170	6 930
	%	104	308	521	866
抗扭惯性矩	cm^4	1 406	4 151	2 037	5 590
	%	88	259	440	350

（1）空心截面比实心截面的惯性矩大；加大轮廓尺寸，减少壁厚，可提高支承件的刚度；设计时在满足工艺要求的前提下，应尽量减小壁厚。

（2）方形截面的抗弯刚度比圆形截面的抗弯刚度大，而抗扭刚度比圆形截面的抗扭刚度低；因此，以承受弯矩为主的支承件的截面形状应取矩形，并以高度方向为受弯方向；以承受扭矩为主的支承件的截面形状应取圆（环）形。

（3）不封闭截面的刚度远小于封闭的截面刚度，其抗扭刚度下降更大；因此，在可能的情况下，应尽量把支承件做成封闭形状。截面不能封闭的支承件应采取补偿刚度的措施。

2. 合理布置隔板和肋板

连接支承件四周的内板称为肋板，又称为隔板，其作用是将局部载荷传递给其他壁板，从而使整个支承件均匀受载，加强支承件自身及整体刚度。水平面内的隔板有助于提高支承件水平面的抗弯刚度，垂直放置的隔板有助于提高支承件垂直面内的抗弯刚度，而倾斜的隔板能同时提高支承件的抗弯和抗扭刚度。

如图 4-33（a）所示的床身的隔板具有一定的宽度 b 和高度 h，在垂直面和水平面上的抗弯刚度较高，铸造性能也较好，在大中型机床上应用较多。图 4-33（b）为 W 形隔板，在水平面内较大地提高了抗弯和抗扭刚度，对于中心距较长的床身，效果更为显著。

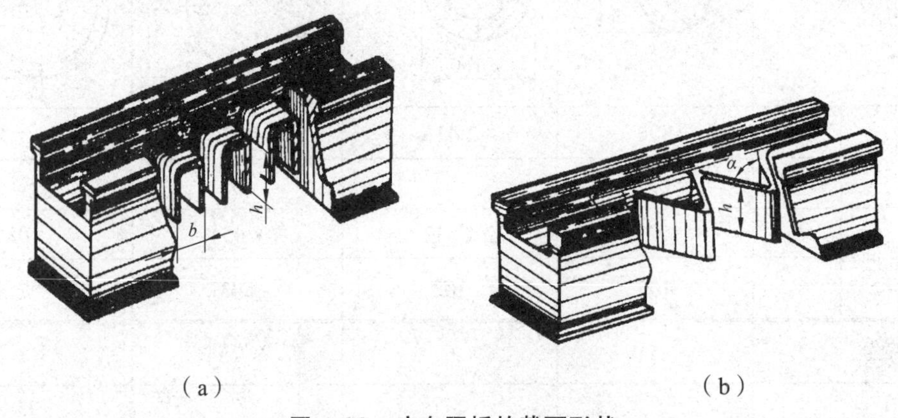

（a）　　（b）

图 4-33　床身隔板的截面形状

肋板一般布置在支承件的内外壁上，用来提高局部刚度，减小局部变形和薄壁振动。如图 4-34（a）所示在连接螺栓处加肋板；图 4-34 在床身的导轨处加肋板，提高了局部刚度。图 4-35 为支承件的肋板布置。

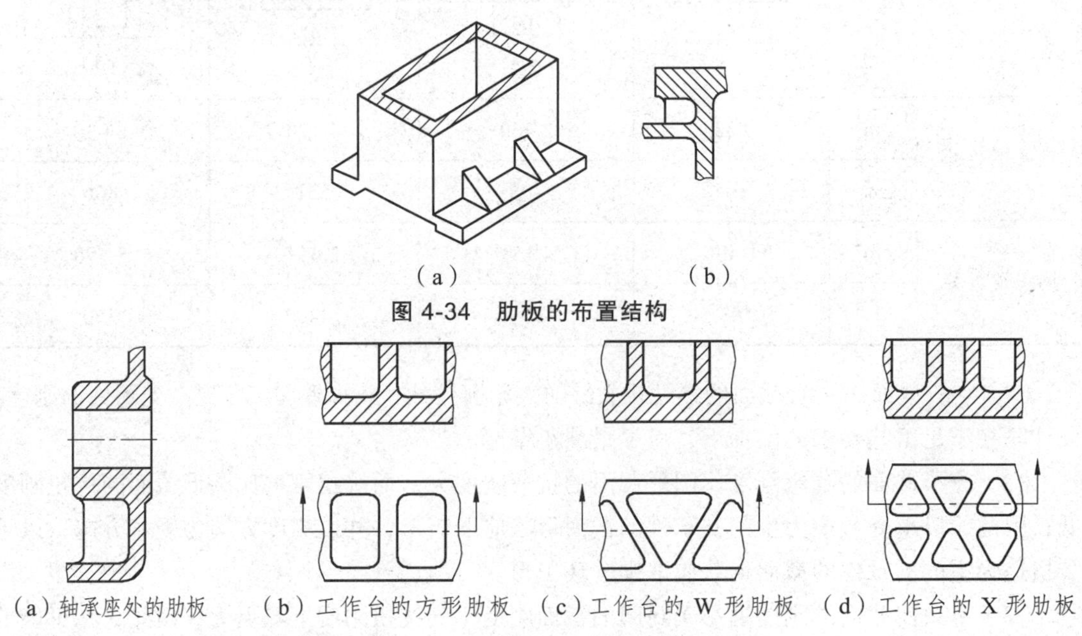

（a）　　（b）

图 4-34　肋板的布置结构

（a）轴承座处的肋板　（b）工作台的方形肋板　（c）工作台的 W 形肋板　（d）工作台的 X 形肋板

图 4-35　支承件的肋板布置

3. 支承件材料

（1）铸铁。

一般支承件用灰铸铁制成，在铸铁中加入少量合金元素，如铬、硅、稀土元素等可提高其耐磨性。铸铁铸造性能好，容易得到复杂的形状，且阻尼大，有良好的抗振性能、阻尼比。铸件因壁厚不匀导致在冷却过程中产生铸造应力，所以铸造后必须进行时效处理，并尽量采用自然时效。

HT200 又称为Ⅰ级铸铁，用于外形简单和弯曲应力较大的支承件。当支承件与导轨做成一体，而导轨又需淬硬时，宜采用这种材料。

HT150 又称为Ⅱ级铸铁，铸造性能好而力学性能差，适用于精密机床、形状复杂及载荷不大的座身，底座也多采用Ⅱ级铸铁。

HT100 又称为Ⅲ级铸铁，力学性能差，一般多用于镶嵌导轨的支承件。

（2）钢材。

用钢板和型钢焊接支承件，制造周期短，不用制作木模，特别适合于生产数量少、品种多的大中型机床床身的制造。钢的弹性模量约为铸铁的 1.7 倍，所以钢板焊接床身的抗弯刚度约为铸铁床身的 1.45 倍。刚度要求相同时，钢板焊接床身的壁厚比铸铁床身减少 1/2，质量减小 20% ~ 30%。钢板焊接床身的缺点是阻尼约为铸铁的 1/3，抗振性能差。为提高其抗振性能，可采用阻尼焊接结构或在空腔内充入混凝土等措施。

（3）预应力钢筋混凝土。

预应力钢筋混凝土主要制作大型机床的床身、底座、立柱等支承件。钢筋的配置和预应力的大小对钢筋混凝土的影响较大。当 3 个坐标方向都设置钢筋，且预应力皆为 120 ~ 150 kN 时，预应力钢筋混凝土支承件的刚度比铸铁高几倍，且阻尼比铸铁大，抗振性能优于铸铁；制造工艺简单，成本低。预应力钢筋混凝土缺点是：脆性大，耐腐蚀性差，油渗入后会导致材质疏松，所以表面应进行喷漆或喷涂塑料，或将钢筋混凝土周边用金属板覆盖，金属板间焊接封闭结构。

（4）天然花岗岩。

性能稳定，精度保持性好，抗振性好，热稳定性好，阻尼系数比钢大 15 倍，耐磨性比铸铁高 5 ~ 6 倍，抗氧化性强，不导电，抗磁，与金属不黏结，加工方便。缺点是：结晶颗粒比钢铁的晶粒粗，抗冲击性能差，脆性大，油水等液体渗入晶界中，使表面变形胀大，难于制作复杂的零件。

（5）树脂混凝土。

树脂混凝土是制造机床床身的新型材料，又称为人造花岗岩。之所以称为树脂混凝土，是以树脂和稀释剂代替混凝土中的水泥和水，与各种尺寸规格的花岗岩块或大理石块等骨料均匀混合固化而形成的。树脂采用合成树脂（不饱和聚酯树脂、环氧树脂、丙烯酸树脂）为黏结剂，相当于水泥。稀释剂的作用是降低树脂黏度，浇注时有较好的渗透力，防止固化时产生气泡。有时还要加入固化剂，改变树脂结构，使原有的线型或支链型结构转化成体型分子链结构，有时还要加入增韧剂，提高树脂混凝土的抗冲击性能和抗弯强度。

树脂混凝土的阻尼比是灰铸铁的 8 ~ 10 倍，因而抗振性能好；对切削液、润滑剂等有极好的耐腐蚀性；与金属黏结力强，可根据不同的结构要求，预埋金属件，减少金属加工量；生产周期短，浇注时无大气污染，浇注出的床身静刚度比铸铁床身的静刚度高 16% ~ 40%。

树脂混凝土的缺点是某些力学性能低，如抗拉强度较低。它可用增加预应力钢筋或加强纤维来提高抗弯刚度。

树脂混凝土与铸铁的特性对比如表 4-6 所示。

表 4-6　树脂混凝土与铸铁的特性对比

性　能	树脂混凝土	铸　铁
密度/（kg/m³）	2.4×10^3	7.8×10^3
弹性模量/MPa	3.8×10^4	21.2×10^4
抗压强度/MPa	145	—
抗拉强度/MPa	14	250
对数衰减率	0.04	—
线膨胀系数/°C⁻¹	16×10^{-6}	11×10^{-6}
热导率/[W/（m·K）]	1.5	54
比热容/[J/（kg·K）]	1 250	437

（四）提高支承件的动刚度

1. 提高静刚度和固有频率

在不增加支承件质量的前提下，合理地选择支承件的截面形状，合理地布置隔板和加强肋，还应注意整体刚度、局部刚度和接触刚度的匹配等。在刚度不变的情况下，减小质量可以提高支承件的固有频率。

2. 提高阻尼

对于铸铁支承件，可保留型芯，采用封砂结构。如图 4-36 所示的床身，为了增大阻尼，将砂芯封装在箱内。

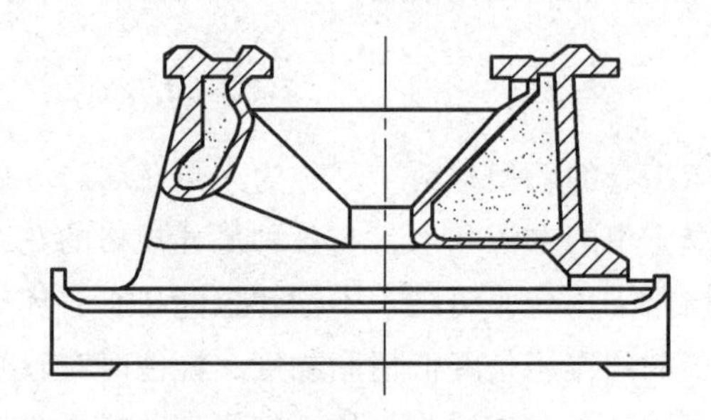

图 4-36　床身封砂结构

对于焊接件，阻尼与焊接方式和焊缝间距有关，如表 4-7 所示。

表 4-7　不同焊缝尺寸对构件刚度的影响

焊接方式	单面焊缝						双侧焊缝
焊角高 h/mm	4.0	4.0	4.0	4.0	4.5	5.5	5.5
焊缝长 a/mm	220	270	320	1 500	1 500	1 500	1 500
焊缝间距 b/mm	203	140	73	0	0	0	0
固有频率 ω_0/Hz	175	183	190	196	196	201	210
静刚度 K/(N/μm)	28.4	30.8	32.6	33.0	33.5	35.0	35.8
阻尼比 ξ	2.3×10^{-3}	0.34×10^{-3}	0.33×10^{-3}	0.32×10^{-3}	0.30×10^{-3}	0.29×10^{-3}	0.25×10^{-3}
动刚度 K_ω/(N/μm)	13	2.1	2.15	2.1	2.0	2.0	1.8

图 4-37 为铣床悬梁，在箱体铸件中装有 4 个铁块，并充满直径为 6 ~ 8 mm 的钢球，然后注满高黏度油。振动时，油在钢球间运动产生的黏性摩擦及钢球、铁块间的碰撞，可消散振动能量，增大阻尼。

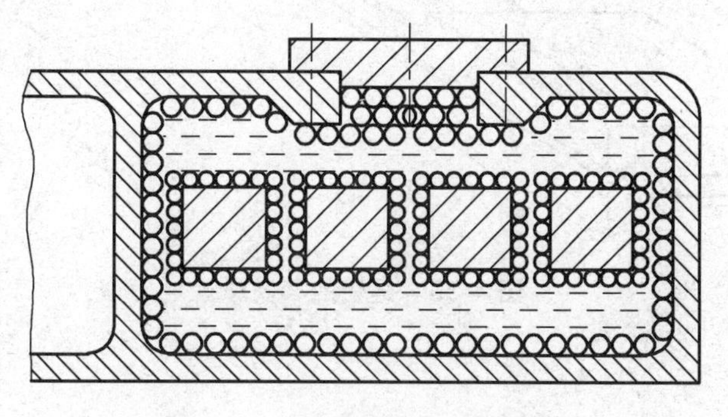

图 4-37　铣床悬梁的阻尼结构

3. 提高热稳定性

提高热稳定性，减少不均匀的热变形以降低热变形对精度的影响。

（1）控制温升：机床运转时，系统由于摩擦力会发热。适当地加大散热面积、加散热片、设置风扇等，迅速将热量散发到周围的空气中，则机床的温升不会很高。

（2）采用热对称结构。

指在发生热变形时，工件或刀具的回转中心线的基本位置不变，因此减小了对加工精度的影响。如图 4-38 所示，双立柱结构的加工中心，其主轴箱装在立柱内，由于两侧热变形的对称性，主轴轴线不会因热变形而改变，保证了定位精度。

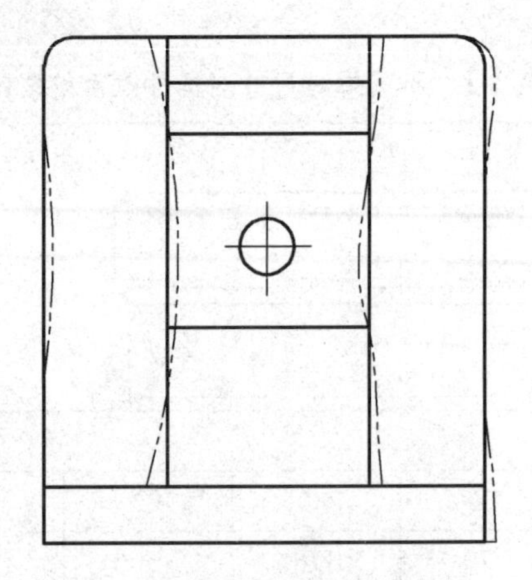

图 4-38　立柱的热对称结构

三、机床导轨的设计

（一）导轨的功用和基本要求

1. 导轨的功用

机床上两相对运动的配合面组成一对导轨，运动的配合面称为动导轨，不动的配合面称为静（支承）导轨。导轨的作用是承受载荷和导向，它承受安装在其上的运动部件和工件（刀具）的质量及切削力。导轨的导向原理如图 4-39 所示。

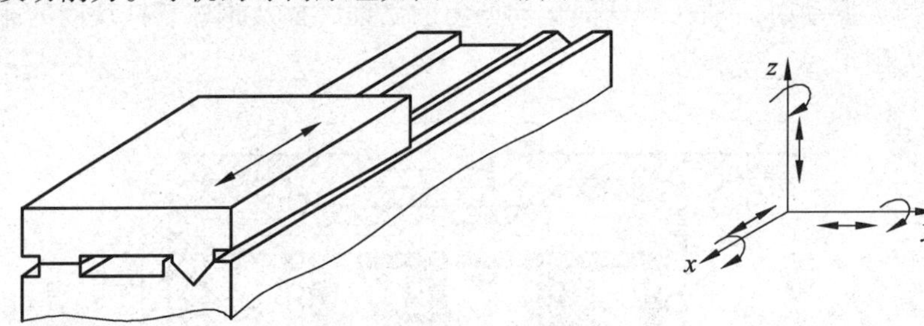

图 4-39　导轨的导向原理

2. 导轨的分类

（1）按运动轨迹分类

① 直线运动导轨：导轨副的相对运动轨迹是一直线，如普通车床的溜板和床身导轨。

② 圆周运动导轨：导轨副的相对运动轨迹是一圆，如立式车床的花盘和底座导轨。

（2）按运动性质分类

① 主运动导轨：动导轨做主运动，导轨副之间的相对运动速度较高，如立式车床的花盘、龙门铣刨床、普通刨插床等。

② 进给运动导轨：动导轨做进给运动，导轨副之间的相对运动速度较低。

③ 移置导轨：只用于调整部件之间的相对位置，在机床工作时没有相对运动，如卧式车床的尾座导轨。

（3）按受力状态分类

① 开式导轨：指部件在自重和外载荷作用下，动导轨和支承导轨的工作面始终保持接触、贴合，如图 4-40（a）所示。其特点是结构简单，不能承受较大颠覆力矩的作用。

② 闭式导轨：借助压板使导轨能承受较大的颠覆力矩作用，如图 4-40（b）所示。当颠覆力矩 M 作用于导轨上时，仅靠自重已不能使主导轨面保持贴合，需用压板形成辅助导轨面，保证支承导轨与动导轨的工作面始终保持可靠接触。

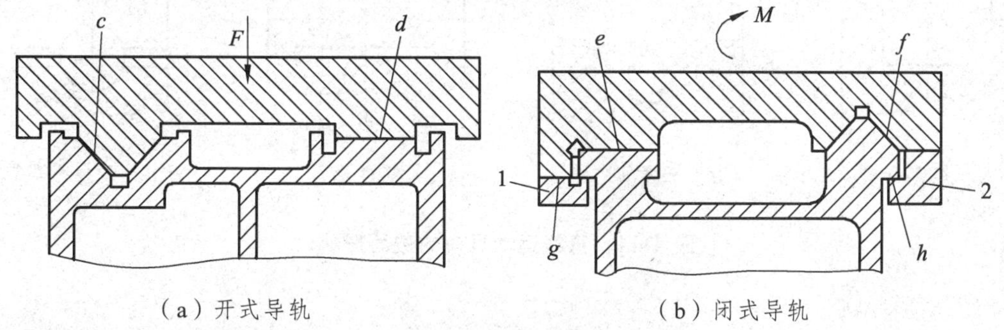

（a）开式导轨　　（b）闭式导轨

图 4-40　开式导轨和闭式导轨

1，2—压板

（4）按摩擦性质分类

① 滑动导轨：有静压导轨、动压导轨和普通滑动导轨，它们的共同特点是导轨副工作面之间的摩擦为滑动摩擦。

② 滚动导轨：导轨副工作面之间装有滚动体，因此，两导轨副之间是滚动摩擦。

3. 导轨应满足的要求

（1）导向精度：是导轨副在空载荷或切削条件下运动时，实际运动轨迹与给定运动轨迹之间的偏差。影响导向精度的因素很多，有导轨的几何精度和接触精度、结构形式、装配质量、导轨与支承件的刚度、热变形及油膜刚度（指动、静压导轨）等。

（2）精度保持性：影响精度保持性的主要因素是磨损，即导轨的耐磨性。耐磨性与导轨材料、载荷状况、摩擦性质、工艺方法、润滑和防护等因素有关。

（3）刚度：包括导轨的自身刚度和接触刚度。导轨的刚度不足将影响部件之间的相对位置和导向精度。导轨刚度主要取决于导轨的形式、尺寸、与支承件的连接方式及受力状况等。

（4）低速运动的平稳性：动导轨低速运动或微量进给时，应保证运动平稳，不会出现爬行现象。低速运动的平稳性与导轨的材料、结构形式、导轨动静摩擦系数之差以及导轨运动的传动系统的刚度等因素有关。

（5）结构简单，工艺性好。

（二）滑动导轨的设计

1. 直线运动导轨的截面形状

直线运动导轨的截面形状主要有 4 种：矩形、三角形、燕尾形、圆柱形，并可相互组合，如图 4-41 所示。

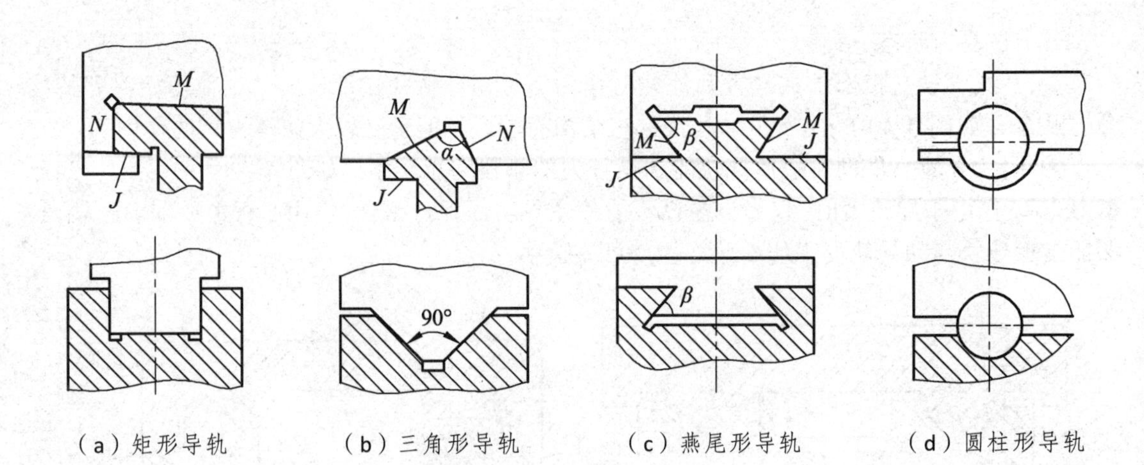

图 4-41　直线运动导轨的截面形状

（1）矩形导轨。

凸形导轨容易清除掉切屑，但不易存留润滑油；凹形导轨则相反。矩形导轨刚度高，承载力大，维修检验方便，但导轨存在侧面间隙，导向精度差，适用于载荷较大而导向性要求略低的机床。

（2）三角形导轨。

导向性能与顶角α有关，α一般在 90°~120°变化。α越小，导向性越好，但α减小时导轨面当量摩擦系数增大；α增大，则承载能力增加。此外，当 M 和 N 面上的负荷相差较大时，可制成不对称三角形导轨。

（3）燕尾形导轨。

高度较小，可承受颠覆力矩；但刚度差，制造、检验和维修都不方便。β角常取 55°，用一根镶条可同时调整 M、J 两个方向的间隙。

（4）圆柱形导轨。

易制造，不易积存较大切屑和润滑油，磨损后难以调整和补偿间隙，主要用于受轴向载荷的场合。

上述 4 种截面的导轨尺寸已经标准化，可参照有关机床标准。

2. 回转运动导轨的截面形状

（1）平面环形导轨。

结构简单，能承受较大的进给力，但不能承受径向力，因而必须与主轴联合使用，由主轴来承受径向载荷，如图 4-42（a）所示。

（2）锥面环形导轨。

锥面环形导轨的母线倾角常取 30°，导向性比平面导轨好，可承受轴向和径向载荷，但较难保持锥面和轴心线的同轴度，如图 4-42（b）所示。

（3）双锥面导轨。

可承受较大的轴向力、径向力和颠覆力矩，制造较困难。一般采用非对称形状，当床身与工作台热变形不同时，两导轨面将不同时接触，如图 4-42（c）所示。

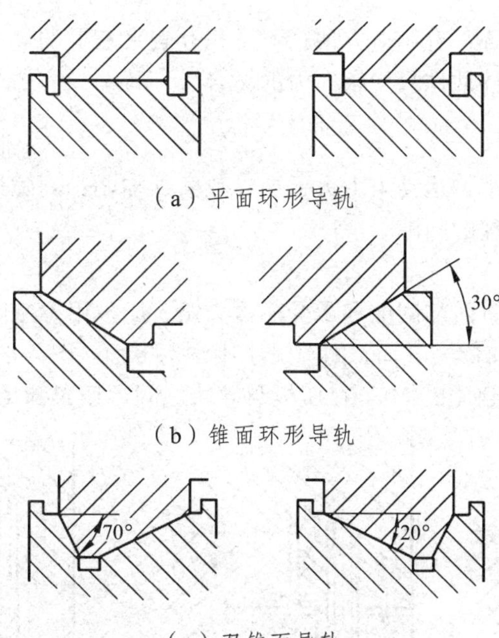

（a）平面环形导轨

（b）锥面环形导轨

（c）双锥面导轨

图 4-42　回转运动导轨的截面形状

3. 导轨的组合

（1）双三角形导轨：导向性和精度保持性都高，磨损时会自动补偿磨损量，加工、检验和维修都比较困难，多用于精度要求较高的机床，如图 4-43（a）所示。

（2）双矩形导轨：这种导轨的刚度高，承载能力高，加工、检验和维修都方便。矩形导轨存在侧向间隙，必须用镶条进行调整。双矩形导轨的导向方式有两种：由两导轨的外侧导向时，叫宽式组合；分别由一条导轨的两侧导向时，叫窄式组合。机床热变形后，宽式组合导轨的侧向间隙变化比窄式组合导轨大，导向性不如窄式好，如图 4-43（b）、（c）所示。

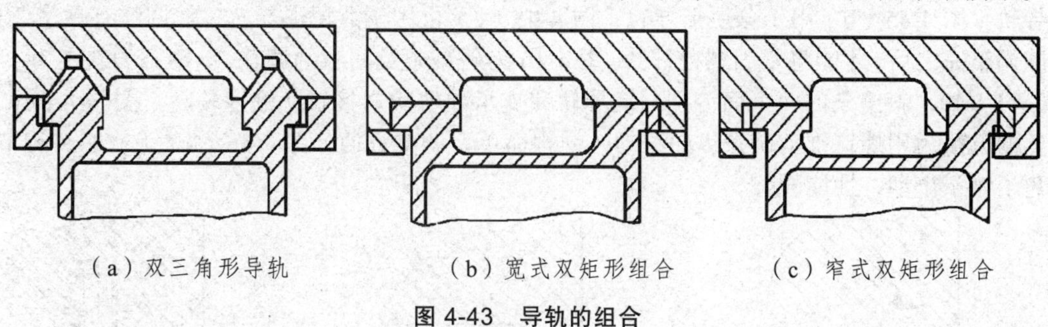
（a）双三角形导轨　（b）宽式双矩形组合　（c）窄式双矩形组合

图 4-43　导轨的组合

（3）三角形和矩形导轨的组合：兼有导向性好、制造方便和刚度高的优点而应用很广。

（4）燕尾形导轨：可以承受颠覆力矩，是闭式导轨中接触面最少的一种结构，间隙调整方便。这种导轨刚性较差，加工、检验和维修都不大方便，适用于受力小、层次多、要求间隙调整方便的地方。

（5）矩形和燕尾形导轨的组合：兼有调整方便和能承受较大力矩的优点，多用于横梁、立柱和摇臂的导轨副等。

（6）双圆柱导轨的组合：有制造方便，不易积存较大切屑的优点，但间隙难以调整，磨损后也不易补偿，常用于移动件只受轴向力的场合。

4. 导轨间隙的调整

导轨面之间的间隙过小，运动阻力大，会导致磨损加剧；间隙过大会使导向精度下降及产生振动，因此必须有合理的间隙。

（1）压板调整。

压板用来调整辅助导轨面的间隙和承受颠覆力矩，压板用螺钉固定在动导轨上。图 4-44（a）中，间隙过大时刮研或修磨 d 面，间隙过小则刮磨 e 面。图 4-44（b）是用改变垫片厚度的方法调整间隙量。图 4-44（c）中，在压板与导轨之间用镶条和螺钉调整间隙。

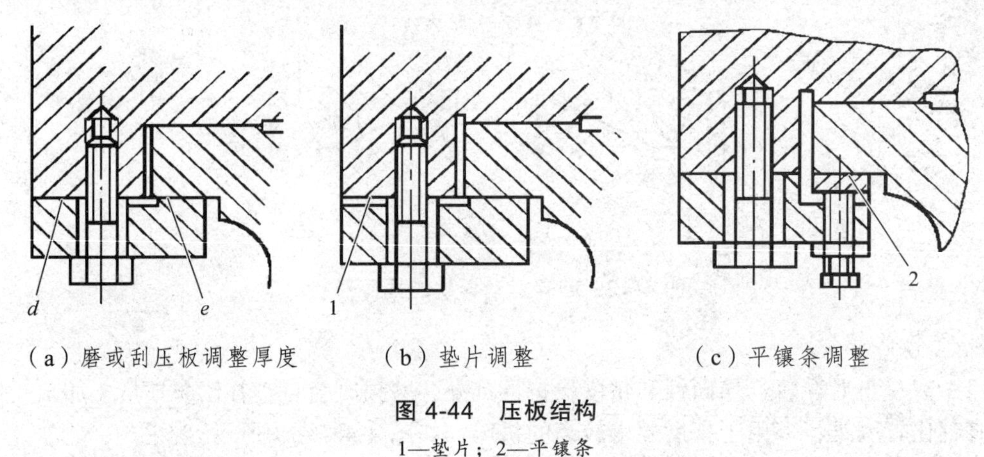

（a）磨或刮压板调整厚度　（b）垫片调整　（c）平镶条调整

图 4-44　压板结构

1—垫片；2—平镶条

（2）镶条调整。

镶条用来调整矩形导轨和燕尾导轨的侧向间隙，镶条应放在导轨受力较小的一侧。常用的镶条有平镶条和斜镶条两种；平镶条的截面为矩形或平行四边形。如图 4-45（a）用于矩形导轨，图 4-45（b）用于燕尾形导轨，图 4-45（c）也用于燕尾形导轨，但调整有顺序，在间隙调整完之后，才能将紧固螺栓拧紧。图 4-46 为斜镶条及间隙的调整，斜镶条的斜度为 1∶100～1∶40，斜镶条的两个面分别与动导轨和支承导轨均匀接触，刚度较高。图 4-46（a）调整的方法为用螺钉推动镶条纵向移动，结构简单，调整方便。图 4-46（b）为双螺钉调节，避免了镶条窜动，性能较好。

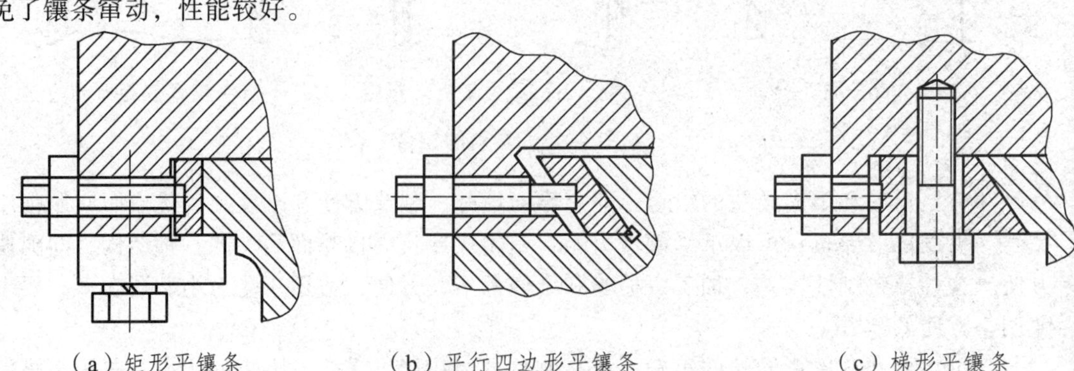

（a）矩形平镶条　（b）平行四边形平镶条　（c）梯形平镶条

图 4-45　导轨副的平镶条及间隙的调整

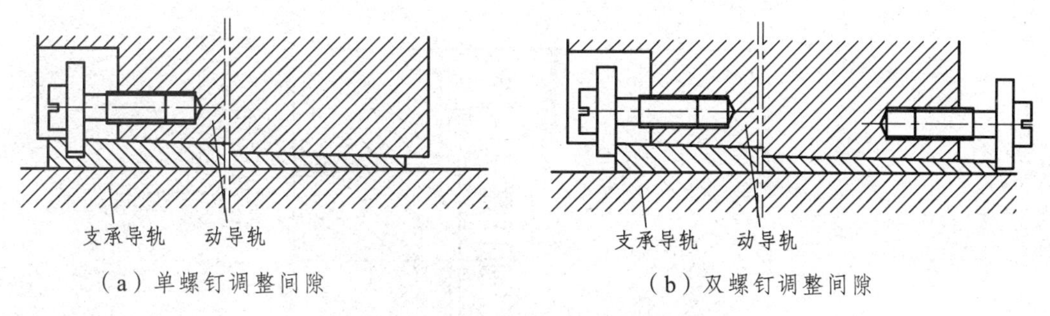

图 4-46　导轨副的斜镶条及间隙的调整

（三）静压导轨

静压导轨的工作原理与静压轴承相似，通常在动导轨面上均匀分布有油腔和封油面，把具有一定压力的液体或气体介质经节流器送到油腔内，使介质在导轨面间产生压力，将动导轨微微抬起，与支承导轨脱离接触，浮在压力油膜或气膜上。静压导轨摩擦系数小，在启动和停止时没有磨损，精度保持性好。缺点是结构复杂，需要一套专门的液压或气压设备。因此，多用于精密和高精度机床或低速运动机床上。

静压导轨按结构形式分为开式和闭式。图 4-47 为定压式开式静压导轨，液压泵 1 供给压力为 p_s 的液压油，经节流阀 4 压力降至 p_b，进入导轨油腔，然后从四周的油封间隙中流出，压力降为零。此时，压力油产生的上浮力与工作台的重力 W 和切削力 F 相平衡，将动导轨向上浮起，上下导轨面形成纯液体摩擦。当载荷 $F+W$ 增大时，工作台失去平衡下降，油封间隙 h 变小，油阻增大，由于节流阀的作用，油腔压力 p_b 随之增大，上浮力提高，平衡了外载荷。

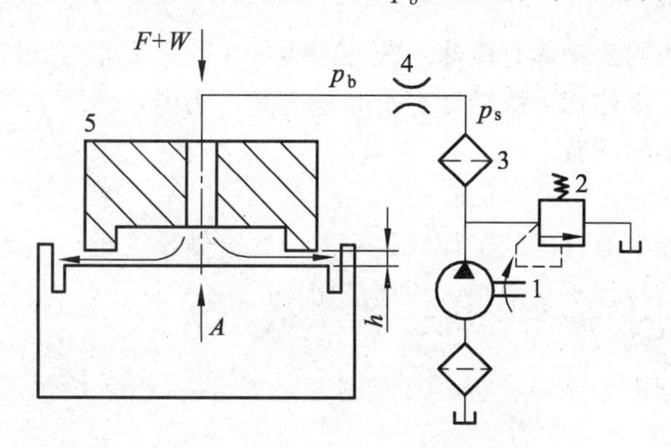

图 4-47　定压式开式静压导轨

1—液压泵；2—溢流阀；3—过滤器；4—节流阀；5—工作台

（四）卸荷导轨

卸荷导轨用来降低导轨面的压力，减少摩擦阻力，从而提高导轨的耐磨性和低速运动的平稳性。导轨卸荷的方式有机械卸荷、液压卸荷、气压卸荷。如图 4-48 所示为机械卸荷导轨，导轨上的一部分载荷由支承在导轨面上的滚动轴承 3 来承受，卸荷力的大小由螺钉 1 和碟形弹簧 2 来调整。如果机床为液压传动，则应采取液压卸荷。液压卸荷导轨是在导轨上加工出纵向油槽，压力油进入油槽后，产生的上浮力，不足以将动载荷完全浮起，只能分担部分外载荷，减少了接触面的压强，改善了摩擦性质。

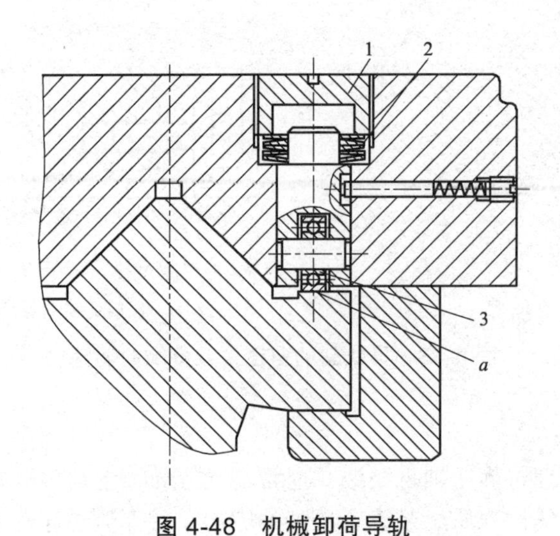

图 4-48　机械卸荷导轨

1—螺钉；2—碟形弹簧；3—滚动轴承

（五）滚动导轨

在动、静导轨面间放置滚动体，如滚珠、滚柱、滚针或滚动导轨块，组成滚动导轨。滚动导轨与滑动导轨相比，具有如下优点：摩擦系数小，动、静摩擦系数接近，不易产生爬行，可以用油脂润滑。缺点是抗振性差，对污染敏感，须有防护。

1. 滚动导轨的类型

（1）按滚动体分类。

机床滚动导轨常用的滚动体有滚珠、滚柱、滚针 3 种。滚珠为点接触，承载能力差，刚度低，多用于小载荷。滚柱式为线接触，承载能力高，刚度好，用于较大载荷。滚针式为线接触，用于径向尺寸小的导轨。

① 循环式滚动导轨。

滚动体在运行过程中沿自己的工作轨迹和返回轨道做连续循环运动，如图 4-49（a）、（b）所示。由于运动部件的行程不受限制，因而应用广泛。

② 非循环式滚动导轨。

滚动体在运行过程中不循环，行程有限制，如图 4-49（c）所示。因此非循环式滚动导轨多用于短行程导轨。

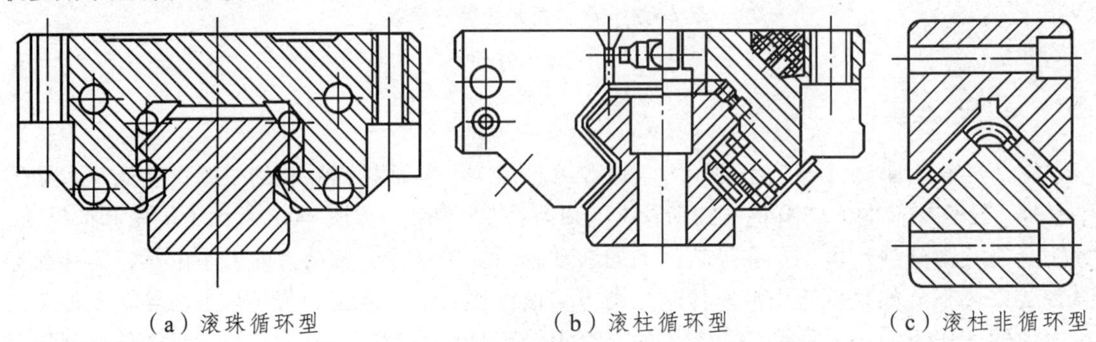

（a）滚珠循环型　　（b）滚柱循环型　　（c）滚柱非循环型

图 4-49　直线滚动导轨副

2. 滚动导轨的结构形式

（1）直线滚动导轨副。

如图 4-50 所示，直线滚动导轨副由导轨条 1 和滑块 5 组成。导轨条是支承导轨，一般有两根，安装在床身上，滑块安装在运动部件上，沿导轨做直线运动。滑块 5 中装有两组滚珠 4，两组滚珠在各自的轨道上运动，当滚珠运动到滑块的端部时，经端面挡板 2 和返回轨道孔返回，这样滚珠在轨道内连续地循环滚动。为了防尘，采用密封条 3。

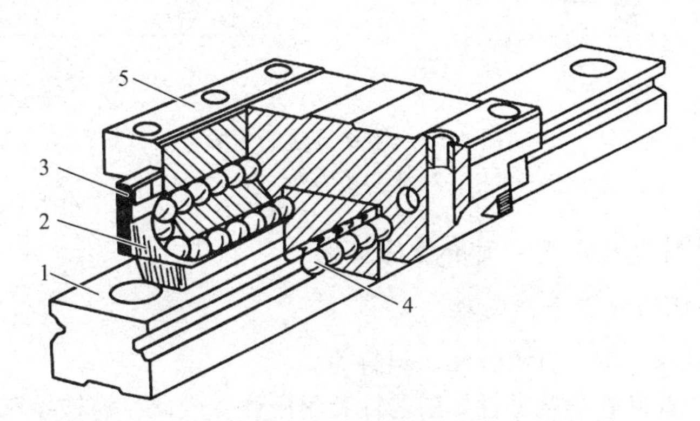

图 4-50　直线滚动导轨副

1—导轨条；2—挡板；3—密封条；4—滚珠；5—滑块

（2）滚动导轨块。

如图 4-51 所示，滚动体为滚柱，导轨块用螺钉固定在动导轨上，滚动体在导轨块与支承导轨之间滚动，经两端的挡板沿轨道返回，连续做循环运动。由于滚动体为滚柱，与支承导轨为线接触，因此，承载能力大，刚度高。

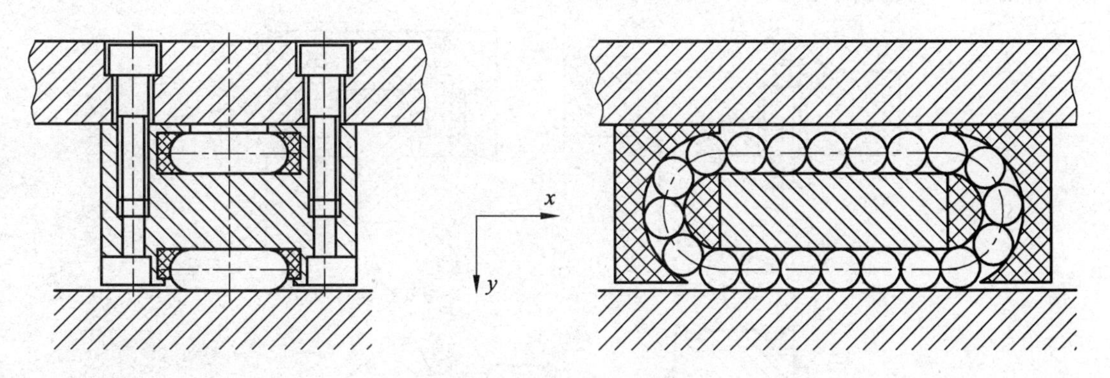

图 4-51　直线滚动导轨块

直线滚动导轨副和滚动导轨块已经形成系列化、规格化和模块化，由专业厂家生产，用户可根据需要订购。

3. 滚动导轨的预紧

预紧的方法有两种：一种是靠调整螺钉、垫块或楔块移动导轨来实现预紧，如图 4-52 所示；另一种是采用过盈配合。

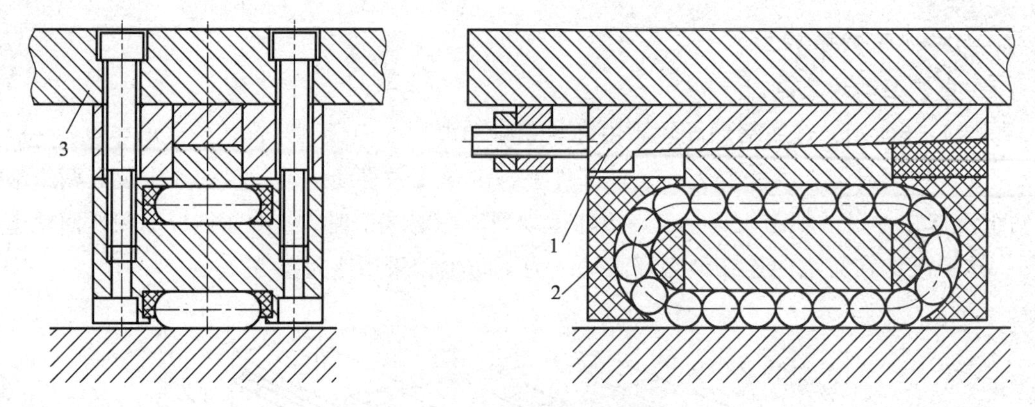

图 4-52 滚动导轨的预紧

1—楔块；2—滚动导轨块；3—动导轨

（六）提高导轨精度、刚度、耐磨性的措施

1. 合理选择导轨的材料和热处理

导轨的材料有铸铁、钢、有色金属、塑料等。

（1）铸铁导轨：有良好的抗振性、工艺性和耐磨性，因此，铸铁导轨应用最广泛。常用的铸铁有灰铸铁、孕育铸铁、耐磨铸铁等，表面进行电接触淬火或高频淬火来提高硬度。与支承件做成一体的导轨，一般采用 HT200。对耐磨性能要求高、精加工方式为磨削、且与床身做成一体的导轨，一般采用孕育铸铁 HT300。为提高力学性能和耐磨性能，可在铸铁中添加磷、铜、钛、钼、钒等细化晶粒的元素。

（2）镶钢导轨：是将合金工具钢、轴承钢、淬火钢、渗碳钢或氮化钢等分段地镶装在床身上，其耐磨损能力比灰铸铁提高 5 ~ 10 倍。镶钢导轨须分段制作，在床身上镶装时采用拼装、树脂黏结、螺栓固定或焊接等方法，如图 4-53 所示。

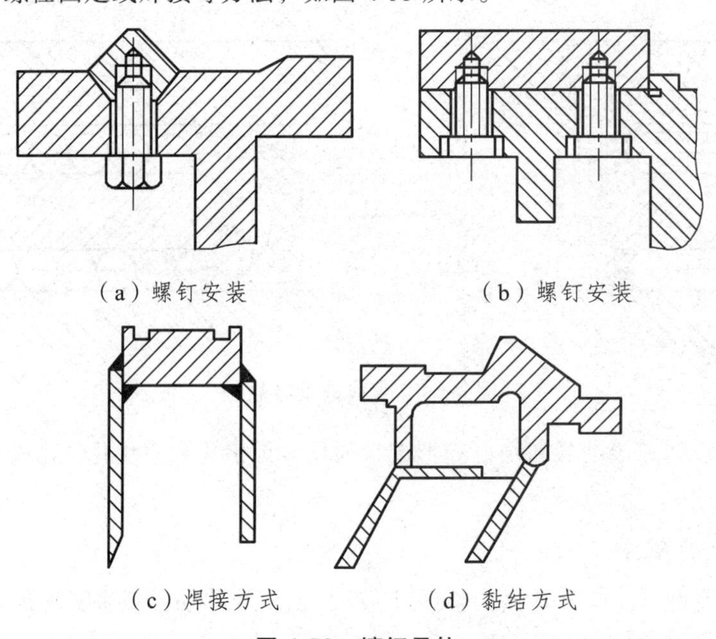

（a）螺钉安装　　（b）螺钉安装

（c）焊接方式　　（d）黏结方式

图 4-53 镶钢导轨

（3）有色金属：用锡青铜、铝青铜等有色金属镶装导轨在动导轨上，与铸铁的支承导轨相搭配，其耐磨性较高，可以防止撕伤，保证运动的平稳性和提高移动精度。

（4）塑料：在动导轨上镶装塑料软带。镶装导轨所用的塑料，主要是聚四氟乙烯（“塑料王”），与铸铁摩擦时摩擦系数为 0.03 ~ 0.05，且动、静摩擦系数相差很小，具有良好的防止爬行的性能；环氧型耐磨涂层导轨也是常用的一种塑料导轨。塑料软带导轨与淬硬的铸铁支承导轨组成导轨副，具有摩擦系数低、耐磨性高、抗撕伤能力强、低速时不易出现爬行、加工性和化学稳定性好、工艺简单、成本低等优点。

2. 导轨磨损

磨损的原因是导轨结合面在一定压强作用下直接接触并相对运动。因此，争取不磨损的条件是让结合面在运动时不接触。方法是保证完全的液体润滑，用油膜隔开相接触的导轨面，如用静压导轨。争取少磨损，可采用加大导轨接触面和减轻负荷的办法来降低导轨面的压强。采用卸荷导轨是减轻导轨负荷、降低压强的好方法。

磨损是否均匀对零部件的工作期限影响很大。磨损不均匀的原因是在摩擦面上压强分布不均，各个部分的使用机会不等。因此，争取均匀磨损有如下措施：使摩擦面上压强均匀分布，尽量减少扭转力矩和颠覆力矩，导轨的形状尺寸尽可能对称。磨损后间隙变大，设计时要考虑补偿磨损量、调整间隙等措施。

第五章 组合机床

第一节 组合机床的组成及特点

组合机床是根据工件加工需要，以大量系列化、标准化的通用部件为基础，配以少量专用部件，对一种或数种工件按预定的工序进行加工的高效专用机床。

组合机床用于生产企业大批量加工箱体类工件，如完成多轴、多刀、多面、多工序孔的加工以及平面的加工等。其结构简单、生产率和自动化程度较高，具有一定的重新调整能力。目前，组合机床的研制正向高效、高精度、高自动化的柔性化方向发展。

一、组合机床的组成

图 5-1 所示是一台复合式三面钻孔的组合机床，它主要由侧底座 1、立柱底座 2、立柱 3、主轴箱 4、动力箱 5、动力滑台 6、中间底座 7、夹具 8 以及控制部件和辅助部件组成。其中，夹具 8 和主轴箱 4 是按加工对象设计的专用部件，其余均为通用部件。 组合机床中，绝大多数零件（70% ~ 90%）是通用件和标准件。

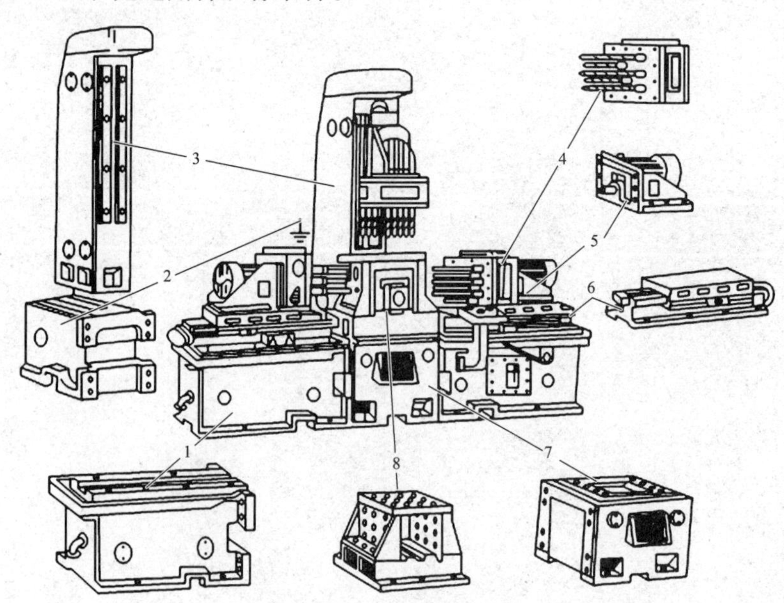

图 5-1 组合机床的组成

1—侧底座；2—立柱底座；3—立柱；4—主轴箱；5—动力箱；6—动力滑台；7—中间底座；8—夹具

二、组合机床的工艺范围及特点

组合机床最适合于加工各种大中型箱体类零件，如减速器的箱体、泵体、气缸盖等。目前，组合机床主要用于平面加工和孔加工两类工序。平面加工包括铣平面、锪（刮）平面、车端面；孔加工包括钻、扩、铰、镗孔以及倒角、切槽、攻螺纹、锪沉孔、滚压孔等。随着自动化的发展，其工艺范围扩大到车外圆、铣削、拉削、推削、磨削、珩磨、抛光及冲压等工序。此外，还可以完成焊接、热处理、自动装配和检测、清洗和零件分类及打印等。

组合机床具有以下特点：

（1）主要用于箱体类零件和复杂件的孔、面加工。

（2）生产率高，可实现多轴、多刀、多面、多工序同时加工。

（3）加工精度稳定。

（4）组合机床的通用化和标准化程度高，通用件占 70%~90%，而且通用零部件可组织批量生产，因此，研制周期短，便于设计、制造和使用、维护。

（5）自动化程度高，劳动强度低。

（6）配置灵活。组合机床的模块化程度高，可根据不同的模块重新配置，易于改装。

三、组合机床的配置形式

根据被加工工件的工艺要求，可将组合机床的通用部件和专用部件组合起来，配置成各种形式的组合机床。根据所选用的通用部件的规格大小以及结构和配置形式等方面的差异，将组合机床分为大型组合机床和小型组合机床两大类。滑台台面宽度 $B \geqslant 250$ mm 的称为大型组合机床；滑台台面宽度 $B < 250$ mm 的称为小型组合机床。按工位数的不同，组合机床可以分为单工位组合机床和多工位组合机床两大类。本章只介绍大型组合机床及其设计。

（一）具有固定夹具的单工位组合机床

工件安装在固定夹具里不动，由动力部件移动来完成各种加工，能保证较高的位置精度，适用于大中型箱体件加工，如图 5-2 所示。

（1）卧式组合机床：动力箱水平布置，按加工要求的不同，可配置成单面、双面或多面的形式。

（2）立式组合机床：动力箱垂直布置，一般只有单面配置形式。

（3）倾斜式组合机床：动力箱倾斜布置，可配置成单面、双面或多面的形式，用来加工工件上的倾斜表面。

（4）复合式组合机床：是上述两种或 3 种配置形式的组合。

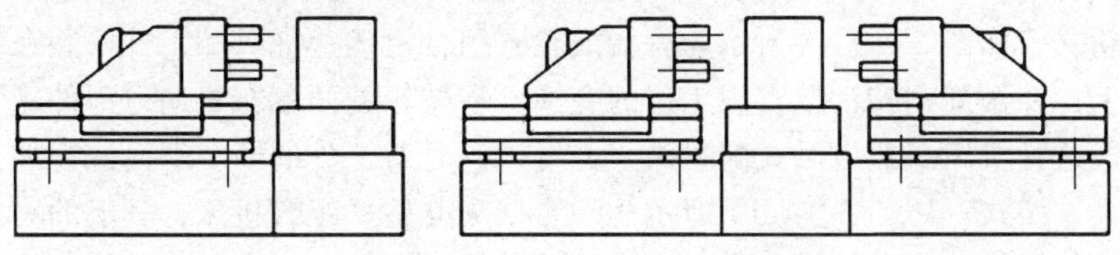

（a）卧式单面配置组合机床　　（b）卧式双面配置组合机床

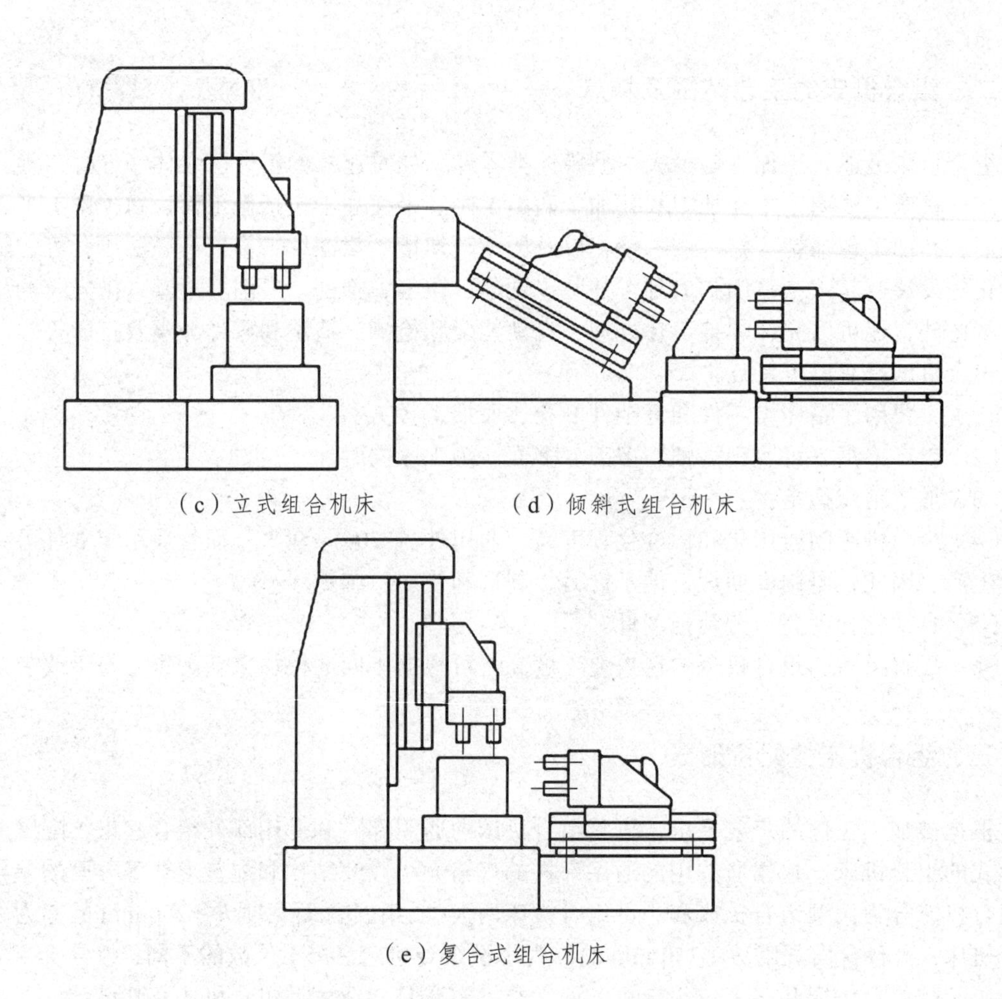

（c）立式组合机床　　（d）倾斜式组合机床

（e）复合式组合机床

图 5-2　固定夹具的单工位组合机床

（二）具有移动夹具的多工位组合机床

这类组合机床的夹具安装在移动或回转的工作台上，做间歇移动或转动，以便依次在不同工位上对工件进行不同工序的加工。其生产率高，但加工精度不如单工位组合机床，多用于大批量生产中对中小型零件的加工。这类机床的配置形式分为移动工作台式、回转工作台式、中央立柱式和鼓轮式。

（1）移动工作台式：如图 5-3（a）所示，夹具和工件做直线往复移动。

（2）回转工作台式：如图 5-3（b）所示为一台回转工作台式组合机床，其夹具和工件绕垂直轴线回转，在每一工位上可以同时加工一个或几个工件，具有较高的生产率。这种机床可配置成立式、卧式和复合式布局。

（3）鼓轮式：如图 5-3（c）所示为一台鼓轮式组合机床，夹具和工件安装在绕水平轴线回转的鼓轮上，并做周期转动以实现工位的变换。在鼓轮的两端布置动力部件，从两面对工件进行加工。这种机床一般以卧式配置为主，可以同时对工件的两个端面进行加工。

（4）中央立柱式：如图 5-3（d）所示为一台中央立柱式组合机床，其上的夹具和工件安装在绕垂直轴线回转的环形回转工作台上，并随其做周期转动以实现工位的变换。在环形回转工作台周围以及中央立柱上均可布置动力部件，在各个工位上，对工件进行多工序加工。这种机床工序集中程度及生产率都很高，但机床的结构也比较复杂，定位精度较低，通用化程度也较低。

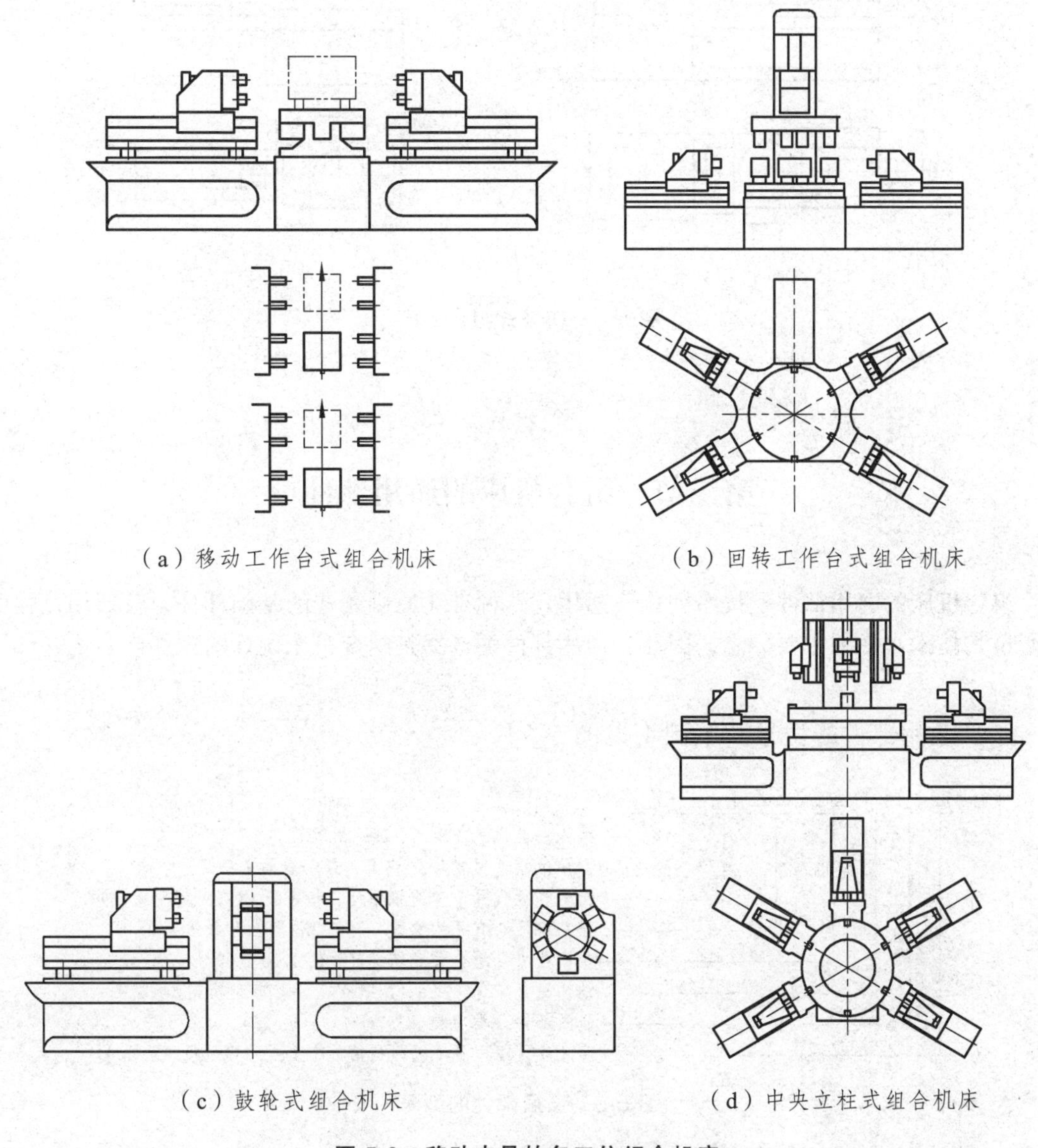

（a）移动工作台式组合机床　（b）回转工作台式组合机床

（c）鼓轮式组合机床　（d）中央立柱式组合机床

图 5-3　移动夹具的多工位组合机床

（三）转塔式组合机床

转塔式组合机床的转塔回转工作台上，各个多轴箱依次转到加工位置对工件进行加工，如图 5-4 所示。按主轴箱是否做进给运动，可将这类机床分为两类：

（1）主轴箱只做主运动：工件安装在滑台上，由滑台带动做进给运动。

（2）主轴箱既做主运动又做进给运动：这类机床的主轴箱既做主运动又做进给运动，工件安装在回转工作台式固定不动，也可以做周期转位。

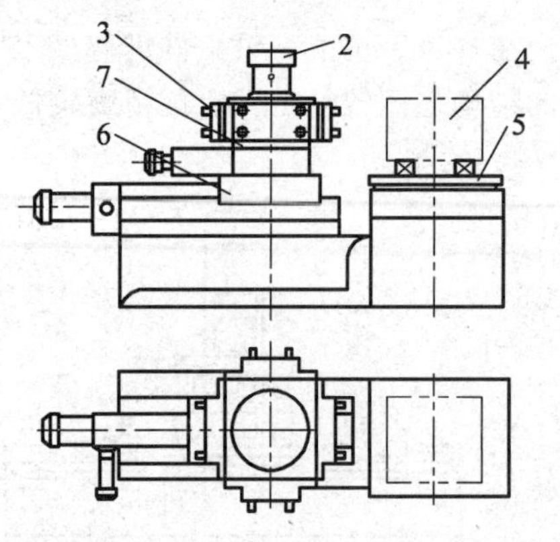

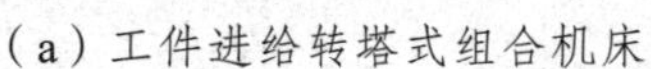

（a）工件进给转塔式组合机床

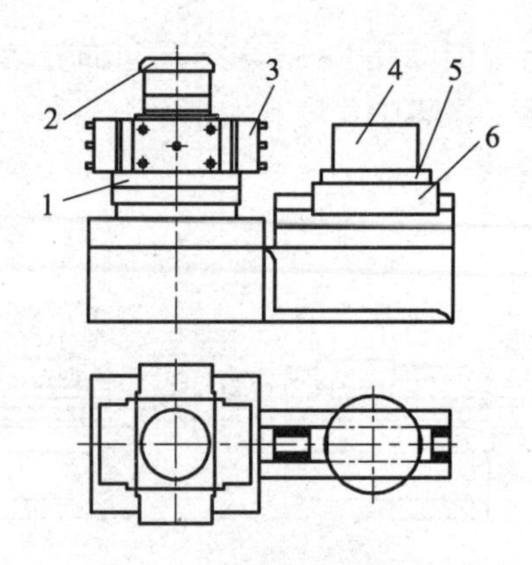

（b）转塔进给组合机床

图 5-4　转塔式组合机床

1—转塔；2—电动机；3—转塔主轴箱；4—工件；5—回转工作台；6—进给滑台；7—转塔架

第二节　组合机床的通用部件

组合机床的通用部件是按系列化、通用化、标准化原则制造的基础部件，其通用化程度是衡量其技术水平的主要标志，因此，通用部件的选择是组合机床设计的重要内容之一。

一、通用部件的型号及编制（见图 5-5）

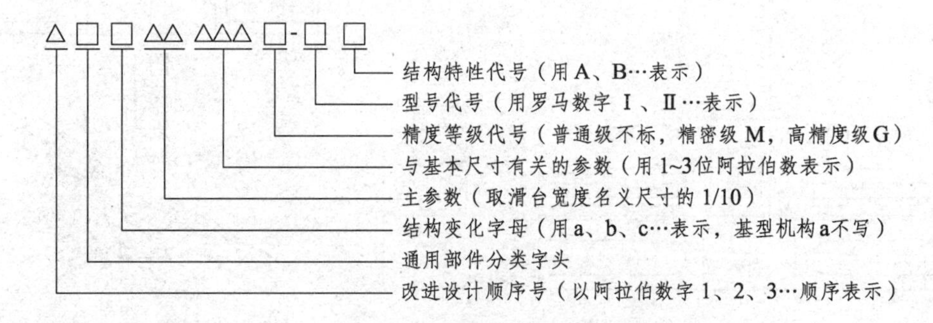

图 5-5　通用部件的型号

组合机床的主参数用滑台台面的宽度来表示。例：1HY32M-1B 组合机床型号如图 5-6 所示。

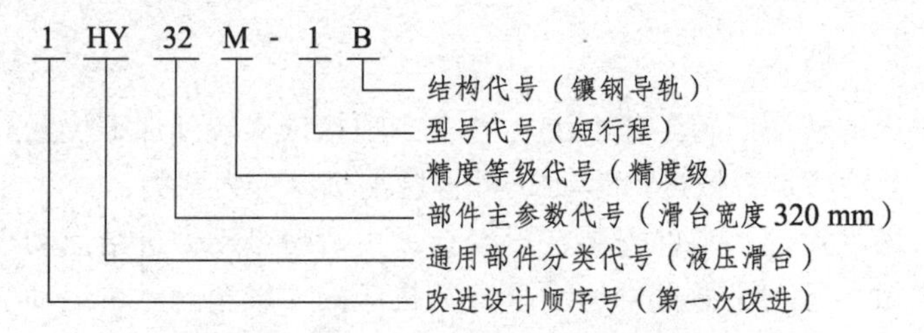

图 5-6　1HY32M-1B 组合机床的型号

组合机床通用部件规格如表 5-1 所示。

表 5-1 组合机床通用部件规格表

部件名称	国家标准号	名义尺寸/mm						小型通用部件系列
		250	320	400	500	630	800	
液压滑台	GB 3668.4—83	1HY25	1HY32	1HY40	1HY50	1HY63	1HY80	
机械滑台	GB 3668.4—83	1HJ25	1HJ32	1HJ40	1HJ50	1HJ63		
数控机械滑台		NC-1HJ25	NC-1HJ32	NC-1HJ40	NC-1HJ50	NC-1HJ63		1TD12, 1TD16, 1TD20
动力箱	GB 3668.5—83	1TD25	1TD32	1TD40	1TD50	1TD63	1TD80	1TA12, 1TA16, 1TA20
镗孔车端面头	GB 3668.9—83	1TA25	1TA32	1TA40	1TA50			1TXb12,1txb16,1TXb20
铣削头	GB 3668.9—83	1TX25	1TX32	1TX40	1TX50	1TX63		1TX12, 1TX16, 1TX20
钻削刀	GB 3668.9—83	1TZ25	1TZ32					1TZ12, 1TZ16, 1TZ20
攻螺纹头	JB 2504—78	1TG25						1TG12, 1TG16, 1TG20
多轴可调头	JB 2505—78							1TK12, 1TK16, 1TK20
滑台侧底座	GB 3668.6—83	1CC25	1CC32	1CC40	1CC50	1CC63	1CC80	
立柱侧底座	GB 3668.8—83	1CD25	1CD32	1CD40	1CD50	1CD63		
立柱	GB 3668.7—83	1CL25	1CL32	1CL40	1CL50	1CL63		
十字滑台	JB 2503—78	1HYS25						1HYS16,1HYS20
滑套式动力头	GB 3668.9—83	1LHJb25						1LHJb12,1LHJb16,1LHJb20
多轴转塔动力头	JB 2503—78			1LZY40	1LZY50	1LZY63	1LZY80	
分度回转工作台	GB 3668.3—83		1AHY32	1AHY40	1AHY50	1AHY63	1AHY80	1AHY100,1AHY125
传动装置		1NG25	1NG32	1NG40	1NG50	1NG63		1NG12, 1NG16, 1NG20
铣削工作台				1XG40	1XG50	1XG63		

二、通用部件的分类

（一）动力部件

动力部件是组合机床的主要部件，它为刀具提供主运动和进给运动。动力部件包括动力滑台、动力箱和各种单轴头等，其他部件均以动力部件为依据来配套选用。

1. 动力滑台

动力滑台根据驱动方式不同，分为液压滑台、机械滑台、数控滑台。

（1）HY 系列液压滑台。

如图 5-7 所示，液压缸固定在滑座上，活塞杆通过支架固定在滑台的下面。工作时，压力油进入液压缸的前腔或后腔时，活塞杆带动滑台座沿着导轨向前或向后运动。滑台的导轨为双矩形导轨，用镶条来调整导轨间隙，压板来固定滑座与滑鞍，因此，可承受较大的颠覆力矩。控制形式采用电气、液压联合控制，以克服纯电气控制的不可靠及快进工作时位置精度低的缺点。

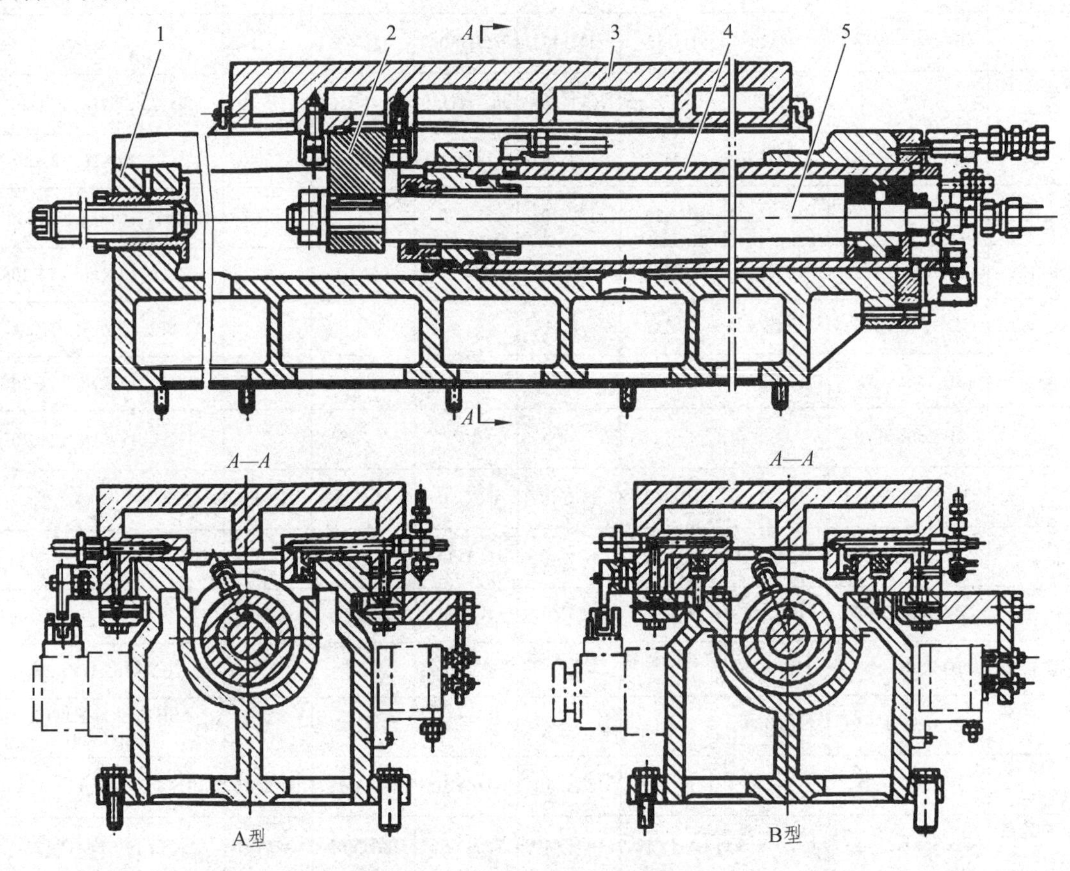

图 5-7　HY 系列液压滑台

1—滑座；2—支架；3—滑台；4—液压缸；5—活塞杆

（2）HJ 系列机械滑台。

机械滑台由滑台部分、传动装置、制动装置等组成。机械滑台有 1HJ、1HJb、1HJc 三个系列，分别为普通级、精密级、高精密级。

机械滑台的传动原理如图 5-8 所示，滑台的工进由电动机经过交换齿轮以及蜗轮蜗杆驱动滚珠丝杠螺母来实现。滑台的快进、快退由快进电机经差速机构、z_8/z_7、滚珠丝杠螺母实现，此时，工进电机可工作也可不工作，工作时，快进、快退速度略有变化。

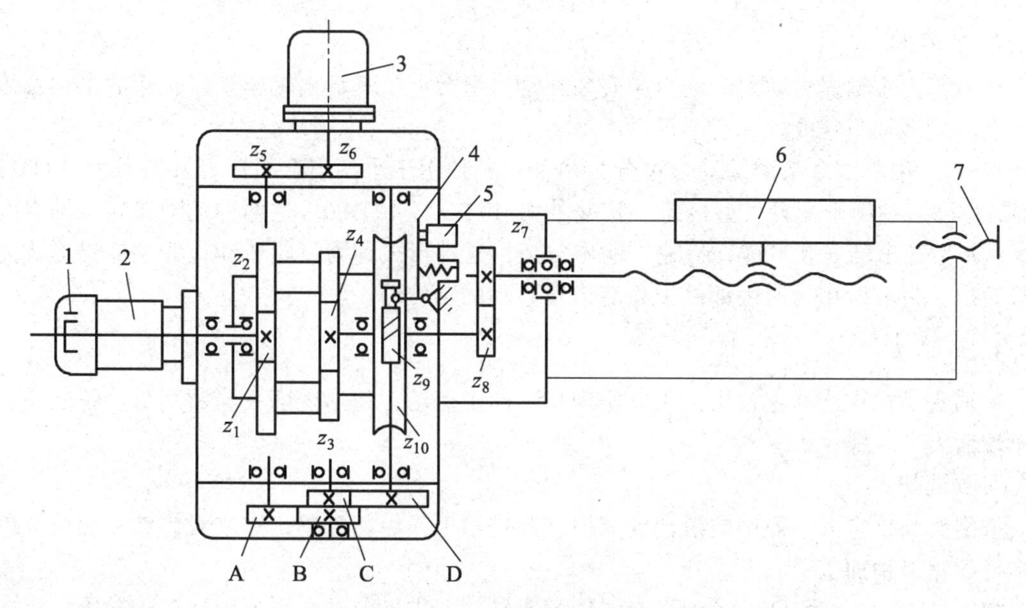

图 5-8 机械滑台传动原理

1—制动器；2—快进电机；3—工作进给电机；4—杠杆机构；5—行程开关；
6—滑台滑鞍；7—死挡铁；A、B、C、D—交换齿轮

在工作循环中，当滑台运行至末端碰上死挡铁时，停止运动，此时工进电机仍在运转，迫使蜗杆产生轴向移动，通过杠杆机构 4 压下行程开关 5 发出指令，使快速电机反转，滑台快速退回。路线如下所示：

工进电机 3—z_6/z_5—A/B —C/D—z_{10}/z_9—差速机构—z_8/z_7—滚珠丝杠螺母—滑台滑鞍

快速电动机 ——————————————（接差速机构）

（3）数控机械滑台。

数控机械滑台是在 HJ 系列机械滑台的基础上改进设计的，其传动装置为交流伺服数控系统，其他组成部分及主要联系尺寸与 HJ 系列机械滑台相同。其特点是可自动变换进给速度和工作循环，可在较宽范围实现自动调速和位控、执行零件加工的数控程序。由于采用了交流伺服电机，因此，滑台可以无级调速，传动原理如图 5-9 所示。

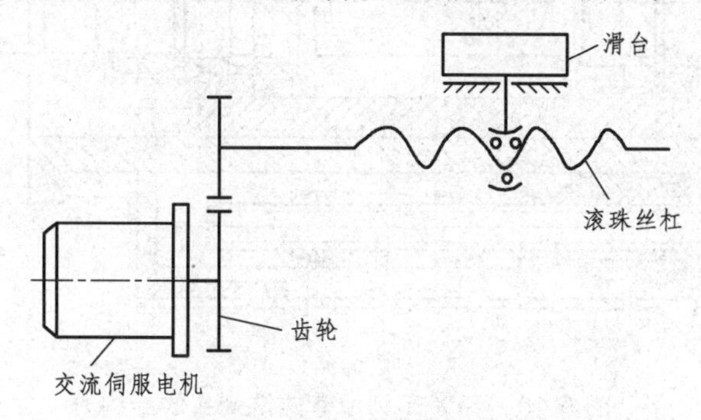

图 5-9 数控机械滑台

2. 动力箱

动力箱为主轴提供动力。动力箱安装在动力滑台上，其输出轴驱动多轴箱的主轴及传动轴运动，使多轴箱完成各种切削运动。

目前常用的1TD系列的动力箱分为两种：一种用于小型组合机床，其型号为 1TD12～1TD25；另一种用于配置大型机床，其型号为 1TD32～1TD80。这两种动力箱输出轴有两种形式：I 型输出轴安装平键、齿轮，输出转矩，这种形式称为齿轮传动；Ⅱ型输出形式为联轴节输出。目前所用的通用部件中只有齿轮传动的动力箱。

3. 单轴头

单轴头是标准化的主轴头，用以实现切削的主运动，包括铣削头、钻削头、镗削头、镗孔车端面头、攻螺纹头。

（1）铣削头。

铣削头与比它大一规格的滑台或其他铣削进给工作台相配置，完成对铸铁、铜及有色金属零件的粗、精加工。

如图 5-10 所示为 1TX 系列滑套式铣削头结构。主轴前端由双列圆柱滚子轴承、双向推力角接触球轴承支承，用于承受两个方向的轴向力，后端由双列圆柱滚子轴承支承，为刚度型支承。工作时，通过滚珠丝杠螺母机构或由让刀的液压缸实现滑套 3 的轴向移动。需要对刀时，松开螺母 7，转动轴向固定的螺母套 8，使螺杆 5 轴向移动带动滑套 3 即可实现手动对刀。铣削头加工完毕后，压力油进入液压缸 2 的左腔，由活塞杆通过法兰盘 1 使滑套和主轴一起后退，实现让刀。同时，螺杆 5 和螺母套 8 后退，通过圆螺母 9 控制让刀行程，让刀结束后，由螺杆 5 上的挡铁 4 压下微动开关，发出让刀完成信号。若滑套 3 向前运动复位时，挡铁 6 压下另一微动开关，发出复位信号。

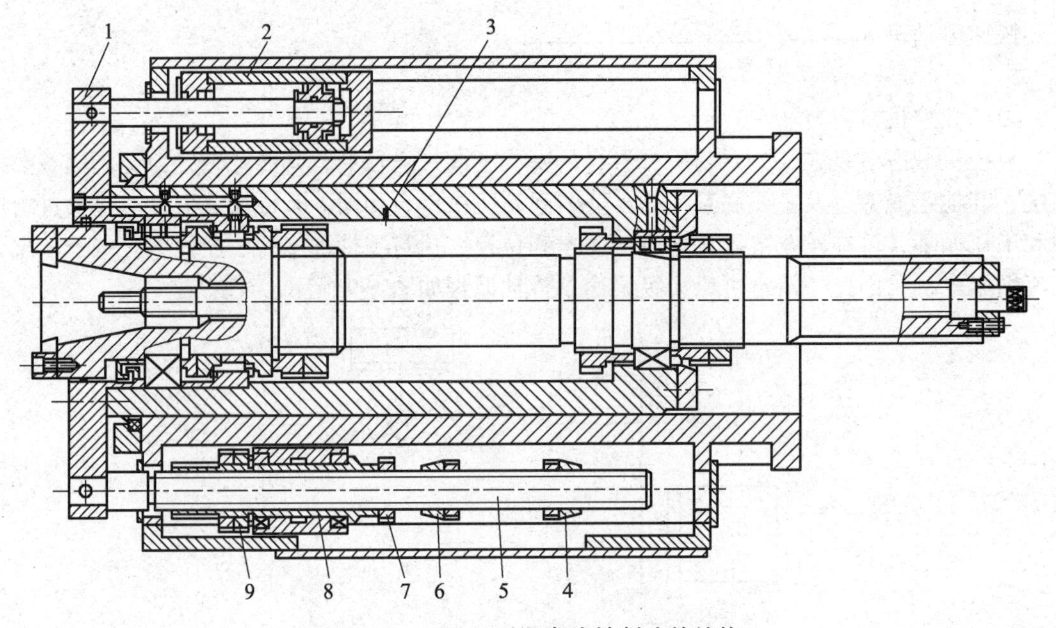

图 5-10　1TX 系列滑套式铣削头的结构

1—法兰盘；2—液压缸；3—滑套；4，6—挡铁；5—螺杆；
7—螺母；8—螺母套；9—圆螺母

（2）镗削头。

镗削头与同规格的传动装置及动力滑台配套组成组合镗床，用于对铸铁、钢、有色金属等工件进行粗、精镗孔，精度可达到 IT7 级，表面粗糙度 *Ra* 的值达到 1.6 μm。

图 5-11 所示为镗削头主轴组件结构。当镗孔直径不大时，主轴前端的莫式内锥孔可用于定位刀杆；当镗孔直径较大时，主轴前端的短圆锥面和端面用于定位刀杆。

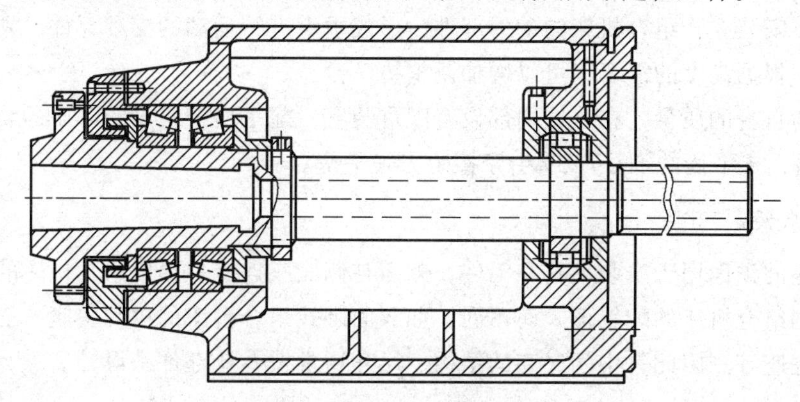

图 5-11　镗削头主轴组件结构

（3）镗孔车端面头。

镗削头与同规格的单向刀盘、双向刀盘、刀盘传动装置等配套组成镗孔车端面组合机床，用于对铸铁、钢、有色金属等工件进行镗孔、车端面、车止口、切槽及倒角等工序的加工。其加工精度可达到 IT7 级，最高达到 IT6 级，表面粗糙度 *Ra* 的值达到 1.6 μm。

（4）钻削头。

钻削头与同规格的各种传动装置、滑台等配套组成组合机床，用于对铸铁、钢、有色金属等工件进行钻孔、扩孔、倒角、锪沉孔及铰孔等工艺加工。

如图 5-12 为钻削头主轴组件，主轴及刀具间采用标准接杆，结构简单。

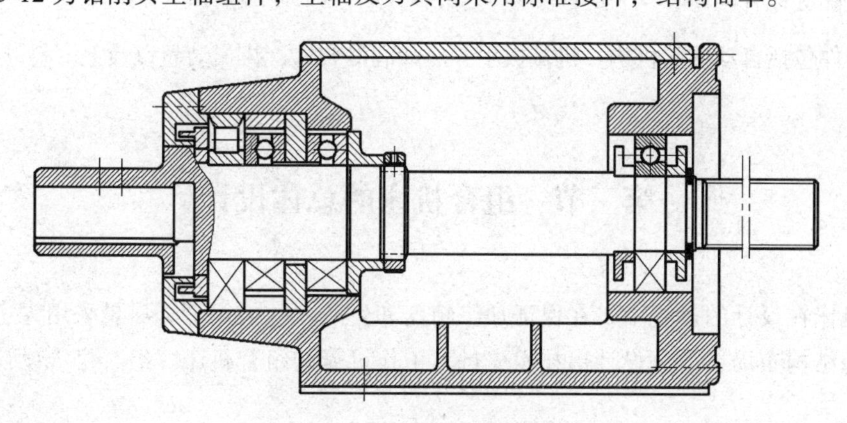

图 5-12　钻削头主轴组件结构

（二）支承部件

支承部件是组合机床的基础部件，包括侧底座、立柱、立柱底座、中间底座等。支承部件应该有足够的刚度，来保证组合机床各部件之间的相对位置精度。

1. 侧底座

它是卧式组合机床的主要支承部件，其上安装有滑台，侧面与中间底座连接。侧底座的长度由滑台长度来决定，为了适应装料高度，侧底座与滑台之间可以增加调整垫。

2. 立柱及底座

立柱用于安装立式组合机床的动力部件，形成垂直进给运动的支承部件。立柱安装在立柱底座上面，根据高度的需要，可以增加调整垫。

为了平衡自身的质量，在立柱内部设有配重装置。配重块的质量约等于运动部件总质量的85%～95%，未平衡的5%～15%由摩擦阻力来平衡。

3. 中间底座

中间底座的顶面用于安装夹具和工件，侧面与侧底座连接，形成组合机床的支承骨架。中间底座根据组合机床的配置形式而不同，如双面卧式组合机床的中间底座、三面卧式组合机床的中间底座等。因此，中间底座的结构、尺寸通常按专业部件来设计。

（三）输送部件

输送装置主要是移动工作台和回转工作台，用于带动夹具和工件的移动和转动，实现工位的变换。

（四）控制部件

控制部件用于控制组合机床按既定的加工程序进行循环工作，包括可编程控制、各种液压元件、操纵板、控制挡铁和按钮台等。

（五）辅助部件

辅助部件包括自动夹紧机构、机械扳手、冷却润滑装置、排屑装置以及上下料的机械手等。

第三节　组合机床的总体设计

组合机床在设计的过程中，在保证加工精度和生产率的前提下，尽量采用先进的工艺方案和合理的结构布局，力争设计出技术先进、工作可靠的组合机床。组合机床设计步骤大致如下：

一、制定工艺方案

这是组合机床设计中最重要的一步，工艺方案的好坏，直接影响着组合机床的工作性能要求。因此，在制定方案时，必须要认真分析零件的加工图纸，研究其尺寸、形状、材料、硬度、加工精度和表面粗糙度等内容。此外，还要查阅、搜集、分析国内外有关的技术资料，在此基础上，制定出合理完善的工艺内容和加工方法、定位基准及夹紧部位、刀具的种类及结构形式、切削用量等。

二、确定机床的配置形式及结构方案

根据工艺方案，确定机床的配置形式，制定影响机床总体布局和技术性能的结构方案。同时，还应该注意排屑通畅、操作维修方便等。

对于同一加工内容，可能会有不同的工艺方案和机床配置形式，必须对各种可行方案作出全面正确的分析比较，综合分析各方面的情况，才能选择出最优方案。

三、总体方案的设计

总体方案的设计就是“三图一卡”的编制，即被加工零件的工序图、加工示意图、机床联系尺寸图和生产率计算卡。

（一）被加工零件的工序图

1. 被加工零件工序图的内容与作用

被加工零件的工序图是根据选定的工艺方案，在所设计的组合机床上完成的工艺内容、加工部位的尺寸、精度、表面粗糙度及技术要求，加工用的定位基准、夹紧部位及被加工零件的材料、硬度、质量和在本道工序加工前毛坯或半成品情况的图纸。被加工零件的工序图不同于零件图，它是在零件图的基础上突出了本机床或自动生产线的加工内容，加上必要的说明而绘制成的。图上应标注的内容如下：

（1）加工零件的形状、主要外廓尺寸及和本机床设计有关的部位结构形状及尺寸。当需要设置中间导向套时，应表示出零件内部的肋、壁布置及有关结构形状和尺寸，以便检查工件、夹具、刀具之间是否相互干涉。

（2）本工序所选定的定位基准、夹紧部位及夹紧方向。

（3）本工序加工部位的尺寸、精度、表面粗糙度、形位精度等技术要求，以及对上道工序提出的技术要求（主要指定位基准）。

（4）被加工零件的名称、编号、材料、硬度及被加工部位的加工余量等。

被加工汽车变速器上盖的工序如图 5-13 所示。

2. 绘制被加工零件工序图应注意的事项

（1）本工序的加工部位用粗实线绘制，其余部位用细实线绘制。本道工序保证的尺寸、角度等，均在尺寸下用横线标出，如 $2\times\phi8.5^{+0.058}_{0}$。夹紧符号用符号 ↓ 表示，定位基准用符号 ⌒∨⌒ 表示。

（2）加工部位的位置尺寸应由定位基准算起。当定位基准与设计基准不重合时，对加工部位的位置精度要进行换算。将不对称的位置尺寸公差换算成对称的尺寸公差，如尺寸$10_{-0.3}^{-0.1}$应换算成 9.8±0.1。但有时也可将工件某一主要孔的位置尺寸从定位基准算起，其余各孔的位置尺寸再从该孔算起。

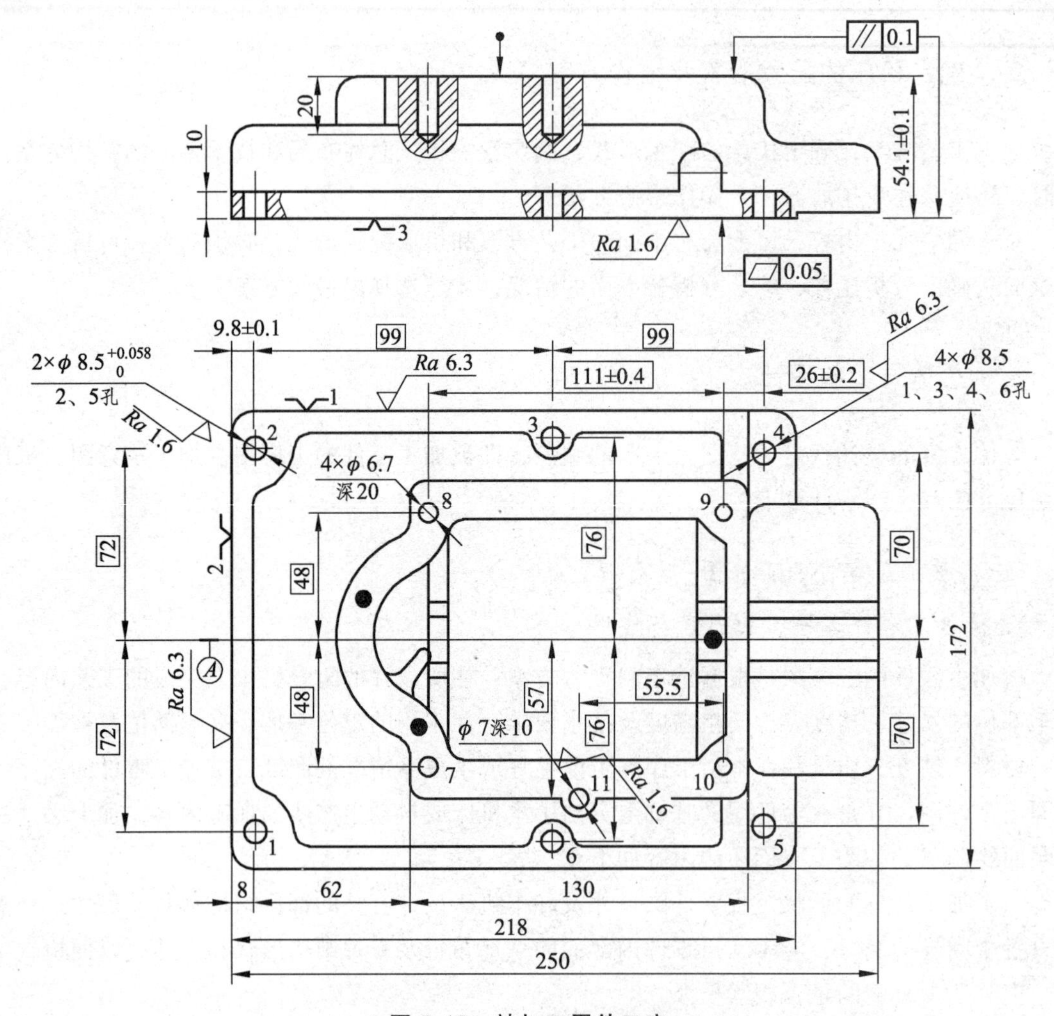

图 5-13　被加工零件工序

注：① 被加工零件编号：QCBSX-11；硬度：175～255HB；材料：HT200；质量：10 kg。

② 图中粗实线所画的尺寸为本机床加工所保证的尺寸。

（3）注明零件对机床加工提出的某些特殊要求，如对精镗孔机床应注明是否允许留有退刀痕迹。

（二）加工示意图

加工示意图反映了零件加工的工艺方案，是被加工零件的加工过程在机床上的反映，是工件、刀具、夹具相对位置的反映，是机床的工作行程及工作循环的反映。

1. 加工示意图标注的内容

（1）加工方法、加工过程、工作行程及工作循环。

（2）主轴、刀杆、导向套与工件之间的连接结构、联系尺寸、配合精度。

（3）主轴的切削用量。

（4）多轴箱端面到加工零件表面之间的距离。

2. 加工示意图的绘制及注意事项

（1）按比例绘制出工件的加工部位及局部展开图。加工部位用粗实线绘制，非加工部位用细实线绘制。对于加工距离很近的孔，必须严格按照比例绘制，以便检查相邻主轴、刀具、辅具、导向套等结构是否干涉。

（2）相同结构的主轴，只需画出一根即可。

（3）主轴从多轴箱端面画起，一般按照加工终了位置绘制。标准的通用结构（如接杆、浮动卡头、攻螺纹靠模等）只画外轮廓，并标注规格代号。对于一些专用结构，为了显示其结构，需画剖视图。

图 5-14 为组合钻床的主轴组件。主轴 1 通过键 13 带动接杆 6 转动。接杆 6 的孔为莫式锥孔，通过弹性胀套 7 与直柄钻头 8 连接。9 为钻套，安装在钻模板 10 上，以保证钻孔精度。接杆 6 安装在主轴 1 内，通过调整螺母 3 来调整接杆与刀具的相对位置，以补偿刀具的轴向磨损，调整好后通过垫片 4 与锁紧螺母 5 进行锁紧，用锁紧螺钉 2 对接杆 6 进行轴向定位，以防工作时接杆轴向窜动。

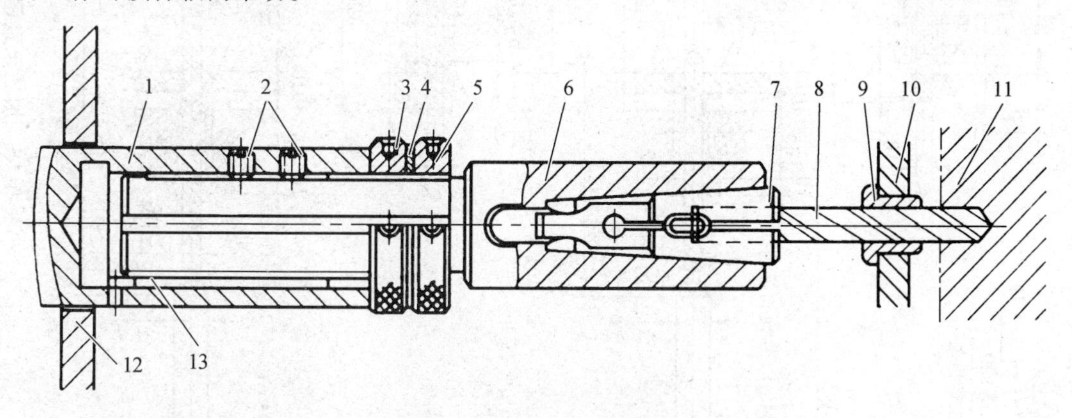

图 5-14　主轴、刀杆结构

1—主轴；2—锁紧螺钉；3—调整螺母；4—垫片；5—锁紧螺母；6—接杆；7—弹性胀套；8—直柄钻头；9—钻套；10—钻模板；11—工件；12—多轴箱；13—键

以汽车变速器上盖加工 11 孔为例，画加工示意图，具体说明如下：

孔 1、3、4、6 的表面粗糙度为 *Ra*6.3 μm，加工方法采用“钻”。孔 2、5、11 的表面粗糙度为 *Ra*1.6 μm，因此，加工方法选择“钻、铰”。孔 7、8、9、10 为螺纹孔，在该组合机床中仅进行螺纹底孔的加工，采用的加工方法为“钻”。其加工示意图如图 5-15 所示。

① 导向套的结构、类型及选择。导向套分为两类：一类为固定式导套，另一类为旋转式导套。在加工小孔（如钻、扩、铰孔）时，导向部分直径较小，速度一般小于 20 m/min，通常采用固定式导套。当导套直径较大，速度大于 20 m/min 时，常选择旋转式导套，利于减轻磨损，保持精度。导向套的规格尺寸如表 5-2 所示。

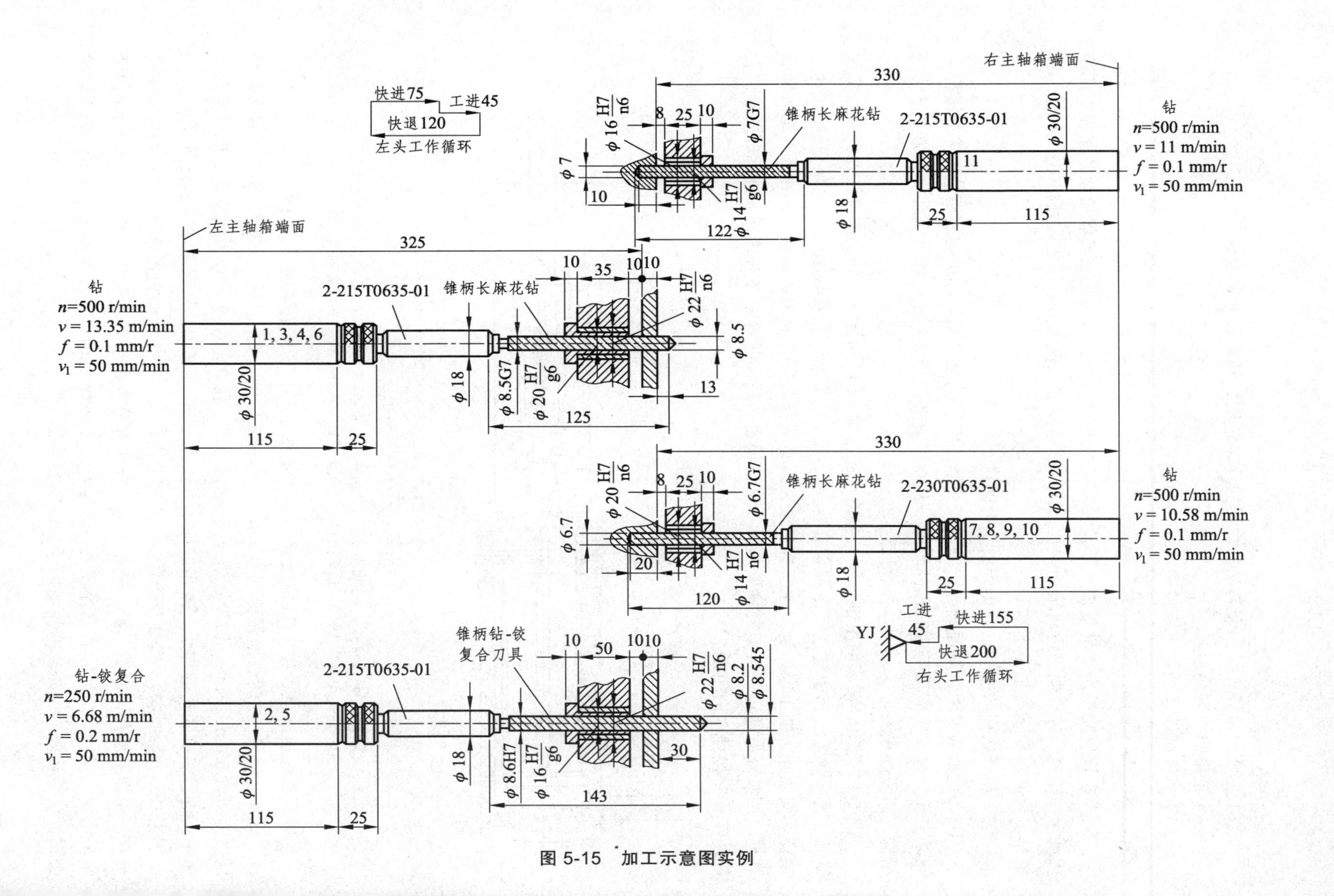

图 5-15 加工示意图实例

表 5-2　通用导向套的规格

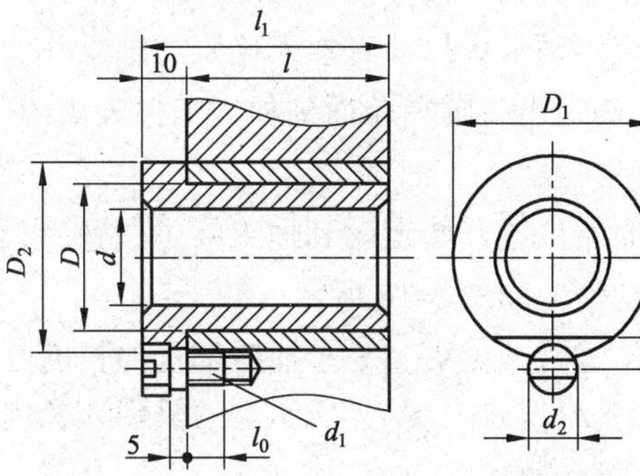

<table>
<tr><th>d</th><th>D</th><th>D₁</th><th>D₂</th><th colspan="3">l</th><th colspan="3">l₁</th><th>m</th><th>R</th><th>d₁</th><th>d₂</th><th>l₀</th></tr>
<tr><td>φ4~6</td><td>φ12</td><td>φ19</td><td>φ18</td><td rowspan="2">12</td><td rowspan="2">20</td><td rowspan="2">25</td><td rowspan="2">22</td><td rowspan="2">30</td><td rowspan="2">35</td><td>7</td><td>15.5</td><td rowspan="8">M8</td><td rowspan="8">φ16</td><td rowspan="8">12</td></tr>
<tr><td>>φ6~8</td><td>φ14</td><td>φ21</td><td>φ20</td><td>8</td><td>16.5</td></tr>
<tr><td>>φ8~10</td><td>φ16</td><td>φ23</td><td>φ22</td><td rowspan="2">20</td><td rowspan="2">25</td><td rowspan="2">35</td><td rowspan="2">30</td><td rowspan="2">35</td><td rowspan="2">45</td><td>9</td><td>17.5</td></tr>
<tr><td>>φ10~12</td><td>φ18</td><td>φ26</td><td>φ25</td><td>10.5</td><td>19</td></tr>
<tr><td>>φ12~15</td><td>φ22</td><td>φ31</td><td>φ30</td><td rowspan="2">25</td><td rowspan="2">35</td><td rowspan="2">45</td><td rowspan="2">35</td><td rowspan="2">45</td><td rowspan="2">55</td><td>13</td><td>21.5</td></tr>
<tr><td>>φ15~18</td><td>φ25</td><td>φ36</td><td>φ35</td><td>15.5</td><td>24</td></tr>
<tr><td>>φ18~21</td><td>φ30</td><td>φ41</td><td>φ40</td><td rowspan="2">35</td><td rowspan="2">45</td><td rowspan="2">55</td><td rowspan="2">45</td><td rowspan="2">55</td><td rowspan="2">65</td><td>18</td><td>26.5</td></tr>
<tr><td>>φ21~25</td><td>φ35</td><td>φ46</td><td>φ45</td><td>20.5</td><td>29</td></tr>
<tr><td>>φ25~30</td><td>φ40</td><td>φ51</td><td>φ50</td><td rowspan="2">45</td><td rowspan="2">55</td><td rowspan="2">65</td><td rowspan="2">55</td><td rowspan="2">65</td><td rowspan="2">75</td><td>22.5</td><td>32.5</td><td rowspan="3">M10</td><td rowspan="3">φ19</td><td rowspan="3">15</td></tr>
<tr><td>>φ30~35</td><td>φ45</td><td>φ56</td><td>φ55</td><td>25</td><td>35</td></tr>
<tr><td>>φ35~42</td><td>φ55</td><td>φ71</td><td>φ70</td><td>55</td><td>65</td><td>75</td><td>65</td><td>75</td><td>85</td><td>32.5</td><td>42.5</td></tr>
</table>

② 导向套距离工件端面的距离的确定。钻孔时，分类两种情况：加工钢件时，导向套距离工件端面的距离为（1 ~ 1.5）d；加工铸铁件时，距离为 d。扩孔时，导向套距离工件端面的距离为（1 ~ 1.5）d。铰孔时，导向套距离工件端面的距离为（0.5 ~ 1.5）d。当孔的直径小，加工精度要求高时，应取小值。

③ 为了便于排屑和补偿刀具磨损后能向前调整的可能，钻头螺旋槽的尾部距离导向套的端面应有一定的距离，此距离通常不小于 30 ~ 50 mm。

④ 主轴类型、尺寸、外伸长度的确定及接杆、浮动卡头的选择。通常先根据切削用量计算出切削转矩，由此确定主轴直径，再综合考虑加工精度和工作状况，查表确定主轴的相关尺寸（内外直径、外伸长度）以及接杆的莫式锥号。对于精镗类的主轴，则不能按照切削转

矩来确定主轴直径，因为精加工时，加工余量较小，转矩就小，如按此转矩计算出的主轴直径往往会造成刚性不足。因此，这类主轴尺寸的确定依照以下步骤进行：根据工件加工部位尺寸，确定镗杆直径，由此确定浮动卡头尺寸，进而确定主轴尺寸。

⑤ 以上面的尺寸为基础，确定出多轴箱端面到加工工件表面的距离。

⑥ 动力部件工作行程的确定。

动力部件的工作循环为从原始位置开始运动到加工终了位置后，又返回到原始位置的过程，包括快进、工进、快退等动作，如图 5-16 所示。

a. 工作进给长度 $L_{工进}$：工作进给长度 $L_{工进}$ 等于加工部位的长度 L 与刀具切入长度 L_1、切出长度 L_2 之和，即 $L_{工进}=L+L_1+L_2$，如图 5-17 所示。刀具切入长度根据工件端面的误差确定，一般为 5 ~ 10 mm。切出长度按表 5-3 计算。

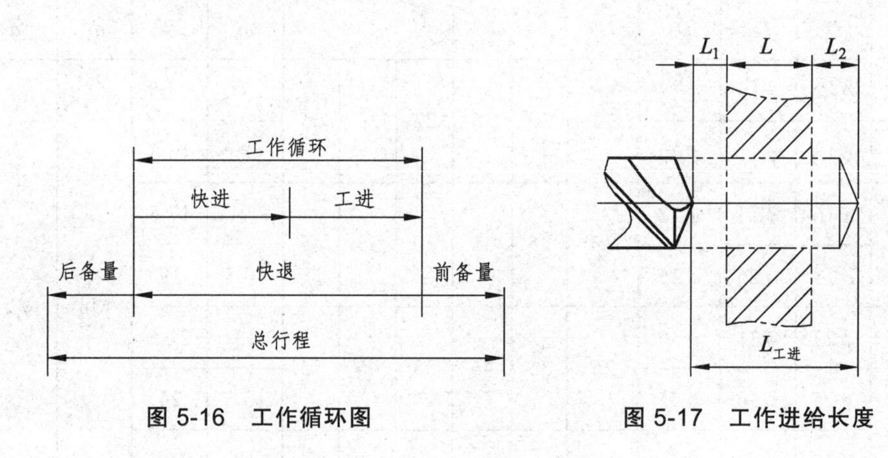

图 5-16　工作循环图

图 5-17　工作进给长度

表 5-3　切出长度计算表

工序名称	切出长度 L_2/mm
钻孔	$\frac{1}{3}d+(3\sim 8)$
扩孔	10 ~ 15
铰孔	10 ~ 15
镗孔	5 ~ 10
攻螺纹	$5+L_{锥}$

注：d 为钻头直径（mm）；$L_{锥}$ 为丝锥前端锥部长度（mm）。

b. 快速引进长度和快速退回长度。快速退回长度等于工作进给长度与快速进给长度之和。快速引进是指动力部件把刀具从原始位置送到工作进给开始的位置，其长度按加工情况而定。快速退回长度必须保证所有刀具退回至夹具导套内而不影响工件装卸。对于移动式或回转式的机床，快退长度必须保证把刀具、托架、钻模板及定位销都退离到夹具运动可能碰到的范围之外。

c. 动力部件行程总长度。动力部件行程总长度除了应满足工作循环及工作行程外，还要考虑调整和装卸刀具的方便，即前备量和后备量。前备量是指刀具磨损或补偿安装刀具误差时，动力部件向前调整的距离。后备量指刀具从接杆或接杆连同刀具从主轴中拔出时，所需的轴向距离，即刀具退离导向套的距离应大于接杆插入主轴内孔的距离。

（三）机床联系尺寸图

1. 机床联系尺寸图的作用和内容

机床联系尺寸图用来表达机床的配置形式、各部件之间的相对位置关系和运动关系。联系尺寸图的主要内容如下：

（1）表明机床的配置形式和总体布局。以适当数量的视图（一般至少为两个视图）按同一比例画出机床各主要部件的外形轮廓和相关位置。

（2）完整地标出各部件之间的定形尺寸和定位尺寸。

（3）标出通用部件的尺寸、型号以及专用部件的轮廓尺寸。

（4）标注出电动机的型号、功率及转速。

（5）标注出机床的分组编号及组件名称。

2. 机床联系尺寸图主要尺寸的确定

（1）装料高度尺寸的确定。

装料高度是指工件安装基面到地面的距离。根据组合机床的标准，一般卧式及立式组合机床的生产线，装料高度在 850 ~ 1 060 mm，推荐选用 1 060 mm；对于鼓轮式组合机床，一般选取 1 200 ~ 1 300 mm。

（2）中间底座尺寸的确定。

中间底座尺寸的确定要满足夹具在上面安装的需求。其长度应按照动力部件（滑台及滑座）及配套装置（侧底座）的位置关系来确定。同时考虑加工终了位置时，多轴箱端面与夹具体之间留有足够的距离，以便于机床维修、调整。此外，为了便于冷却液及切屑的回收，中间底座在安装上夹具后应留有 70 ~ 100 mm 宽的切削液回收槽。

（3）夹具轮廓尺寸的确定。

夹具底座尺寸的确定一般要依据工件的结构形状及尺寸，以及定位元件、夹紧机构、导向机构的布置空间，并应满足排屑和安装的需求。对于结构比较复杂的夹具，应先画出夹具的结构草图，以便于制定技术参数、基本尺寸等。

（4）多轴箱轮廓尺寸的确定。

对于一般的镗、钻类机床，多轴箱的厚度分为两种规格，卧式配置的厚度为 325 mm，立式配置的厚度为 340 mm。确定多轴箱尺寸时，主要是确定多轴箱的宽度、高度以及最低主轴的高度。如图 5-18 所示，多轴箱宽度 B、高度 H 按下式计算：

$$B = 2b_1 + b$$

$$H = h_1 + h + h_2$$

式中　b_1——工件上最边缘的主轴距多轴箱外壁的距离，一般取 $b_1 \geqslant 70 \sim 100$ mm；

b——在宽度方向上要加工的相隔最远的两孔间距离（mm）;

h——在高度方向上要加工的相隔最远的两孔间距离（mm）;

h_1——在高度方向上最低主轴至多轴箱底面之间的距离，一般取 $h_1 \geqslant 85 \sim 120$ mm；

h_2——在高度方向上最高主轴至多轴箱顶面之间的距离，一般取 $h_1 = b_1 \geqslant 70 \sim 100$ mm。

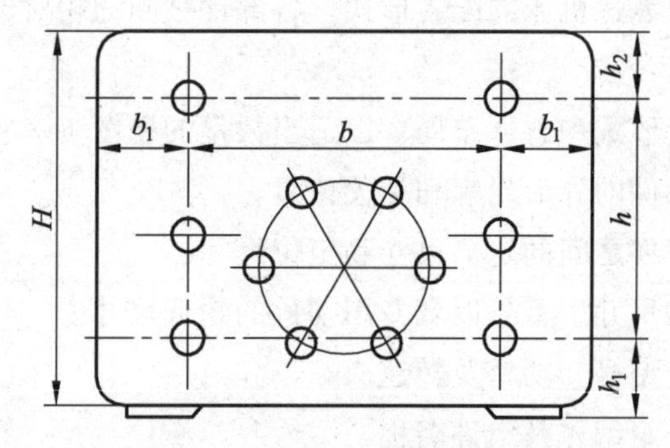

图 5-18　主轴箱轮廓尺寸的确定

3. 联系尺寸图的绘制方法及步骤

以双面卧式多轴钻孔机床为例介绍组合机床联系尺寸图的画法，如图 5-19 所示。

（1）长度方向尺寸的确定。

主视图的位置与机床实际工作位置一致，选择适当的比例。首先用双点画线画出被加工零件的轮廓，以工件两端面（本例为 54 mm）O—O 及工件最低孔的中心线 O_1—O_1 作为机床长度方向与高度的基准。

以工件左端面为基准，根据加工示意图确定的工件端面至多轴箱端面的距离，$L_{1左} = 325$ mm 确定左多轴箱端面的位置。根据多轴箱底部离机床高度方向的基准线 O_1—O_1 的距离等于主轴箱最低主轴的高度 h_1=94.5 mm，以及多轴箱的轮廓尺寸（长 × 宽 × 高 = 400 mm × 400 mm × 325 mm），画出左多轴箱的外形轮廓，其高度和厚度分别为 400 mm 和 325 mm。多轴箱的后盖与动力箱定位连接，因此，可画出动力箱的轮廓。多轴箱的底部应高于动力箱底面 0.5 mm，以防动力箱与滑台连接时，多轴箱底面与滑台顶面干涉。

动力箱的底面与滑台顶面定位连接，在长度方向上，二者的后端面是对齐的，可将滑台画上。滑台与滑座在长度方向的相对位置由加工终了时，滑台前端面至滑座前端面的距离 l_2 决定，此距离用螺钉可调节。对于标准的动力滑台，l_2 是滑台前端面至滑座前端面的最小距离与前备量之和，其最大取值范围为 75 ~ 85 mm，最小范围应大于 15 ~ 20 mm。本例取 l_2=40 mm，可画上滑座。

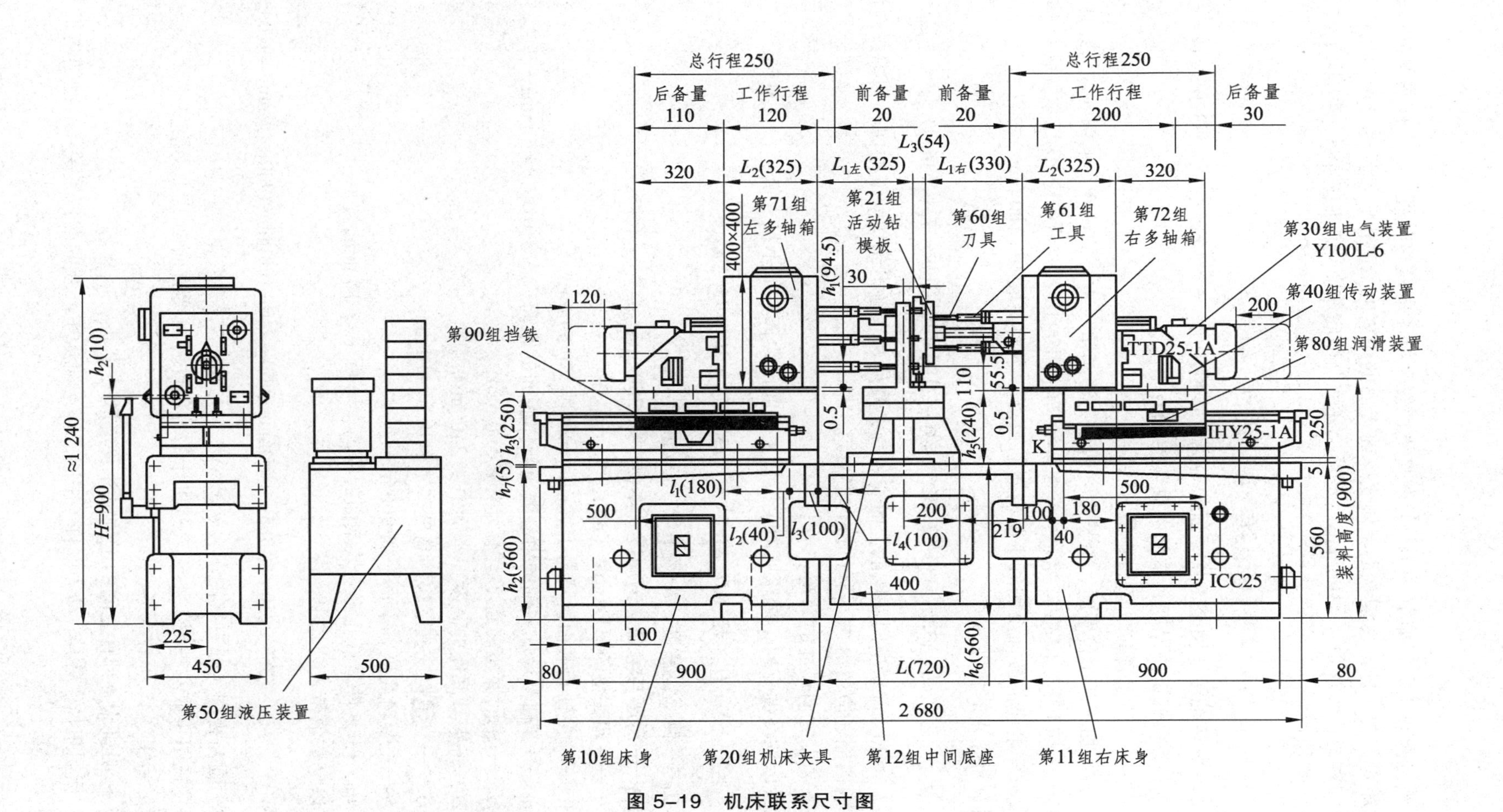

图 5-19　机床联系尺寸图

滑座与侧底座之间加上 5 mm 的调整垫，便于机床的调整与维修。滑座与侧底座在长度方向的相对位置，即滑座前端面至侧底座前端面的距离由 l_3 决定，该尺寸可由通用部件联系尺寸标准查得，本例取 l_3=100 mm，此时，可画上侧底座。中间底座在长度方向上的轮廓尺寸可由下式计算：

$$L = L_{1左} + L_{1右} + 2L_2 + L_3 - 2(l_1 + l_2 + l_3)$$

式中，L_1——多轴箱端面至工件端面的距离，本例中 $L_{1左} = 325$ mm， $L_{1右} = 330$ mm；

L_2——多轴箱的厚度，本例中取 325 mm；

L_3——工件的厚度，本例中取 54 mm；

l_1——加工终了位置时，沿长度方向动力箱与滑台重合的长度，本例中取 $l_1 = 180$ mm；

l_2——加工终了位置时，滑台前端面至滑座前端面的距离与前备量之和，本例取 $l_2 = 40$ mm；

l_3——滑座前端面至侧底座前端面的距离，本例中取 $l_3 = 100$ mm。

则中间底座的长度为

$$L = (325 + 330 + 2\times325 + 54) - 2(180 + 40 + 100) = 719\ (\text{mm})$$

取 $L = 720$ mm。中间底座的上面安装有夹具底座，考虑到切削液的回收和排屑沟槽，中间底座的四周还应留出 70 ~ 100 mm 的宽度。

（2）高度方向尺寸的确定。

在机床的高度方向，机床底面至最低主轴间的距离有如下尺寸链：

$$H_1 + H_2 + H_3 + 0.5 + h_1 = H_4 + H_5 + H_6 = H_7 + h_{\min}$$

式中　H_1——侧底座高度，本例中取 560 mm；

H_2——滑座与滑台总的高度，本例中取 250 mm；

H_3——调整垫的厚度，取 5 mm；

0.5——多轴箱底面至滑台上表面间的间隙，0.5 mm；

h_1——多轴箱最低主轴的中心线至箱体底面的距离，本例中取 94.5 mm；

H_4——中间底座的高度，本例中取 560 mm；

H_5——夹具底座的高度，本例中取 240 mm；

H_6——支承钉或支承块的高度，本例中取 110 mm；

H_7——装料高度，本例中取 900 mm；

$h_{\min}$——工件最低孔至安装基面的距离，本例中取 10 mm。

将以上数值带入公式中，得

$$(560 + 250 + 5 + 0.5 + 94.5)\text{mm}=(560 + 240 + 100)\text{mm}=(900 + 10)\text{mm} = 910\ \text{mm}$$

（3）画左视图（或右视图）。

画左视图（或右视图）在于表达机床的各部件在宽度方向的尺寸及相关位置。

（4）标注。

① 标明机床各部件之间的定位尺寸及定形尺寸。

② 标明工件、夹具、动力部件、中间底座与机床中心线间的位置关系。特别当工件加工

部位对机床轴线不对称时，动力部件相对于夹具、中间底座也就不对称，此时应注明它们相互偏离的尺寸。

③ 标明电动机的型号、功率、转速及通用部件的规格型号，并对机床所有部件进行分组编号，作为部件和零件设计的依据。

④ 画出各运动部件的工作循环图。

机床各部件设计完成后，在联系尺寸图的基础上，添加必要的液压控制装置、电气装置、润滑装置、排屑装置等，并配以文字说明及技术要求，构成机床总图。

（四）机床生产率计算卡

机床生产率计算卡是根据加工示意图所确定的工作循环、工作行程、切削用量等计算参数，所编制的生产率计算卡。它反映了拟定的机床生产方案是否达到用户既定的生产率要求。

1. 实际生产率 Q_1

实际生产率 Q_1 是指所设计的机床实际每小时所加工零件的数量，即

$$Q_1=\frac{60}{T_{单}}$$

式中 $T_{单}$——生产一个零件所用的时间（min）。

$$T_{单}=t_{切}+t_{辅}=\left(\frac{L_1}{v_{f1}}+\frac{L_2}{v_{f2}}+t_{停}\right)+\left(\frac{L_{快进}+L_{快退}}{v_{fk}}+t_{移}+t_{装}\right)$$

式中 $t_{切}$——机加工时间（min），$t_{切}=\frac{L_1}{v_{f1}}+\frac{L_2}{v_{f2}}+t_{停}$；

L_1、L_2——刀具第Ⅰ、Ⅱ工作进给长度（mm）；

v_{f1}、v_{f2}——刀具第Ⅰ、Ⅱ工作进给速度（mm/min）；

$t_{停}$——当加工沉孔、止口、倒角、光整表面时，动力滑台在死挡铁上的停留时间，通常指刀具在加工终了时无进给状态下旋转 5 ~ 10 r 所需的时间（min）；

$t_{辅}$——辅助时间，包括工作台快进、快退、工作台换位以及装卸工件的时间，

$$t_{辅}=\frac{L_{快进}+L_{快退}}{v_{fk}}+t_{移}+t_{袋}；$$

$L_{快进}$、$L_{快退}$——动力部件快进、快退行程长度（mm）；

v_{fk}——动力部件的快速移动速度（mm/min），用机械动力时，取 5 ~ 6 m/min；用液压动力时，取 3 ~ 10 m/min；

$t_{移}$——直线移动或回转工作台进行一次工位转换的时间，一般取 0.1 mm；

$t_{装}$——装卸工件的时间，通常取 0.5 ~ 1.5 min。

2. 理想生产率 Q

理想生产率 Q（件/h）是指完成年生产纲领 A 所要求的机床生产率。它与全年工时总数 K 有关，一般单班制生产 K 取 2 350 h，两班制生产 K 取 4 600 h，则

$$Q = \frac{A}{t_k}$$

式中　t_k——年工作时间（h）。

机床的负荷率 $\eta_{货} = \frac{Q_1}{Q}$，一般为 75% ~ 90%；机床越复杂，负荷率越低。组合机床的生产率计算卡如表 5-4 所示。

表 5-4　生产率计算卡

<table>
<tr><td rowspan="3">被加工零件</td><td>图号</td><td colspan="4"></td><td colspan="2">毛坯种类</td><td colspan="5"></td></tr>
<tr><td>名称</td><td colspan="4"></td><td colspan="2">毛坯质量</td><td colspan="5"></td></tr>
<tr><td>材料</td><td colspan="4"></td><td colspan="2">硬　度</td><td colspan="5"></td></tr>
<tr><td colspan="2">工序名称</td><td colspan="4"></td><td colspan="2">工序号</td><td colspan="5"></td></tr>
<tr><td rowspan="2">序号</td><td rowspan="2">工步名称</td><td rowspan="2">被加工零件个数</td><td rowspan="2">加工直径/mm</td><td rowspan="2">加工长度/mm</td><td rowspan="2">工作行程/mm</td><td rowspan="2">切削速度(m/min)</td><td rowspan="2">转速/(r/min)</td><td rowspan="2">每转进给量/(mm/r)</td><td rowspan="2">每分钟进给量/(mm/min)</td><td colspan="3">工时/min</td></tr>
<tr><td>机加工时间</td><td>辅助时间</td><td>共计</td></tr>
<tr><td>1</td><td>安装工件</td><td>1</td><td></td><td></td><td></td><td></td><td></td><td></td><td></td><td></td><td>0.5</td><td>0.5</td></tr>
<tr><td>2</td><td>工件定位夹紧</td><td></td><td></td><td></td><td>10</td><td></td><td></td><td></td><td></td><td></td><td>0.002</td><td>0.002</td></tr>
<tr><td>3</td><td>右滑台快进</td><td></td><td></td><td></td><td>155</td><td></td><td></td><td></td><td>5 000</td><td></td><td>0.031</td><td>0.031</td></tr>
<tr><td>4</td><td>右滑台工进</td><td></td><td>ϕ6.7</td><td>20</td><td>45</td><td>10.58</td><td>500</td><td>0.1</td><td>50</td><td>0.9</td><td></td><td>0.9</td></tr>
<tr><td>5</td><td>死挡铁停留</td><td></td><td></td><td></td><td></td><td></td><td></td><td></td><td></td><td></td><td>0.02</td><td>0.02</td></tr>
<tr><td>6</td><td>右滑台快退</td><td></td><td></td><td></td><td>200</td><td></td><td></td><td></td><td>5 000</td><td></td><td>0.04</td><td>0.04</td></tr>
<tr><td>7</td><td>工件松开</td><td></td><td></td><td></td><td>10</td><td></td><td></td><td></td><td></td><td></td><td>0.002</td><td>0.002</td></tr>
<tr><td>8</td><td>工件卸下</td><td></td><td></td><td></td><td></td><td></td><td></td><td></td><td></td><td></td><td>0.5</td><td>0.5</td></tr>
<tr><td rowspan="5">备注</td><td colspan="4" rowspan="5"></td><td colspan="2" rowspan="5"></td><td colspan="3">累计/min</td><td>0.9</td><td>1.095</td><td>1.995</td></tr>
<tr><td colspan="3">单件工时/min</td><td colspan="3">3.094 5</td></tr>
<tr><td colspan="3">机床实际生产率/（件/h）</td><td colspan="3">25.53</td></tr>
<tr><td colspan="3">机床理想生产率/（件/h）</td><td colspan="3">30</td></tr>
<tr><td colspan="3">负荷率</td><td colspan="3">85%</td></tr>
</table>

第六章 物流系统

物流是指从原材料和毛坯进厂，经过储存、加工、装配、检验、包装，直至成品和废料出厂，在仓库、车间、工序之间流转、移动和储存的全部过程。物流贯穿于整个加工过程之中，无论是传统的机械加工，还是先进的数控加工，物流系统的良好运转都起到举足轻重的作用，是加工生产的基本活动之一。因此，合理有效的物流系统的设计有助于降低生产成本、节约生产时间、提高加工效率、减少库存成本、加快资金周转，最终取得明显的技术经济效益。

第一节 概 述

一、物流的概念

物流的概念最早是在美国形成的，起源于20世纪30年代，原意为“实物分配”或“货物配送”。1963年被引入日本，日文意思是“物的流通”。20世纪70年代后，日本的“物流”一词逐渐取代了“物的流通”。

中国的“物流”一词是从日文资料引进来的外来词，源于日文资料中对“Logistics”一词的翻译“物流”。

中国的物流术语标准将物流定义为：物流是物品从供应地向接收地的实体流动过程中，根据实际需要，将运输、储存、装卸、搬运、包装、流通加工、配送、信息处理等功能有机结合起来实现用户要求的过程。生产加工中的物流系统有别于日常生活中的物流定义，保留了物流的核心概念，但是将物流行为限制在了加工过程中，是指从原材料和毛坯进厂，经过储存、加工、装配、检验、包装，直至成品和废料出厂，在仓库、车间、工序之间流转、移动和储存的全部过程。本章所论述的内容均属于生产加工过程中的物流系统。

二、生产物流系统的意义

生产物流是指原材料、燃料、外购件投入生产后，经过下料、发料、运送到各加工点和存储点。

一般来说，工件在制造系统的“通过时间”主要由四部分构成：加工准备时间、加工时间、排队时间和运输时间。其中，加工时间只占很小一部分，即工件在生产系统中大量无效的通过时间是导致在制品库存增加，从而引起系统效益降低的根本原因之一。

三、物流系统的组织形式

（一）制造业生产物流系统布置方式

制造业企业总体布置和各种生产设施、辅助设施的合理配置是企业物流合理化的前提，根据不同的生产要求，生产制造系统的物流布置采用不同的布置方式。常用的布置方式有按工艺原则布置、按成组原则布置、按项目布置和按产品原则布置。

1. 按工艺原则布置

按工艺原则布置是将具有相同或类似工艺能力的机床集中在一起，这类布局方式中，机床大多采用通用型，以适应不同零件的要求。

2. 按成组原则布置

依据成组技术原理，机床按照成组工艺分组，每一组设备可以用来生产一个零件族的零件。

3. 按产品原则布置

机床按照工艺要求的顺序排列，一个零件的生产过程被分解成若干个工序安排到每台机床上，工件在机床之间的移动通常依靠运输系统，也可通过手工搬运，主要是看生产批量的大小和投资规模，一般适宜于大批量方式。

按照流水线的柔性来分，可以将其分为 3 种类型：单一产品线、成批产品线和混合产品线。

4. 按项目布置

这类布局中，产品位置是固定不动的，所有的装备、材料、人员等都围绕产品进行布局，如飞机生产是采用这种布局，原因是产品太大或太重。这类布置的物料移动少、人员和设备的移动增加。

（二）精益生产方式物流系统布置

1. U 形布置的加工生产线

按照零部件工艺的要求，将所需要的机器设备串联在一起，布置成 U 形生产单元，并在此基础上，将几个 U 形生产单元结合在一起，连接成一个整合的生产线。

2. 总装配线布置

对于整个工厂物流布局而言，总装配生产线与其他部装生产线、零部件加工在布局上呈“河流水系”状分布。

四、生产物流的特点

（1）生产物流是生产工艺的一个组成部分。
（2）生产物流有非常强的“成本中心”的作用。
（3）生产物流是专业化很强的“定制”物流。
（4）生产物流是小规模的精益物流。

第二节　机床上下料装置

机床的上下料是指将毛坯送到正确的加工位置及将加工好的工件从机床上取下的过程。

按照上下料自动化程度可将上下料装置分为两类：人工上下料装置和自动上下料装置。人工上下料装置适用于单件小批生产或加工大型的或外形复杂的工件。人工上下料装置一般根据加工产品自行设计上下料方式，标准化、统一化少。自动上下料装置适用于大批量生产，自动上料是自动机、自动生产线的基本条之一。由于工件尺寸、形状、结构、材料物理性能的不同，自动上下料机构的种类很多。

机床上下料装置按上料机构的控制方式分可以分为机械式、电气式、液压与气压式以及组合式。

机床上下料装置按坯件的形状特征可以分为卷料上料装置、棒料上料装置、件料上料装置、液体料上料装置、粉粒料上料装置等上料机构。

常见的单件毛坯上料装置主要包括料仓式上料装置、料斗式上料装置和上料机械手 3 种形式。

一、料仓式上料装置

料仓式上料装置是一种半自动的上料装置，由人工定时将一批工件按照一定的方向和位置，顺序装入按物品形体特征设计的料仓中，在料仓中排成队列的物品依次由供料机构取出、分离、供送到指定工位，完成供料任务。

这种供料方法适合于尺寸、质量较大，或供料中不允许碰撞、摩擦，或形态复杂、自动定向困难的物品。料仓式上料装置主要由料仓、隔料器、送料器、消拱器及驱动机构等组成，如图 6-1 所示。

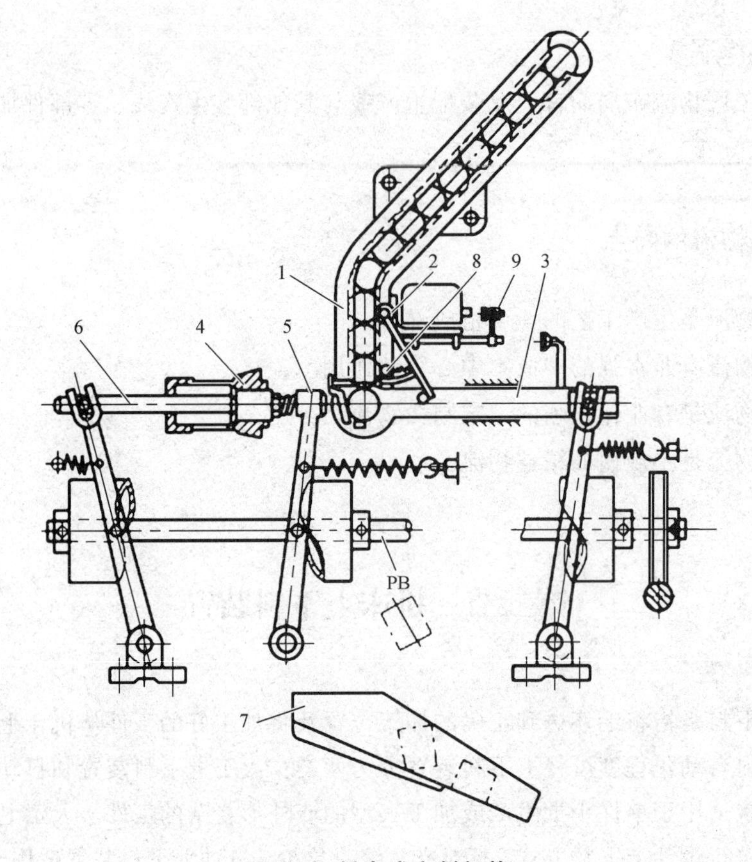

图 6-1　料仓式上料机构

1—料仓；2—隔料器；3—上料器；4—筒夹；5—上料杆；6—推料杆；
7—导出槽；8—弹簧；9—自动停车装置

1. 料　仓

料仓的作用是储存毛坯。料仓的大小取决于毛坯的尺寸及工作循环的长短。按照毛坯在料仓中的送进方法，将料仓分为两类，即靠毛坯的自重送进和外力强制送进。

（1）自重式

自重式料仓结构简单，通常将料仓的两臂做成开式，以便观察毛坯运动和装料情况。料仓侧壁往往做成可调的，以适应不同长度的工件，常见的有直线式、曲线式、螺旋式、管式、料斗式、料箱式等，如图 6-2 所示。

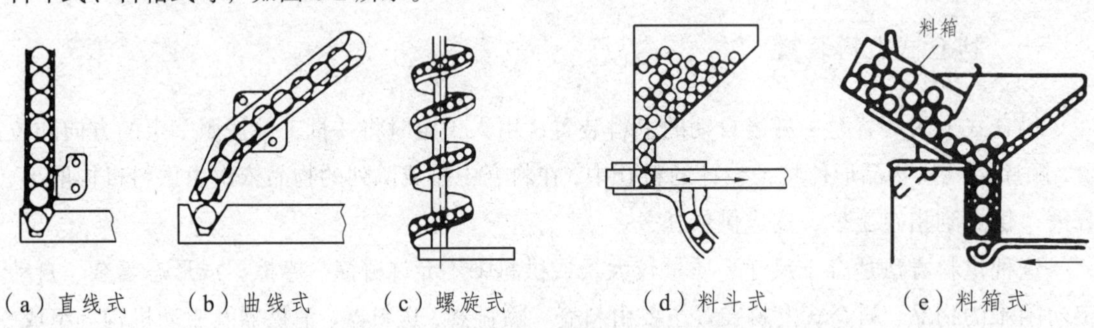

图 6-2　靠毛坯的自重送进的料仓

（2）外力式

当毛坯质量较轻而不能通过自重可靠地落到上料器中，或者毛坯形状较复杂不适合靠自重送进时，采用外力推进方式送料，也称之为强制送进的料仓。外力式主要有重锤式、弹簧式、摩擦式、链式、圆盘式等形式，如图 6-3 所示。

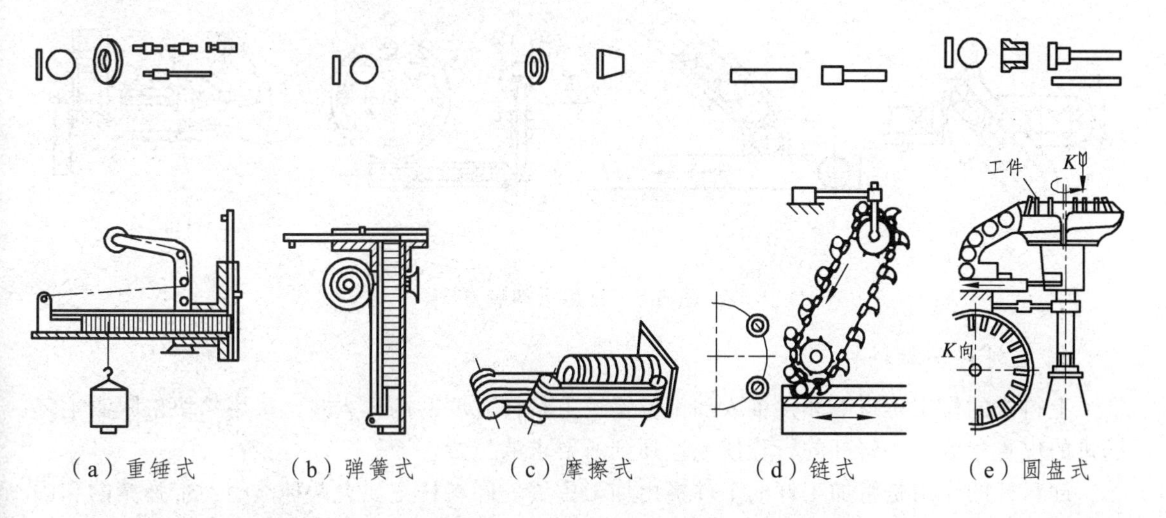

图 6-3　靠外力送进的料仓

2. 隔料器

隔料器的作用是把待加工的毛坯（通常是一个）从料仓中的许多毛坯中隔离出来，使其自动进入上料器或由隔料器直接将其送到加工位置。在后一种情况下，隔料器兼有上料器的作用。常见的隔料器有上料器兼作隔料器、杆式隔料器和鼓轮式隔料器，参见图 6-4，其中 1 为料仓、2 为隔料器。

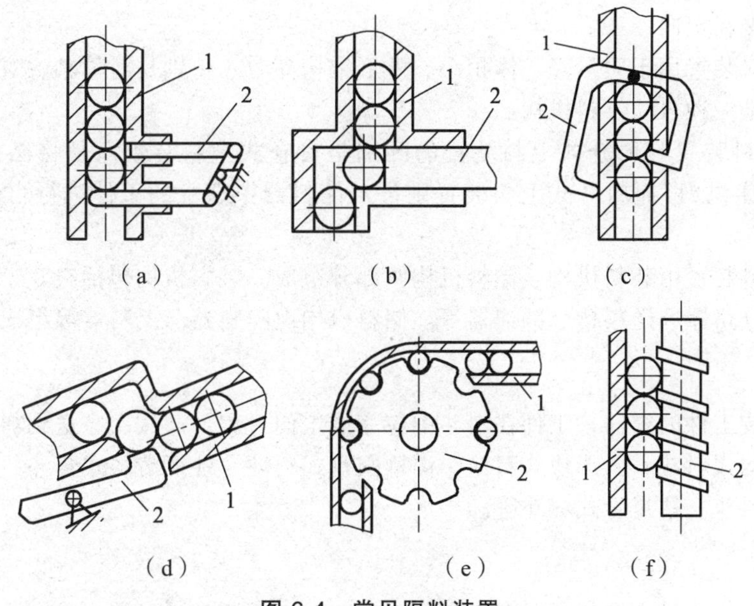

图 6-4　常见隔料装置

1—料仓；2—隔料器

3. 上料器

上料器的作用是把毛坯从料仓送到机床的加工位置。典型的上料器有料仓兼作上料器、槽式上料器、圆盘式上料器、由机床的部件和专门的接收器来充当上料器，如图 6-5 所示。

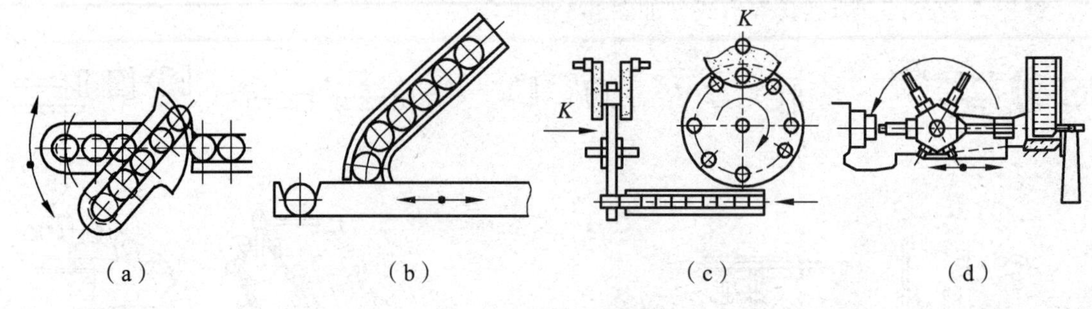

图 6-5　常见上料装置

4. 上料杆和卸料杆

上料杆的作用是将毛坯件推入加工位置。上料杆主要有两种方式：采用挡块来限制毛坯送进的位置和依靠上料杆的行程使毛坯顶到所要求的位置。

卸料杆的作用是将加工好的工件推出加工位置。卸料杆主要有两种类型：带弹簧的和固定长度的卸料杆。

二、料斗式上料装置

料斗式上料装置适用于工件外形比较简单、体积和质量都比较小，而且生产节拍短、要求频繁上料的场合。工人定期将工件成批地任意倒进料斗后，定向机构能自动定向，使之按规定的方位整齐排列，并按一定的生产节拍送到指定工位。没有完成定向的工件在出口处被分离送回料斗重新定向。

料斗式上料装置用于质量轻、体积小、外形结构简单（特别是对称轴、对称面较多）等工件的供料，是一种自动供料机构。

料斗式上料装置与料仓式上料装置的区别是料仓式上料装置只是将已定向好的工件由储料器向机床供料，而料斗式上料装置则可对储料器中杂乱的工件进行自动定向整理再送给机床。

料斗式上料装置由装料机构、储料机构两部分组成。装料机构包括料斗、搅动器、定向器、剔除器、分路器、送料槽、减速器等。储料机构由隔料器、上料器等组成。

1. 料　斗

料斗是盛装工件的容器，工件在料斗中应完成定向过程，并按次序送到料斗的出口处。其类型有回转钩式料斗、扇形块式料斗、沟槽圆盘式料斗、往复滑块式料斗、桨叶槽隙式料斗、回转管式料斗、往复管式料斗等。

2. 搅动器

为了防止工件在进入送料槽时产生阻塞，在料斗中常装有搅动器。

3. 定向器和剔除器

定向器是用于矫正工件位置的装置。

剔除器的作用是剔除从料斗到送料槽中一些位置不正确的工件，保证进入送料槽的工作方位正确。被剔除的工件返回到料中。剔除器有轮式、杠杆式等多种结构形式。

4. 分路器

分路器是把运动的工件分为两路或多路，分别送到各台机床，用于一个料斗同时供应多台机床工作的情况。其主要类型有摇臂式、隔板式和成型孔式等。图 6-6 显示了几种分路器的结构形式。

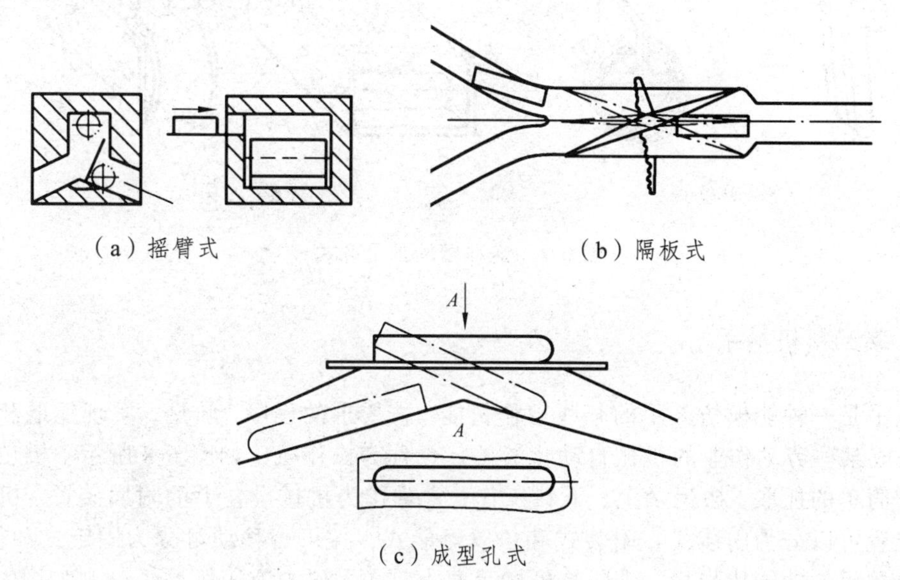

（a）摇臂式　（b）隔板式

（c）成型孔式

图 6-6　分路器结构示意图

5. 送料槽

送料槽的形状可设计成直线形、曲线形、平面螺旋形、空间螺旋形、蛇形等。其基本形式如图 6-7 所示。工件在长度较大的送料槽中靠重力移动时，可能产生较大的速度，以致移动到终点时发生碰撞，造成机件或工件的损坏，故在送料槽上可设置减速器减缓工件速度。

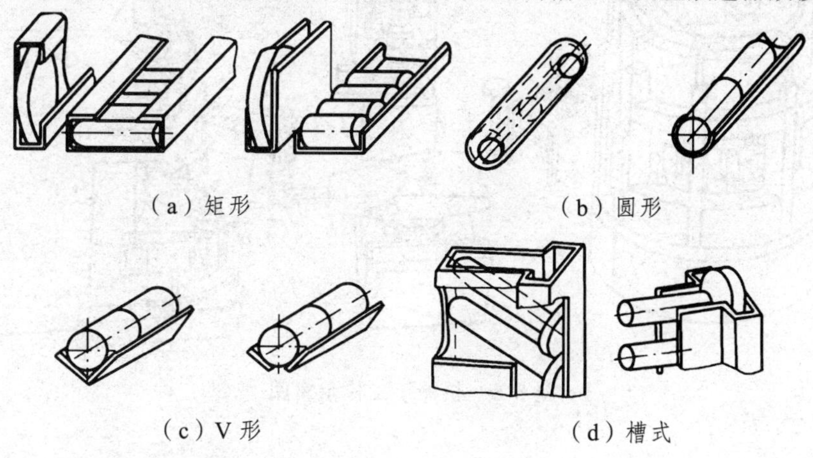

（a）矩形　（b）圆形

（c）V 形　（d）槽式

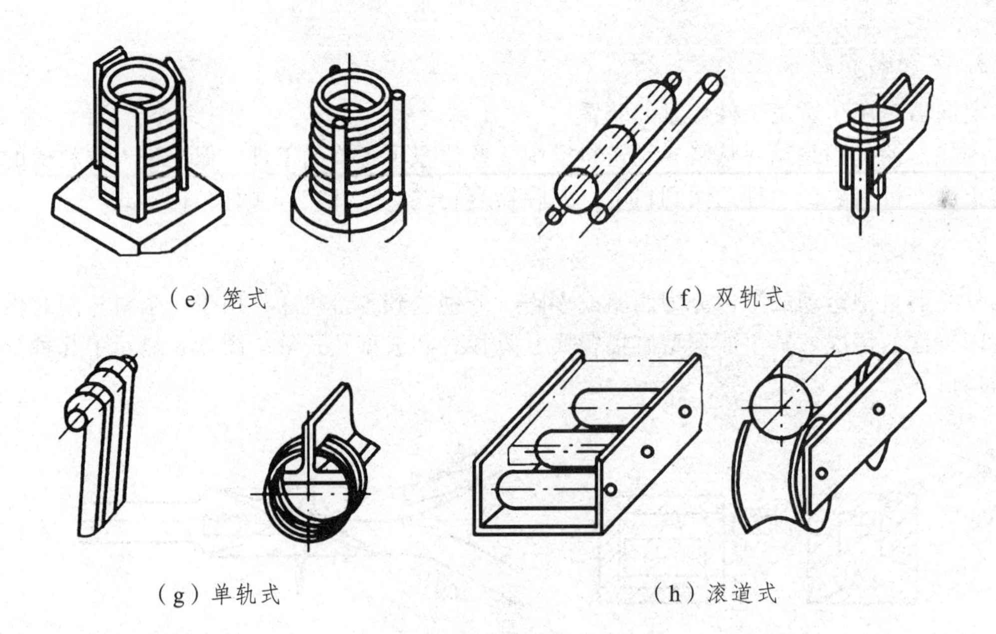

（e）笼式　　（f）双轨式

（g）单轨式　　（h）滚道式

图 6-7　送料槽的常见形式

三、装卸料机械手

机械手是一种能模仿人手的某些工作机能，按要求的程序、轨迹，实现抓取和搬运工件，或完成某些劳动作业的机械自动化装置，也称为操作机，如图 6-8 所示。机械手可以完成比较简单的抓取、搬运及上、下料工作，常常作为机械设备上的附属装置。机械手按其安放位置可以分为内装式、附装式和单置万能式；按可否移动可分为固定式和行走式。上下料机械手的功能比焊接、喷墨等机械手要求简单。JS-1 液压机械手外观如图 6-9 和图 6-10 所示。

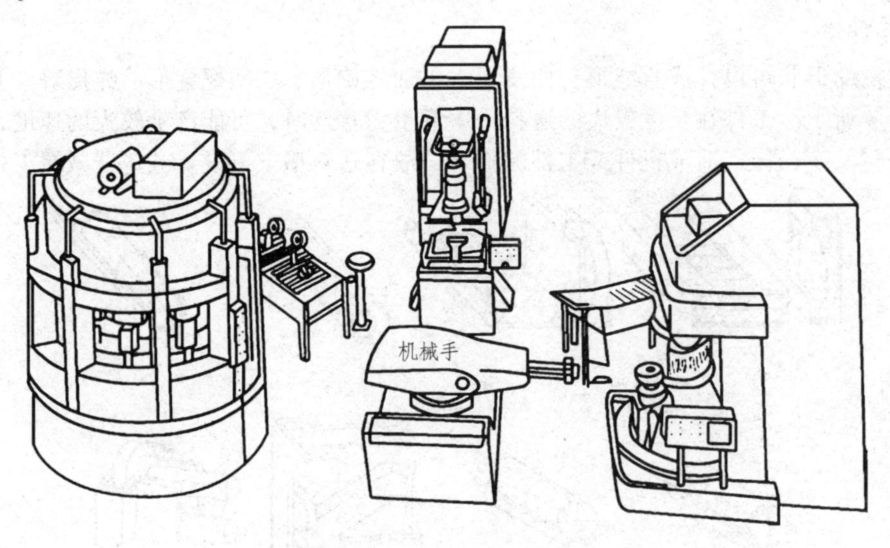

图 6-8　机械手工作示意图

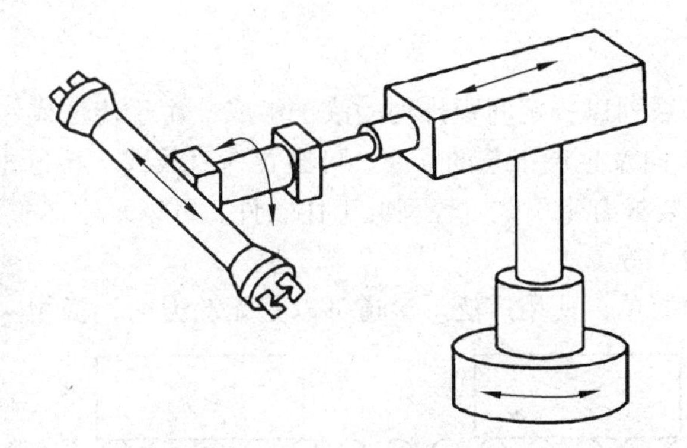

图 6-9　JS-1 液压机械手外观一

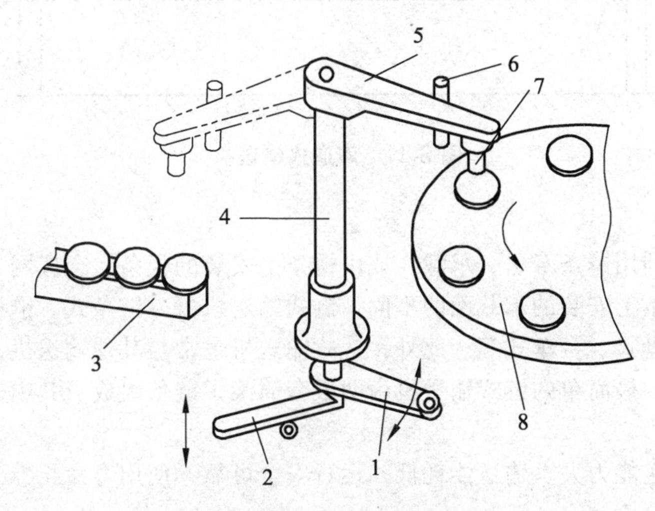

图 6-10　JS-1 液压机械手外观二

1—摆杆；2—凸轮机构；3—料槽；4—立柱；5—手臂；
6—挡销；7—手爪；8—转盘

第三节　物料运输装置

物料运输装置是机械加工生产线的一个重要组成部分，用于实现物料在加工设备之间或加工设备与仓储装备之间的传输。

在生产线设计过程中，可根据工件或刀具等被传输物料的特征参数（如结构、形状、尺寸、质量等）和生产线的生产方式、类型及布局形式等因素，进行运输装置的设计或选择。

合理选择运输装备，可使各工序之间的衔接更加紧密，有助于提高生产率。常见的运输装备有输送机、自动运输小车等。

一、输送机的类型及特点

常见的输送机主要有滚道式、链式、悬挂式和带式等类型。

1. 滚道式输送机

滚道式输送机由一系列以一定间距排列的滚子组成，用于传送成件货物或托盘货物，如图 6-11 所示。按输送方向及生产工艺的需要，可布置为直线式、转弯式和交叉式（交叉处设转向机构）等。其驱动装置有牵引式（轻型的工作条件，可以采用链条、胶带或绳索）、机械传动式（繁重工作类型）等。

滚道式输送机结构简单，使用广泛。滚道可以是无动力的，货物由人力推动。

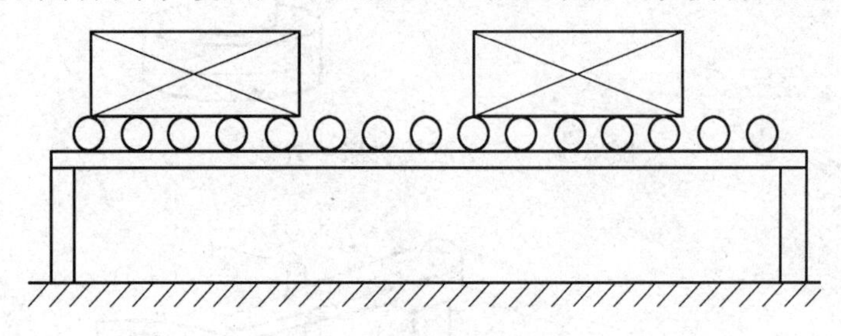

图 6-11　滚道式输送机

2. 链式输送机

链式输送机是利用链条牵引、承载，或由链条上安装的板条、金属网、辊道等承载物料的输送机。根据链条上安装的承载面的不同，链式输送机可分链条式、链板式、链网式、板条式、链斗式、托盘式、台车式等。此外，链式输送机也常与其他输送机、升降装置等组成各种功能的生产线。最简单的链式输送机由两根套筒滚子链条组成。其中，链板传送机使用最广泛。

链式输送机输送能力大、输送能耗低、运行安全可靠、使用寿命长、工艺布置灵活、使用费用较低。

3. 悬挂式输送机

悬挂链输送机是在空间连续输送物料的设备，物料装在专用箱体或支架上沿预定轨道运行，如图 6-12 所示。线体可在空间上下坡和转弯，布局方式自由灵活，占地面积小。在输送工件的过程中，采用空中多点输送，并可调节其输送速度，十分有利于机械装配、喷漆等大批量流水生产作业。

悬挂输送机分为提式悬挂链输送机、推式悬挂链输送机和拖式悬挂链输送机。

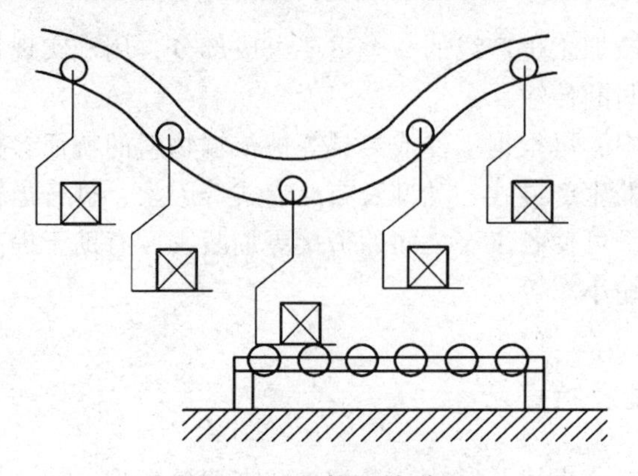

图 6-12　悬挂式输送机

二、自动运输小车的类型及特点

自动运输小车用于机床间传送物料。

1. 有轨运输小车

有轨运输小车（Rail Guided Vehicle，RGV），又称有轨穿梭小车，有轨运输小车沿直线导轨运动，由直流或交流伺服电动机驱动，由中央计算机、光电装置、接近开关等控制，如图 6-13 所示。

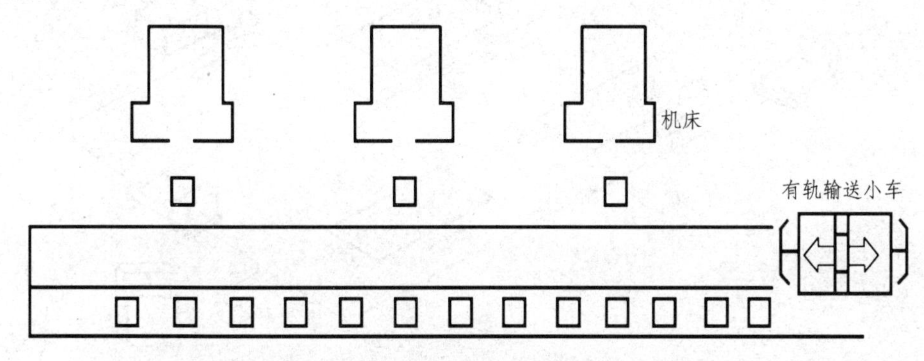

图 6-13　有轨运输小车工作示意图

有轨运输小车分为手动和自动两种工作模式。手动模式是通过电动来控制小车的前进后退和上升下降，靠按住遥控器的按键来实现小车的每一个动作。自动模式是通过按一下入库或出库按钮，小车自动完成一个完整的动作。

有轨运输小车可传送大（重）工件，速度快，控制系统简单，成本低，但改变路线比较困难，适于运输路线固定不变的生产系统。

2. 无轨自动运输小车

无轨自动运输小车（Automatic Guide Vehicle，AGV），也称自动引导车，是一种无人驾驶的，以蓄电池驱动的物料搬运设备，其行驶路线和停靠位置是可编程的，如图 6-14 所示。

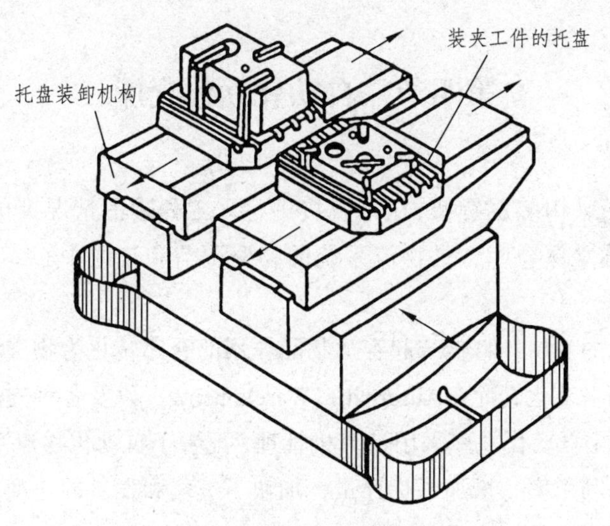

图 6-14　无轨自动运输小车

无轨自动运输小车由车体、蓄电和充电系统、驱动装置、转向装置、精确停车装置、车上控制器、通信装置、信息采样子系统、超声探障保护子系统、移载装置和车体方位计算子系统等组成，如图 6-15 所示。

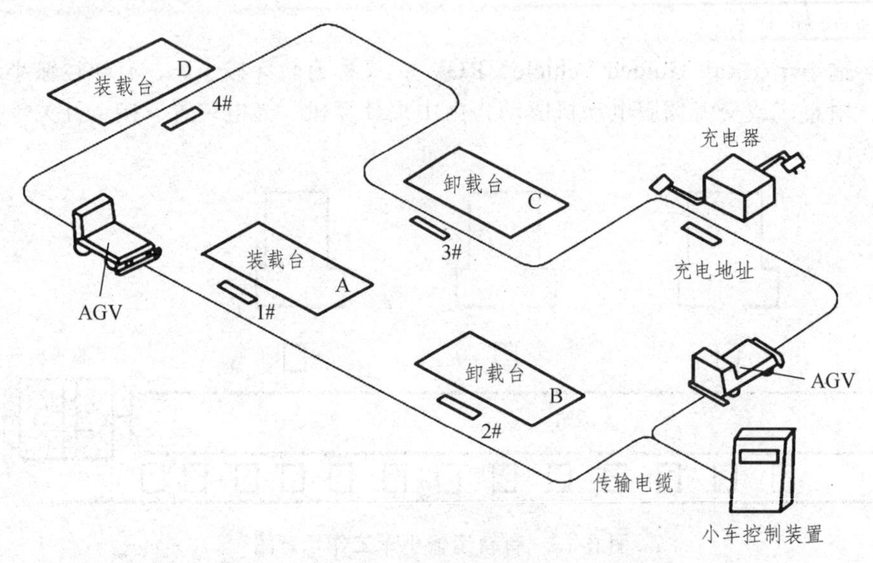

图 6-15　无轨自动运输小车工作示意图

无轨自动运输小车配置灵活，可实现随机存取，可方便实现曲线输送任务，具有较高的柔性，特别适合于规模较大、物料迂回运输的柔性制造系统；可保证物料分配及输送的优化，减少物料缓冲数量；不需要设置地面导轨，运输路线地面平整，提高了机床的可接近性，便于机床的管理及维修；具有能耗小、噪声低等优点。

20 世纪 70 年代以来，电子技术和计算机技术推动了无轨自动运输小车技术的发展，使它具有了磁感应、红外线、激光、语言编程、语音功能等。

第四节　自动化立体仓库

自动化仓库是指采用多层货架，在不直接进行人工处理的情况下能够自动地储存和取出物料的系统，又称立体仓库，是物流系统的物资调节和流通中心，如图 6-16 和图 6-17 所示。

自动化生产技术的发展，将传统起存放物品作用的仓库转化为物资调节和流通中心，出现了具有高层货架的自动化仓库（Automatic Warehousing）以及各种先进的存货、取货、快速分拣装置等新设施。自动化仓库采用计算机管理，配置了自动化物流系统，不用书面文档，大大提高了仓库空间利用率，增加了货存量，加快了进货和发货的速度，减少了库存货物数据的差错率，减少了仓库的工作人员。

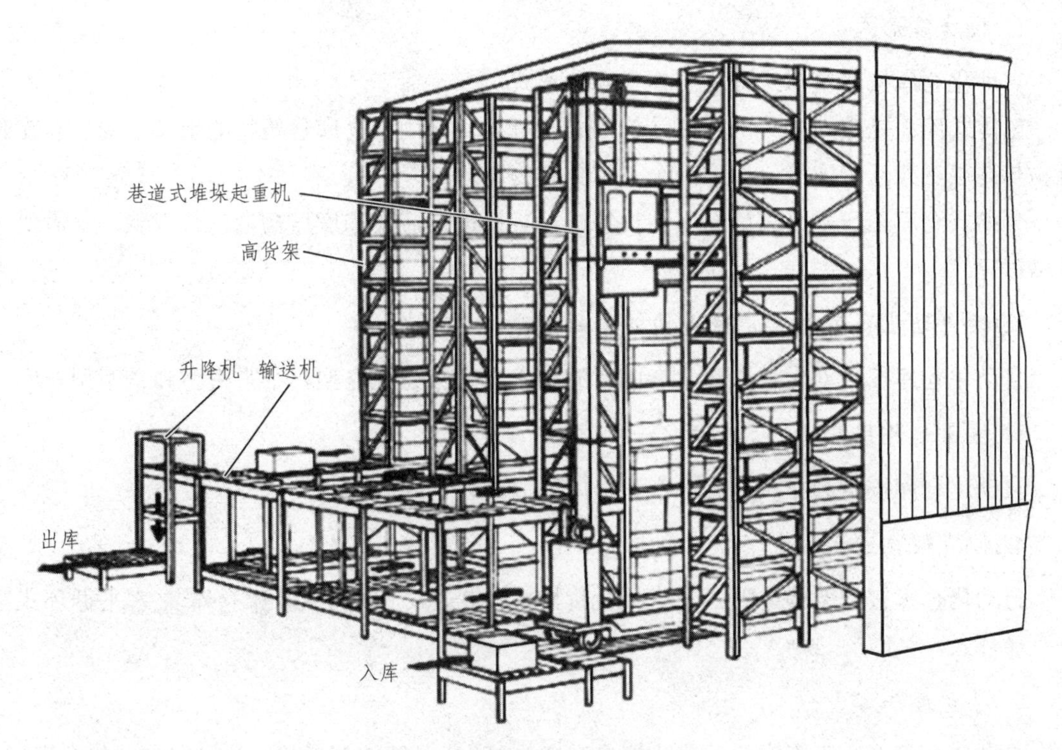

图 6-16　自动化立式仓库示意图一

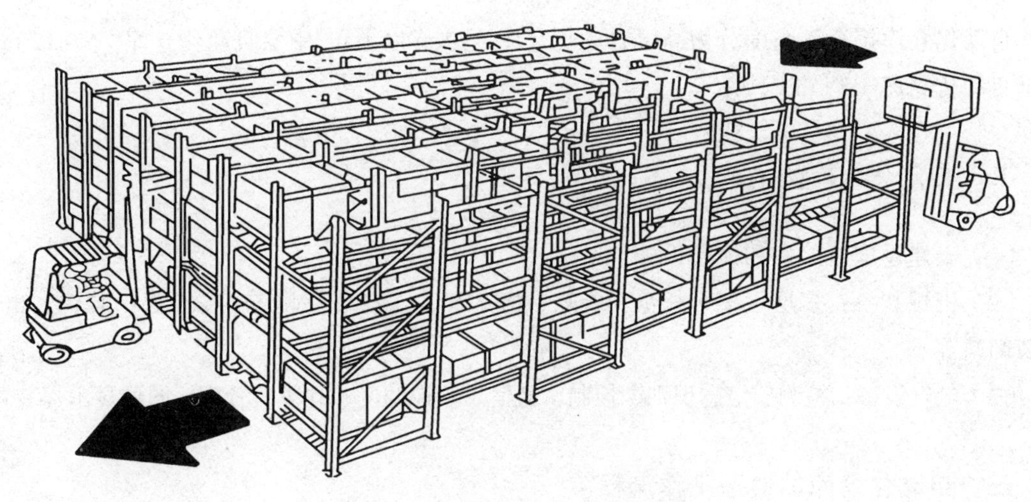

图 6-17　自动化立式仓库示意图二

一、自动化仓库的类型

1. 按建筑形式分

自动化仓库按建筑形式分为整体式和分离式。

整体式库房是库架合一的仓库结构形式，货架直接用作仓库建筑物的承重结构，仓库建筑物与高层货架互相连接，形成一个不可分开的整体。

分离式仓库是库架分离的仓库结构形式，货架根据需要和库房构造进行安装，不需要时可以拆掉。

2. 按自动化仓库与生产联系的紧密程度分

自动化仓库按自动化仓库与生产联系的紧密程度分为独立型、半紧密型和紧密型仓库。

3. 按所起作用分

自动化仓库按所起作用分为生产型仓库和流通型仓库。

4. 按货架构造形式分

自动化仓库按货架构造形式分为单元货格式、贯通式（重力式货架仓库）、水平循环式和垂直循环式。

5. 按仓库库容量分

自动化仓库按仓库库容量分为小型自动化仓库（托盘数 2 000 以下）、中型自动化仓库（托盘数 2 000 ~ 5 000）、大型自动化仓库（托盘数 5 000 以上）。

6. 按仓库高度分

自动化仓库按仓库高度分为高层自动化仓库（12 m 以上）、中层自动化仓库（5 ~ 12 m）、低层自动化仓库（5 m 以下）。

二、自动化仓库的构成

（1）土建设施：厂房和配套设施。

（2）机械装备：多层货架、托盘和货箱、搬运装备、存取货装备、安全保护装置、出入库装卸站等。

（3）电气设备：检测、信息识别、控制、通信、监控调度、计算机管理、图像显示等装置。

三、自动化仓库的典型工作流程

自动化立式仓库工作流程如图 6-18 所示。

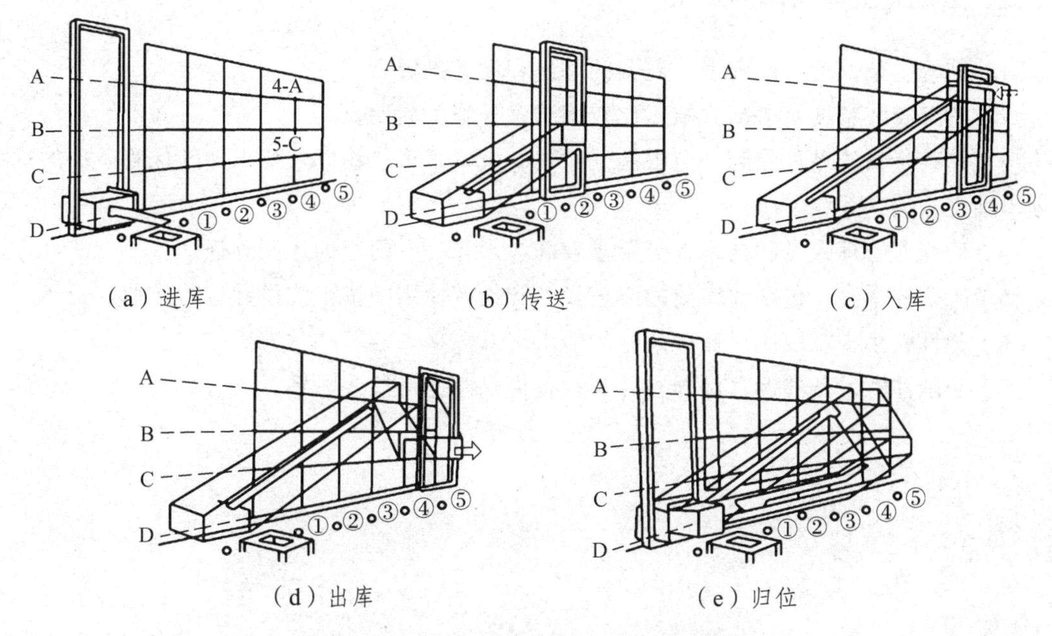

（a）进库　（b）传送　（c）入库　（d）出库　（e）归位

图 6-18　自动化立式仓库工作流程

（1）堆垛机停在巷道起始位置，待入库的货物已放置在出入库装卸站上，由堆垛机的货叉将其取到装卸托盘上。

（2）计算机控制堆垛机在巷道行走，装卸托盘沿堆垛机铅直导轨升降，自动寻址向存入仓位进行。

（3）装卸托盘到达存入仓库前，即图中第四列第四层，装卸托盘上的货叉将托盘上的货物送进存入仓位。

（4）堆垛机进行到第五列第二层，到达调出仓位，货叉将该仓位中的货物取出，放在装卸托盘上。

（5）堆垛机带着取出的货物返回起始位置，货叉将货物从装卸托盘送到出入库装卸站。

（6）重复上述动作，直至暂无货物调入调出的指令，堆垛机就近停在某一位置待命。

四、自动化立体仓库的优点

（1）仓库作业全部实现机械化和自动化，节省人力，提高了作业效率。

（2）大幅度增加仓库高度，充分利用仓库面积与空间，减少了占地面积，降低了土地购置费用。

（3）采用托盘或货箱储存货物，货物的破损率显著降低。

（4）利用管理，货位集中，便于控制，借助计算机能有效地利用仓库储存能力，便于清点盘货，合理减少库存，节约流动资金。

（5）能适应黑暗、有毒、低温等特殊场合的需要。

五、自动化立体仓库的缺点

（1）结构复杂，配套设施多，需要的基建和设备投资高。

（2）货架安装精度要求高，施工比较困难，且施工周期长。

（3）储存货物的品种受到一定限制，对长、大、笨重货物以及要求特殊保管条件的货物必须单独设立储存系统。

（4）对仓库管理人员和技术人员要求较高，须经过专门培训才能胜任。

（5）工艺要求高，包括建库前的工艺设计和投产使用中按工艺设计进行作业。

（6）弹性较小，难以应付储存高峰的需求。

（7）必须注意设备的保管保养，并与设备提供商保持持久联系。

参考文献

[1] 戴曙. 机床设计分析：第一、二集[R]. 北京：北京机床研究所，1987.
[2] 冯辛安. 机械制造装备设计[M]. 2 版. 北京:机械工业出版社，2005.
[3] 范祖尧. 现代机械设备设计手册：3[M]. 北京：机械工业出版社，1996.
[4] 刘任需. 机械工业中的机电一体化技术[M]. 北京：机械工业出版社，1991.
[5] 帕尔 G. 工程设计学[M]. 张直明，等，译. 北京：机械工业出版社，1922.
[6] 日本机器人学会. 机器人技术手册[M]. 宗光华，等，译. 北京：科学出版社，1996.
[7] 顾维邦. 金属切削机床概论[M]. 北京：机械工业出版社，1991.
[8] 黄纯颖. 设计方法学[M]. 北京：机械工业出版社，1992.
[9] 机床设计手册编写组. 机床设计手册[M]. 北京：机械工业出版社，1986.
[10] 张培忠. 柔性制造系统[M]. 北京：机械工业出版社，1998.
[11] 王超. 机械可靠性工程[M]. 北京：冶金工业出版社，1992.
[12] 谢庆森. 工业造型设计[M]. 天津：天津大学出版社，1994.
[13] 顾熙堂. 金属切削机床[M]. 上海：上海科学技术出版社，1995.
[14] 戴曙. 金属切削机床[M]. 北京：机械工业出版社，1994.
[15] 徐迅. 机器美学[M]. 上海：上海科学技术文献出版社，1988.
[16] 姜文炳. 工业工程基础[M]. 北京：中国科学技术出版社，1993.
[17] 吴祖育，秦鹏飞. 数控机床[M]. 上海：上海科学技术出版社，1990.
[18] 王惠方. 金属切削机床[M]. 北京：机械工业出版社，1994.
[19] 毕承恩. 现代数控机床[M]. 北京：机械工业出版社，1991.
[20] 蔡建国. 吴祖育. 现代制造技术导论[M]. 上海：上海交通大学出版社，2000.
[21] 谭益智. 柔性制造系统[M]. 北京：兵器工业出版社，1995.
[22] 周伯美. 工业机器人设计[M]. 北京：机械工业出版社，1995.
[23] 张永洪. 加工中心设计与应用[M]. 北京：机械工业出版社，1995.
[24] 王先逵. 机械制造工艺学[M]. 北京：机械工业出版社，1995.